Prof. Dr. Ulrike Schuldenzucker

Prüfungstraining Analysis und Lineare Algebra

Klausur- und Prüfungsvorbereitung
Wirtschaftsmathematik

2014
Schäffer-Poeschel Verlag Stuttgart

Prof. Dr. Ulrike Schuldenzucker ist Professorin für Mathematik und Statistik an der Hochschule Fresenius in Köln.

Gedruckt auf chlorfrei gebleichtem, säurefreiem und alterungsbeständigem Papier

Bibliografische Information der Deutschen Nationalbibliothek
Die Deutsche Nationalbibliothek verzeichnet diese Publikation in der
Deutschen Nationalbibliografie; detaillierte bibliografische Daten sind
im Internet über http://dnb.d-nb.de abrufbar.

ISBN 978-3-7910-3392-1

© 2014 Schäffer-Poeschel Verlag für Wirtschaft · Steuern · Recht GmbH
www.schaeffer-poeschel.de
info@schaeffer-poeschel.de

Einbandgestaltung: Melanie Frasch (Foto: Shutterstock.com)
Satz: le-tex publishing services GmbH, Leipzig
Druck und Bindung: CPI books GmbH, Leck

Printed in Germany
September 2014

Schäffer-Poeschel Verlag Stuttgart
Ein Tochterunternehmen der Haufe Gruppe

SCHÄFFER
POESCHEL

Vorwort

Im Rahmen wirtschaftswissenschaftlicher Studiengänge treffen Studierende recht häufig auf mathematische Modellierungen wirtschaftswissenschaftlicher Situationen. Schon einfache Marktmechanismen wie etwa das häufige Prinzip, dass die Erhöhung des Preises einer Ware zu einem rückgängigen Absatz führt, werden in der Regel mit Hilfe von Mathematik modelliert, um dieses Szenario nicht nur beschreiben, sondern daraus möglichst konkrete Schlussfolgerungen ziehen und gezielt Einfluss nehmen zu können.

Das vorliegende Buch zu Analysis und linearer Algebra ist aus einer gleichnamigen Vorlesung entstanden, die seit eingen Semestern gehalten wird. Es ist dazu gedacht, Studierenden das Nachbereiten und Wiederholen zu erleichtern und eine gezielte Prüfungsvorbereitung zu unterstützen. Die Lehrinhalte sind im Kontext wirtschaftswissenschaftlicher Bachelor-Studiengänge dargestellt.

Für die Einbettung der abstrakten Mathematik in diesen wirtschaftswissenschaftlichen Kontext werden die mathematischen Methoden entweder durch Beispiele ergänzt oder anhand von Beispielen eingeführt. Die Vorgehensweisen sind am Ende jedes Kapitels rezeptartig zusammengestellt, Sammlungen typischer Übungsaufgaben schließen sich an und es werden beispielhaft Bezüge zu weiterführenden Anwendungen hergestellt. Schließlich werden noch einige Musterklausuren angeboten, um eine konkrete Prüfungssituation nachstellen zu können.

Dieses Buch ist als Ergänzung zu Lehrveranstaltungen gedacht und kann diese keinesfalls ersetzen. Es wendet sich an Studierende, die sich auf eine Prüfung zu einer Grundvorlesung in Analysis und linearer Algebra vorbereiten möchten.

Mein herzlicher Dank gilt Anette Höhmann, Prof. Dr. Kristian Foit, Prof. Dr. Matthias Graumann und Daniel Sonnet, die die Bezüge zu weiterführenden Anwendungen beigetragen haben.

Köln, im Juni 2014

Ulrike Schuldenzucker

Inhaltsverzeichnis

Benutzungshinweise

Dieser Prüfungstrainer soll Ihnen eine erfolgreiche Vorbereitung auf Prüfungen und Klausuren in Wirtschaftsmathematik ermöglichen. Sie können ihn unabhängig von einem bestimmten Lehrbuch verwenden und sowohl parallel zur Vorlesung als auch in der Lernphase vor der Prüfung nutzen. Durch den modularen Aufbau trägt er den Bedürfnissen und zeitlichen Möglichkeiten in unterschiedlichen Lernsituationen Rechnung. Für Ihre eigene Prüfungsvorbereitung können Sie daher aus verschiedenen Bausteinen die für Sie passenden Lernpakete auswählen.

(1) **Wiederholung des Stoffs**

Alle Prüfungsthemen werden in kompakter Form wiederholt. Die Erläuterung erfolgt durchgängig anhand typischer Beispiele, die ausführlich mit allen Rechenschritten vorgerechnet werden. Auf diese Weise können Sie den Lernstoff mit direktem Aufgabenbezug wiederholen.

Der Prüfungstrainer deckt die Wirtschaftsmathematik für das Bachelorstudium möglichst umfassend ab. Sollten bestimmte Teile für Sie nicht relevant sein, so überspringen Sie diese einfach. Die Kapitel und Unterkapitel des Prüfungstrainers sind weitgehend unabhängig voneinander nachvollziehbar. Das Gleiche gilt entsprechend für die Aufgabenteile im Buch.

(2) **Rezeptartige Lösungswege**

In der Klausur ist es wichtig, die Lösungswege für die Standardaufgaben zu beherrschen, um diese sicher und schnell lösen zu können. Die rezeptartigen Zusammenstellungen der Lösungsschritte helfen Ihnen, die einzelnen Schritte richtig nachzuvollziehen und im entscheidenden Moment präsent zu haben.

Zu jedem »Lösungsrezept« wird eine passende Aufgabe genannt, an der der Lösungsweg durchprobiert werden kann. .

(3) **Übungsaufgaben**

Eine Sammlung von Aufgaben zu jedem Thema erlaubt Ihnen die praktische Anwendung und Einübung des Gelernten. Die Aufgaben besitzen unterschiedliche Schwierigkeitsgrade und sind so ausgewählt, dass sie die verbreiteten Aufgabentypen aus Klausuren abdecken.

Der Lösungsteil zu den Übungsaufgaben ist sehr ausführlich gehalten. Alle Aufgaben werden Schritt für Schritt gelöst, sodass der Lösungsweg jederzeit nachvollziehbar bleibt.

(4) **Musterklausuren**

Im hinteren Teil des Prüfungstrainers stehen mehrere Musterklausuren zur Verfügung, mit denen Sie den »Ernstfall« proben können. Inhaltlich decken die Klausuren das ganze Themenspektrum des Bands ab. Die Aufgaben reichen von Standard- bis zu Transferaufgaben und enthalten auch mehrteilige, aufeinander aufbauende Aufgabenstellungen, wie sie in echten Klausuren vorkommen.

Die Musterklausuren sind mit einer Zeitvorgabe und einem Punkteraster versehen. Beides erlaubt Ihnen eine Einschätzung, wie gut Sie die Klausur zeitlich und inhaltlich bewältigt haben. Bitte beachten Sie jedoch, dass die Anforderungen an Ihrer Hochschule davon abweichen können, und informieren sich rechtzeitig, mit welchen Prüfungsthemen und Aufgabentypen sowie mit welchem Umfang und Niveau Sie in Ihrer eigenen Prüfung rechnen müssen.

(5)   **Sammlung wichtiger Formeln**
Am Ende des Prüfungstrainers finden Sie eine Sammlung der Formeln, die von zentraler Bedeutung für die einzelnen Prüfungsthemen sind. Markieren Sie diejenigen Formeln, die Sie für Ihre eigene Prüfung auf jeden Fall wissen müssen.

Die Formeln sind nummeriert. In den rezeptartigen Lösungswegen und an anderen Stellen wird darauf Bezug genommen, sodass die Formelsammlung mit den übrigen Lerninhalten verknüpft wird.

Viel Erfolg für Ihre Prüfung!

Hinweis:

Dezimalzahlen wurden aus Gewohnheitsgründen mit einem Dezimalpunkt statt eines Dezimalkommas notiert.

Einleitung

Zur Beurteilung wirtschaftswissenschaftlicher Aufgabenstellungen sind häufig mathematische Methoden notwendig oder zumindest hilfreich.

(A) Folgende typische Fragestellungen können mit Hilfe von Funktionen einer Variablen beantwortet werden:
  • Zu bestimmen ist, bei welchen hergestellten und verkauften Mengen einer Ware Verlust oder Gewinn erwirtschaftet wird.
  • Zu bestimmen ist eine Warenmenge oder ein Preis, bei dem Angebot und Nachfrage übereinstimmen.
  • Zu bestimmen ist diejenige Menge einer hergestellten und verkauften Ware, bei der der Gewinn maximal ist.
  • Zu bestimmen ist diejenige regelmäßige Bestellmenge einer Ware, die die Gesamtkosten minimiert.
  • Zu bestimmen ist
    – derjenige Umsatz, den Konsumenten nicht haben leisten müssen, obwohl sie dazu bereit gewesen wären,
    – derjenige Umsatz, den Produzenten über den aufgrund ihres Angebots erhofften Umsatz hinaus machen konnten.
  • Um wie viel verändern sich die Herstellungskosten, wenn die hergestellte Menge eines Produkts um eine Mengeneinheit steigt?
  • Um wie viele Prozentpunkte verändert sich die Nachfrage nach einem Gut, wenn der Preis um einen Prozentpunkt steigt?

(B) Folgende typische Fragestellungen können mit Hilfe von Funktionen mehrerer Variablen beantwortet werden:
  • Wie viel größer ist der Nutzen beim Erwerb mehrerer Waren, wenn alle Mengen verdoppelt werden?
  • Welche mathematische Beziehung herrscht zwischen zwei konsumierten Mengen, wenn der Nutzen derselbe ist?
  • Bei welchen hergestellten und verkauften Mengen von zwei Produkten ist der Gewinn maximal?
  • Beim Erwerb welcher Mengen mehrerer Waren ist der Nutzen maximal, wenn man nur einen bestimmten Geldbetrag ausgeben kann?
  • Um wie viel verändert sich der Gewinn aus zwei Produkten, wenn eine der hergestellten Mengen um eine Mengeneinheit steigt?
  • Um wie viele Prozentpunkte verändert sich die Nachfrage nach einem Gut, wenn der Preis dieses Guts um einen Prozentpunkt steigt und der eines konkurrierenden Guts gleich bleibt?
    Um wie viele Prozentpunkte verändert sich die Nachfrage nach einem Gut, wenn der Preis dieses Guts gleich bleibt und der Preis eines konkurrierenden Guts um einen Prozentpunkt steigt?

(C)   Folgende typische Fragestellungen können mit Hilfe linearer Algebra beantwortet werden:

- Welche Produktmengen können bei gegebenen Maschinenlaufzeiten hergestellt werden?
- Welche Maschinenlaufzeiten sind nötig, um bestimmte Produktmengen herzustellen?
- Welcher Umsatz ergibt sich aus den Preisen und Verkaufsmengen mehrerer Waren?
- Bei welchen hergestellten Mengen ist der Deckungsbeitrag maximal unter gegebenen Produktionsbedingungen?
- Wenn bekannt ist, zu welchen Anteilen hergestellte Produkte vom eigenen Unternehmen verbraucht werden: Wie ergibt sich aus den hergestellten Mengen, welche Mengen im Unternehmen verbraucht werden?

Welche Produktmengen können noch verkauft werden, wenn dieser Eigenverbrauch realisiert wird?

Welche hergestellten Mengen sind nötig, damit das Unternehmen bestimmte Mengen selbst verbrauchen kann?

Welche Mengen müssen hergestellt werden, um nach Abzug für den Eigenverbrauch im Unternehmen noch bestimmte Mengen für den Verkauf übrig zu haben?

Welche Rohstoffmengen sind nötig, um gewünschte Mengen an Endprodukten herstellen zu können?

1 Grundlagen

1.1 Mengenlehre, Relationen, Abbildungen

1.1.1 Mengen

In einer Menge sind Objekte zusammengefasst, die *Elemente* der Menge genannt werden.

Beispiel:
Mengen von Zahlen, Buchstaben, Dingen

Bemerkung:
Häufig werden in der Mathematik Platzhalter für Objekte benutzt, wenn man ausdrücken möchte, dass etwas »für alle Objekte« einer bestimmten Menge gilt. Als solche Platzhalter eignen sich gut Buchstaben, da sie kurz sind. Dabei hat sich eingebürgert, Mengen mit Großbuchstaben zu bezeichnen, während für Objekte, die in einer Menge liegen, häufig Kleinbuchstaben genutzt werden.

Beispiel:
Die Menge der vier Kinder einer Familie wird M genannt.
Die Kinder heißen Thomas, Anna, Max und Jule.
Dann ist also M die Menge, die aus Thomas, Anna, Max und Jule besteht.
Mathematisch notiert man das in der Form
$M = \{$Thomas, Anna, Max, Jule$\}$.
Die Mengenklammern $\{$ und $\}$ umrahmen alles, was zur Menge gehört.

Möchte man nun die beiden Mädchen in einer neuen Menge N zusammenfassen, so ist $N = \{$Anna, Jule$\}$.
Diese kleinere Menge N ist genau derjenige Teil von M, der nur die Mädchen enthält. Mathematisch kann man das notieren in der Form
$N = \{$Kinder k, die zu M gehören $\mid k$ ist ein Mädchen$\}$. Hierbei steht der senkrechte Strich $\mid$ für eine Einschränkung.

Allgemeine mathematische Darstellung von Mengen:
$M = \{a \mid a$ hat diese Eigenschaft$\}$ steht für:
M ist die Menge der Objekte a, für die gilt: a hat diese Eigenschaft.

Beispiel:
$M = \{a \mid a$ studiert in Köln$\}$ ist die Menge der Studierenden in Köln.
$a \in M$ steht für: a ist Element der Menge M.
Schmitt $\in M$ bedeutet: *Schmitt* studiert in Köln.
Meier $\notin M$ bedeutet: *Meier* studiert nicht in Köln.

Beziehungen zwischen Mengen:

Seien M und N zwei Mengen.

(a) $M \subset N$ bedeutet: M ist *Teilmenge* von N.

Das heißt, dass alle Elemente von M auch in N liegen.

Beispiel:

$M = \{\text{Hunde}\}$, $N = \{\text{Tiere}\}$

Jeder Hund ist ein Tier: $M \subset N$

Gleichbedeutend ist:

$N \supset M$ N *umfasst* M.

(b) $M = N$ bedeutet: M umfasst N und N umfasst M.

Beispiel:

$M = \{\text{Segelflugzeuge}\}$

$N = \{\text{gliders}\}$

(c) $M \cap N$ $= \{x \mid x \in M \text{ und } x \in N\}$

$= \boxed{\textit{Durchschnitt}}$ von M und N,

$=$ Schnittmenge von M und N

Beispiel:

$N = \{\text{Brötchen mit Butter}\}$

$M = \{\text{Brötchen mit Käse}\}$

$M \cap N = \{\text{Brötchen mit Butter } \boxed{\textit{und}} \text{ Käse}\}$

Der Durchschnitt zweier Mengen M und N besteht aus den Elementen, die in M *und* in N liegen.

(d) $M \cup N$ $= \{x \mid x \in M \text{ oder } x \in N\}$

$= \boxed{\textit{Vereinigung}}$ von M und N

Beispiel:

$N = \{\text{Brötchen mit Butter}\}$

$M = \{\text{Brötchen mit Käse}\}$

$M \cup N = \{\text{Brötchen mit Butter } \boxed{\textit{oder}} \text{ Käse}\}$

Die Vereinigung zweier Mengen M und N besteht aus den Elementen, die in M *oder* in N (oder in beiden) liegen.

(e) $N \setminus M$ $= \{x \in N \mid x \notin M\}$

$=$ Differenzmenge von N und M

$= N$ außer M

Beispiel:

$N = \{\text{Brötchen mit Butter}\}$

$M = \{\text{Brötchen mit Käse}\}$

$N \setminus M = \{\text{Brötchen mit Butter ohne Käse}\}$

(f) $\overline{M}$ in N ist das *Komplement* von M in N.

Es besteht aus allen Elementen von N, die nicht in M liegen.

Beispiel:

$M = \{\text{Brötchen mit Käse}\}$

In $N: \overline{M} = N \setminus M$

(g) $\emptyset$ ist das Symbol für die *leere Menge*:

Sie enthält kein Element.

Beispiel:

$N = \{\text{Studierende in Köln}\}$

$M = \{\text{Menschen}\}$

$N \setminus M = \emptyset$

(h) $|N|$ ist die *Kardinalzahl* oder *Mächtigkeit* von N.

Dies ist die Anzahl der Elemente von N.

1.1.2   Natürliche, ganze, rationale und reelle Zahlen

Die Menge der natürlichen Zahlen

$\mathbb{N} = \{1, 2, 3, \dots\}$

$=$ Menge der natürlichen Zahlen

Die Menge $\mathbb{N}_0 = \{0, 1, 2, 3, \dots\}$ enthält zusätzlich die Zahl 0.

Eine Menge, die gleichmächtig zu einem Abschnitt $\{1, 2, \dots, n\}$ der Zahlenreihe ist, heißt *endlich*.

Beispiel:

$A \quad = \{\text{Kurt, Maria, Anton, Elisabeth}\}$

$|A| \quad = 4$ ist die Anzahl der Elemente von A.

Wenn eine Menge endlich ist und n Elemente enthält, lassen sich ihre Elemente mit den Nummern 1 bis n versehen (*indizieren*), so dass verschiedene Elemente verschiedene Nummern erhalten und alle Nummern von 1 bis n benutzt werden.

Alternativ ist etwa eine Nummerierung mit den Indices $0, \ldots, n-1$ möglich.

Beispiel:
Kurt $= a_1$ Maria $= a_2$ Anton $= a_3$ Elisabeth $= a_4$
$A = \{a_1, a_2, a_3, a_4\}$

Wenn man definiert
Kurt $= b_0$ Maria $= b_1$ Anton $= b_2$ Elisabeth $= b_3$,
gilt ebenso: $A = \{b_0, b_1, b_2, b_3\}$.

Die Elemente einer endlichen Menge A der Mächtigkeit $|A| = n$ kann man also zum Beispiel mit $a_1, \ldots, a_n$ oder etwa mit $b_0, \ldots, b_{n-1}$ bezeichnen:

$$A = \{a_1, \ldots, a_n\} = \{b_0, \ldots, b_{n-1}\}$$

Eine Menge, die der Reihe aller natürlichen Zahlen gleichmächtig ist, heißt *abzählbar unendlich*.
Eine abzählbar unendliche Menge lässt sich mit Nummern versehen, sodass jede natürliche Zahl genau ein Mal als Nummer benutzt wird. Die Zahlen n heißen in diesem Zusammenhang *Indizes* (Einzahl: *Index*).

Beispiel:
$$A = \left(2^{n-1}\right)_{n \in \mathbb{N}} = (2^n)_{n \in \mathbb{N}_0} = \{1, 2, 4, 8, 16, \ldots\}$$

Eine Menge heißt *abzählbar*, wenn sie endlich oder abzählbar unendlich ist.

Eine Summe von mehreren Zahlen $a_1, \ a_2, \ \ldots, \ a_k$ wird abkürzend geschrieben als $\sum_{n=1}^{k} a_n$:
Das Summenzeichen $\sum$ ist ein großes griechisches Sigma. Statt $a_1, a_2, \ldots$ schreibt man das *allgemeine Glied a_n*.
Unter dem Summenzeichen wird notiert, wo man zu summieren beginnt:
Hier bei $n = 1$.
Über dem Summenzeichen wird notiert, wo die Summation aufhört:
Hier bei $n = k$.

Beispiel:
Die Summe der ersten fünf natürlichen Zahlen beträgt
$1 + 2 + 3 + 4 + 5 = \sum_{i=1}^{5} i = 15$.
Die Summe der Quadrate der ersten fünf natürlichen Zahlen beträgt $\sum_{i=1}^{5} i^2 = 55$.
Man kann ebensogut die Zahlenfolge $a_i = i^2$ definieren und diese Summe notieren als $\sum_{i=1}^{5} a_i$.

Die Menge der ganzen Zahlen

$\mathbb{Z}$ = Menge der ganzen Zahlen

= Menge der natürlichen Zahlen $\cup$ {0} $\cup$ Menge der Negativen natürlicher Zahlen

= $\{\ldots, -2, -1, 0, 1, 2, \ldots\}$

Die Menge der rationalen Zahlen

$\mathbb{Q}$ = $\{\frac{a}{b} \mid a, b \in \mathbb{Z}, b \neq 0\}$

= Menge der rationalen Zahlen

= Menge der Brüche ganzer Zahlen

Die Menge der reellen Zahlen

Alle Zahlen, die sich nicht als Verhältnis zweier ganzer Zahlen darstellen lassen, heißen *irrational*. Die rationalen und irrationalen Zahlen gemeinsam ergeben die Menge der reellen Zahlen:

$\mathbb{R}$ = Menge der reellen Zahlen

Die Menge der reellen Zahlen kann als Zahlengerade dargestellt werden.

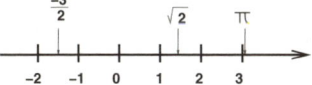

Intervalle

Ein Intervall ist ein Abschnitt auf der reellen Zahlengeraden.
Ein Intervall ist an einer seiner Grenzen abgeschlossen, wenn diese Grenze zum Intervall gehört; das drückt sich dadurch aus, dass alle Zahlen des Intervalls kleinergleich beziehungsweise größergleich dieser Grenze sind. Ist ein Intervall an einer seiner Grenzen offen, so heißt das, dass diese Grenze nicht zum Intervall gehört; das bedeutet, dass alle Zahlen des Intervalls kleiner beziehungsweise größer als diese Grenze sind.

Je nach dem, welche Endpunkte zum Intervall gehören, notiert man:

Abgeschlossenes Intervall: $= [a, b]$ $= \{x \in \mathbb{R} | a \leq x \leq b\}$

Linksoffenes Intervall: $=]a, b]$ $= \{x \in \mathbb{R} | a < x \leq b\}$

Rechtsoffenes Intervall: $= [a, b[$ $= \{x \in \mathbb{R} | a \leq x < b\}$

Offenes Intervall: $=]a, b[$ $= \{x \in \mathbb{R} | a < x < b\}$

Unendlich

Das Symbol für »plus unendlich« ist ∞.
$-\infty$ steht für »minus unendlich«.

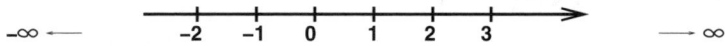

Beide sind keine reellen Zahlen, daher müssen Intervalle, die bis $-\infty$ oder $+\infty$ reichen, dort offen sein:

Beispiel:

$]-\infty, 1]$ ist das Intervall von $-\infty$ bis 1, 1 ist eingeschlossen

$]-\infty, 1[$ ist das Intervall von $-\infty$ bis 1, 1 ist ausgeschlossen

$[0, \infty[$ ist das Intervall von 0 bis ∞, 0 ist eingeschlossen

$]-\infty, \infty[= \mathbb{R}$ ist die ganze Zahlengerade.

1.1.3 Relationen

Häufig wird die Menge derjenigen reellen Zahlen gesucht, die einer bestimmten Aussageform genügen. Die *Lösungsmenge* besteht aus denjenigen Zahlen, die die Aussageform erfüllen. Solche zunächst unbekannten Zahlen werden gern x genannt. Man erhält die Lösungsmenge, indem man die Aussageform »nach x auflöst«.

Wie man eine Aussageform nach x auflösen kann, hängt von der konkreten Aussageform ab. Das allgemeine Prinzip ist, dass man von der Seite, auf der x steht, nach und nach Terme auf die andere Seite bringt; dabei beginnt man gewissermaßen weit weg von x und nähert sich langsam der unbekannten Zahl x. Es gelten natürlich alle Rechenregeln wie etwa »Punktrechnung vor Strichrechnung« und Distributionsgesetze.

Es ist üblich, rechts seitlich der Aussageform hinter einem senkrechten Strich zu notieren, welche Rechenoperation man als nächstes durchführt.

Beispiel:
Bestimmen Sie die Lösungsmenge L der Aussageform $x^2 - 9 = 0$.

Lösung:

$$x^2 - 9 \quad = 0 \qquad\qquad | + 9$$

$$x^2 \qquad = 9 \qquad\qquad | + \sqrt{\ }\, \text{oder} - \sqrt{\ }$$

$$x \qquad\quad = +3 \qquad\quad \text{oder}$$

$$x \qquad\quad = -3$$

$$L \qquad\quad = \{-3, 3\} \qquad \text{ist die Lösungsmenge.}$$

Beim Auflösen nach x erhält man nur dann die exakte Lösungsmenge, wenn die Aussageform *äquivalent* umgeformt wird, d. h. wenn die hergeleiteten Aussageformen gleichwertig sind.

Beispiel:
Zu einer Gleichung die Zahl 9 zu addieren, ist eine Äquivalenzumformung: Die ursprüngliche Gleichung gilt genau, wenn die neue Gleichung gilt.

Aus beiden Seiten einer Gleichung die positive Wurzel zu ziehen, ist keine Äquivalenzumformung, denn das Quadrat des Negativen der Wurzel ergibt dasselbe Ergebnis wie das Quadrat der positiven Wurzel. Zieht man aus einer Gleichung sowohl die positive als auch die negative Wurzel, so erhält man eine äquivalente Aussageform:

x^2 ist gleich 9 genau, wenn $x = +3$ oder $x = -3$ ist.

Symbolschreibweise für Aussagen

Es seien A und B Aussagen.

$A \Rightarrow B$ bedeutet: Aus A folgt B.

Beispiel: A: x ist größer als 8 $(x > 8) \Rightarrow (x > 3)$
               B: x ist größer als 3

$A \Leftarrow B$ bedeutet: Aus B folgt A.

Beispiel: A: x ist kleiner als 8 $(x < 8) \Leftarrow (x < 3)$
               B: x ist kleiner als 3

$A \Leftrightarrow B$ bedeutet: A und B sind gleichwertig.

Beispiel: A: x ist kleiner als 3 $(x < 3) \Leftrightarrow (-x > -3)$
               B: $-x$ ist größer als -3

1.1.4 Der Absolutbetrag

Für jede reelle Zahl x ist der Betrag $|x|$ der positive Anteil von x.

Für jede nicht-negative Zahl a ist die Menge der Zahlen x mit $|x| = a$ gerade
$$L = \{-a, a\}.$$

Für jede nicht-negative Zahl a ist die Menge der Zahlen x mit $|x| \leq a$ gerade
$$L = \{x \in \mathbb{R} | -a \leq x \leq a\} = [-a, a].$$

Für jede nicht-negative Zahl a ist die Menge der Zahlen x mit $|x| \geq a$ gerade
$$L = \{x \in \mathbb{R} | x \geq a \text{ oder } -x \geq a\} = \mathbb{R}\setminus] -a, a[=] -\infty, -a] \cup [a, \infty[.$$

Für jede nicht-negative Zahl a und jede Zahl b ist die Menge der Zahlen x mit $|x - b| \leq a$ gerade
$$L = \{x \in \mathbb{R} | -a \leq x - b \leq a\} = [-a + b, a + b].$$

Für jede nicht-negative Zahl a und jede Zahl b ist die Menge der Zahlen x mit $|x - b| \geq a$ gerade
$$
\begin{aligned}
L &= \{x \in \mathbb{R} | x - b \geq a \text{ oder } -(x - b) \geq a\} \\
&= \mathbb{R}\setminus] -a + b, a + b[\\
&=]\infty, -a + b] \cup [a + b, \infty[.
\end{aligned}
$$

1.2 Potenzrechnung, binomische Formeln

1.2.1 Potenzrechnung

Für $a \in \mathbb{R}$ und $n \in \mathbb{N}$ ist $\quad a^n = a \cdot a \cdot \cdots \cdot a \quad (n\text{-mal})$

Für $a \in \mathbb{R}\setminus\{0\}$ ist $\quad a^0 = 1; \quad 0^0$ ist nicht definiert.

Für $a \in \mathbb{R}\setminus\{0\}$ gelten: $\quad a^{-1} = \dfrac{1}{a}$

$\qquad\qquad\qquad\qquad\qquad a^{-m} = \dfrac{1}{a^m}$

Für $a \geq 0, m \in \mathbb{N}$ ist $\quad a^{\frac{1}{m}} = \sqrt[m]{a}$

diejenige nicht-negative Zahl mit
$\left(a^{\frac{1}{m}}\right)^m = a.$

Für $q = \frac{n}{m} \in \mathbb{Q}$,
$n \in \mathbb{N}, m \in \mathbb{Z}$
mit $m \neq 0$ und $a \in \mathbb{R}^+$ ist $\quad a^q = \sqrt[m]{a^n}$

1.2.2 Binomische Formeln

Drei quadratische binomische Formeln

$$(a + b)^2 = a^2 + 2ab + b^2$$
$$(a - b)^2 = a^2 - 2ab + b^2$$
$$(a + b) \cdot (a - b) = a^2 - b^2$$

1.3 Übungsaufgaben

Mengenlehre

Aufgabe 1.1

(a) Es sei M die Menge aller Rektoren einer bestimmten Hochschule
Was ist $|M|$?

(b) Ermitteln Sie folgende Mengen von Buchstaben:
$\{A, B, C, V\} \backslash \{A, B, C, D, E\}$
$\{A, B, C, V\} \cap \{A, Y, Z\}$
$\{A, B, C, V\} \cup \{C, D\}$

Aufgabe 1.2
Seien $M = \{2, 4, 6, 8, 10\}$, $N = \{1, 2, 3, 4, 5\}$.

(a) Bestimmen Sie $M \cup N$.

(b) Bestimmen Sie $M \cap N$.

(c) Ermitteln Sie $N \cap M$.

(d) Gilt $M \subset N$?

(e) Berechnen Sie $|M|$.

Natürliche, rationale und reelle Zahlen

Aufgabe 1.3
Sie legen am Ende des ersten Monats 1 € zurück.
Sie legen am Ende jedes weiteren Monats das Doppelte des Vormonats zurück.
Notieren Sie das allgemeine Glied der entstehenden Zahlenfolge, wenn a_n der am Ende des n−ten Monats zurückgelegte Betrag ist, und die ersten drei Folgeglieder.

Aufgabe 1.4
Notieren Sie das allgemeine Folgeglied folgender Folgen:

(a) $2, 4, 6, 8, 10,$

(b) $1, 3, 5, 7, 9,$

Aufgabe 1.5
Bestimmen Sie für die folgenden Zahlen, ob sie natürlich, ganz, rational oder irrational sind:

(a) 8

(b) -5

(c) 0.5

(d) $0.\bar{6}$

Gesucht ist jeweils die kleinste Zahlenmenge, in der die Zahl liegt.
Kennen Sie irrationale Zahlen?

Intervalle

Aufgabe 1.6
Können Sie für folgende Zahlen jeweils die kleinste und größte Zahl nennen, die darin liegt? (Es ist nicht immer möglich.)
(a) $[0, 5]$

(b) $[-2, 4[$

(c) $]2, 10]$

(d) $[2, 20[$

(e) $]-\infty, 8]$

(f) $[8, \infty[$

Relationen

Aufgabe 1.7
Gesucht sind die Lösungsmengen folgender (Un-)Gleichungen:
(a) $4 + 3 \cdot x < 10$

(b) $-2 \le 4 - 4 \cdot x < 12$

(c) $\frac{10}{2} + \frac{1}{x} = 10$

(d) $x^5 - 2 = 30$

(e) $\frac{4}{x} : \frac{1}{5} = 10$

(f) $-2 < 6x - 5 < 4x - 3$

Aufgabe 1.8
Gesucht ist die Lösungsmenge L der Gleichung $\frac{4}{x^{0.2}} - 8 = 12$.

Aufgabe 1.9
Gesucht ist die Lösungsmenge L der Ungleichungskette
$2x + 1 > 4x > 5x - 2$.

Der Absolutbetrag

Aufgabe 1.10
Bestimmen Sie
(a) $|3|$

(b) $|-7.5|$

(c) $\{x \in \mathbb{R} \,|\, |x| < 3\}$

(d) $\{x \in \mathbb{R} \,|\, |x| > 3\}$

(e) $\{x \in \mathbb{R} \,|\, |x - 4| < 3\}$

(f) $\{x \in \mathbb{R} \,|\, |x - 4| > 3\}$

Potenzrechnung

Aufgabe 1.11

Formen Sie um und berechnen Sie:

(a) 3^{2+5}

(b) 3^{5-2}

(c) 5^{-3}

(d) $4^{2 \cdot 3}$

(e) $3^{\frac{2}{5}}$

Aufgabe 1.12

Notieren Sie als Dezimalzahl $5 \cdot 10^{-2} + 4 \cdot 10^{-1} + 3 \cdot 10^{0} + 2 \cdot 10^{1} + 1 \cdot 10^{2}$

Aufgabe 1.13

Vereinfachen Sie:

(a) $x^4 \cdot x^2$

(b) $x^4 \cdot x^{-3}$

(c) $\frac{x^4}{x^2}$

(d) $\frac{x^4}{x^{-2}}$

(e) $x^{0.8} \cdot x^{-0.3}$

(f) $\frac{x^{0.8}}{x^{-0.3}}$

Aufgabe 1.14

Lösen Sie die Gleichung $4x^{-7.5} = 0.1$.

1.4 Lösungen

Lösung 1.1

(a) $|M| = 1$ ist die Anzahl der Elemente der Menge M aller Rektoren einer bestimmten Hochschule.

(b) Buchstabenmengen:
$$\{A, B, C, V\} - \{A, B, C, D, E\} = \{V\}$$
$$\{A, B, C, V\} \cap \{A, Y, Z\} = \{A\}$$
$$\{A, B, C, V\} \cup \{C, D\} = \{A, B, C, D, V\}$$

Lösung 1.2

Gegeben sind $M = \{2, 4, 6, 8, 10\}$ und $N = \{1, 2, 3, 4, 5\}$

(a) $M \cup N = \{1, 2, 3, 4, 5, 6, 8, 10\}$

(b) $M \cap N = \{2, 4\}$

(c) $N \cap M = M \cap N = \{2, 4\}$.

(d) Es gilt nicht $M \subset N$, da es Elemente von M gibt, die nicht in N liegen, wie zum Beispiel die Zahl 10.

(e) $|M| = 5$.

Lösung 1.3

Am Ende des ersten Monats wird 1 € zurückgelegt, am Ende jeden weiteren Monats das Doppelte des Vormonats.
Sie erhalten eine unendliche Folge $A = \{a_n\}_{n \in \mathbb{N}}$ von Beträgen $1, 2, 4, 8, 16, \ldots$.
Sie nummerieren diese Folge durch:

$a_n = 2^{n-1}$ für $n = 1, 2, \ldots$

$a_1 = 1$

$a_2 = 2$

$a_3 = 4$

Lösung 1.4

(a) Das allgemeine Glied der Zahlenfolge $2, 4, 6, 8, 10, \ldots$, ist $a_n = 2 \cdot n$, wenn n die natürlichen Zahlen $1, 2, 3, \ldots$ durchläuft.

(b) Das allgemeine Glied der Zahlenfolge $1, 3, 5, 7, 9, \ldots$, die aus den ungeraden Zahlen besteht, ist $a_n = 2 \cdot n - 1$, wenn n die natürlichen Zahlen $1, 2, 3, \ldots$ durchläuft.

Lösung 1.5

(a) 8 ist natürlich.

(b) -5 ist ganz.

(c) 0.5 ist rational, denn $0.5 = \frac{1}{2}$.

(d) $0.\bar{6}$ ist auch rational, denn $0.\bar{6} = \frac{2}{3}$.

Irrational sind zum Beispiel $\sqrt{2}$, die Euler'sche Zahl e und π.

Lösung 1.6

Jeweils die Intervallgrenzen, bei denen eine nach innen gerichtete Klammer steht, gehören zum Intervall:

(a) $[0, 5]$: 0 ist die kleinste, 5 die größte Zahl, die zum Intervall gehört.

(b) $[-2, 4[$: -2 ist die kleinste Zahl, die zum Intervall gehört; die größte Zahl des Intervalls kann nicht benannt werden.

(c) $]2, 10]$: Die kleinste Zahl des Intervalls kann nicht angegeben werden, die größte ist 10.

(d) $[2, 20[$: Die kleinste Zahl des Intervalls ist 2, die größte kann nicht benannt werden.

(e) $]-\infty, 8]$: Dieses Intervall besitzt keine kleinste Zahl; die größte ist 8.

(f) $[8, \infty[$: Die Zahl 8 ist die kleinste Zahl des Intervalls; eine größte besitzt es nicht.

Lösung 1.7

(a) $4 + 3 \cdot x < 10$

$3 \cdot x < 6$

$x \quad < 2$

$L = \{x \in \mathbb{R} \mid x < 2\}$

(b) $-2 \leq 4 - 4 \cdot x < 12$

$-6 \leq -4 \cdot x < 8$

$6 \geq 4 \cdot x > -8$

$\frac{3}{2} \geq x \quad > -2$

$L = \{x \in \mathbb{R} \mid -2 < x \leq \frac{3}{2}\}$

(c) $\frac{10}{2} + \frac{1}{x} = 10$

$\frac{1}{x} = 5$

$x = 0.2$

$L = \{0.2\}$

(d) $x^5 - 2 = 30$

$x^5 = 32$

$x = \sqrt[5]{32} = 2$

$L = \{2\}$

(e) $\frac{4}{x} : \frac{1}{5} = 10$

$\frac{20}{x} = 10$

$x = 2$

$L = \{2\}$

(f) $-2 < 6x - 5 < 4x - 3$

   $3 < 6x$ und $2x < 2$

   $\frac{1}{2} < x$ und $x < 1$

   $L = \{x \in \mathbb{R} \mid \frac{1}{2} < x < 1\}$

Lösung 1.8

$\frac{4}{x^{0.2}} - 8 \quad = 12$

$\frac{4}{x^{0.2}} \quad = 20 \qquad \vert \cdot {}^{-1}$

$\frac{x^{0.2}}{4} \quad = \frac{1}{20}$

$x^{0.2} \quad = \frac{4}{20} = \frac{1}{5}$

$x \qquad = \left(\frac{1}{5}\right)^5$

$\qquad\quad = 0.00032$

Lösungsmenge ist $L = \{0.00032\}$.

Lösung 1.9

$2x + 1 \quad > 4x \quad > 5x - 2$

$2x + 1 > 4x \quad$ und $\quad 4x > 5x - 2$

$1 \qquad > 2x \quad$ und $\quad 2 \ > x$

$x \qquad < 0.5 \quad$ und $\quad x \ < 2$

Wenn $x < 0.5$ ist, ist auch $x < 2$.

Also: Lösungsmenge ist $L = \,]-\infty, 0.5[$.

Lösung 1.10

(a) $|3| = 3$

(b) $|-7.5| = 7.5$

(c) $|x| < 3$ bedeutet: $-3 < x < 3$.

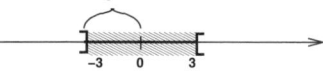
Das heißt: $x \in \,]-3, 3[$.

(d) $|x| > 3$ bedeutet: $x > 3$ oder $-x > 3$.

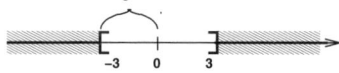
Das heißt: $x \notin [-3, 3]$.

(e) $|x - 4| < 3$ bedeutet: $-3 < x - 4 < 3$.

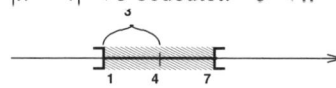
Das heißt: $x \in \,]1, 7[$.

(f) $|x - 4| > 3$ bedeutet: $x - 4 > 3$ oder $-(x - 4) > 3$.

Das heißt: $x \notin [1, 7]$.

Lösung 1.11

(a) $3^{2+5} = 3^2 \cdot 3^5 \quad = 2187$

(b) $3^{5-2} = 3^5 \cdot 3^{-2} = \frac{3^5}{3^2} \quad = 27$

(c) $5^{-3} = \frac{1}{5^3} \quad = \frac{1}{125}$

(d) $4^{2 \cdot 3} = \left(4^2\right)^3 = \left(4^3\right)^2 \quad = 4096$

(e) $3^{\frac{2}{5}} = \left(3^2\right)^{\frac{1}{5}} = \sqrt[5]{3^2} \quad = \left(3^{\frac{1}{5}}\right)^2 = \left(\sqrt[5]{3}\right)^2 \quad = 1.5518$

Lösung 1.12

$5 \cdot 10^{-2} + 4 \cdot 10^{-1} + 3 \cdot 10^0 + 2 \cdot 10^1 + 1 \cdot 10^2 = 123.45$

Lösung 1.13

(a) $x^4 \cdot x^2 = x^6$

(b) $x^4 \cdot x^{-3} = x^{4-3} = x$

(c) $\frac{x^4}{x^2} = x^{4-2} = x^2$

(d) $\frac{x^4}{x^{-2}} = x^{4-(-2)} = x^6$

(e) $x^{0.8} \cdot x^{-0.3} = x^{0.8-0.3} = x^{0.5}$

(f) $\frac{x^{0.8}}{x^{-0.3}} = x^{0.8-(-0.3)} = x^{1.1}$

Lösung 1.14

$4x^{-7.5} \quad = 0.1$

$x^{-7.5} \quad = 0.025$

$x^{7.5} \quad = \frac{1}{0.025} \quad = 40$

$x \quad \quad = 1.63534$

2 Analysis

2.1 Funktionen einer Variablen

2.1.1 Abbildungen

Eine Vorschrift, die jedem Element x einer Menge M ein Objekt $f(x)$ einer Menge N zuordnet, heißt *Funktion* von M in N.

Beispiel:
Jeder Menge hergestellter Ware werden die Kosten der Erzeugung zugeordnet.

Beispiel:
$f(x) = x^2$

Jeder Zahl x wird ihr Quadrat zugeordnet.

Mathematische Darstellung:

Abbildung (Funktion)

$f: \quad M \quad \rightarrow \quad N$ bedeutet: f ist eine Abbildung von der Menge M
in die Menge N.

$x \quad \mapsto \quad f(x)$ bedeutet: Jedes Element x aus M wird auf ein
Element $f(x)$ aus N abgebildet.
Ein Element x aus M heißt Urbild eines Elements
y aus N, wenn $f(x) = y$ gilt.
Ein Element y aus N heißt Bild eines Elements x
aus M ebenfalls, wenn $f(x) = y$ ist.

Beispiel:
$f: \quad [0, \infty[\quad \rightarrow \quad [0, \infty[$
$\quad$ Menge $x \quad \mapsto \quad$ Kosten $K(x)$ der Herstellung

Dabei steht $[0, \infty[$ für die Menge der Zahlen, die größergleich 0 sind; ∞ ist das Symbol für unendlich (vgl. 1.1.2, S. 8).

Beispiel:
$f: \quad \mathbb{R} \quad \rightarrow \quad \mathbb{R}$
$\quad x \quad \mapsto \quad x^2$

Übliche Darstellung einer Abbildung $f: M \rightarrow N$, wenn M und N Teilmengen der Menge der reellen Zahlen sind:

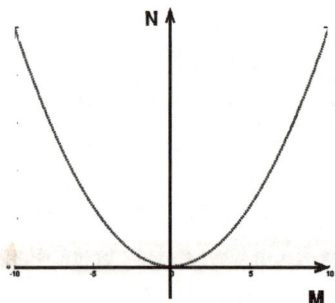

Jede Zahl in M wird gemeinsam mit ihrem Bild in N dargestellt.

Eine (reelle) *Funktion* ist eine Abbildung einer Teilmenge der reellen Zahlen in die reellen Zahlen:

$$f\colon\quad D_f \subset \mathbb{R}\quad\to\quad\mathbb{R}$$

Beispiel:
Kostenfunktion
$$K\colon\quad \mathbb{R}\quad\to\quad\mathbb{R}$$
$$x\quad\mapsto\quad 0.02x^3 - 0.5x^2 + 60x + 800$$

Definitionsbereich von f ist die Menge D_f, auf der f definiert ist.
Wertebereich (*Bild*) von f ist die Menge W_f der Bildpunkte $f(x)$.

Injektivität, Surjektivität, Bijektivität

Bei jeder Funktion f muss für jede Zahl x des Definitionsbereichs das Bild $f(x)$ eindeutig bestimmt sein.

Aber das Umgekehrte muss nicht immer gelten.

Beispiel:
Wir betrachten die Funktion $f(x) = 10^x$:

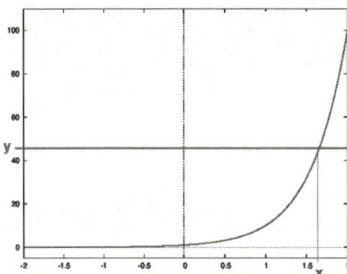

Für diese Funktion gilt tatsächlich, dass je zwei verschiedene Zahlen x_1 und x_2 auf verschiedene Zahlen $y_1 = f(x_1)$ und $y_2 = f(x_2)$ abgebildet werden.

Wenn das der Fall ist, heißt f *injektiv* zwischen den Mengen:

$f : M \to N$ ist injektiv, wenn je zwei verschiedene Punkte x_1 und x_2 aus M auf verschiedene Punkte $y_1 = f(x_1)$ und $y_2 = f(x_2)$ abgebildet werden.

Beispiel:
Für die Funktion $f(x) = x^2$ als Funktion von $\mathbb{R}$ nach $\mathbb{R}$ gilt das nicht:

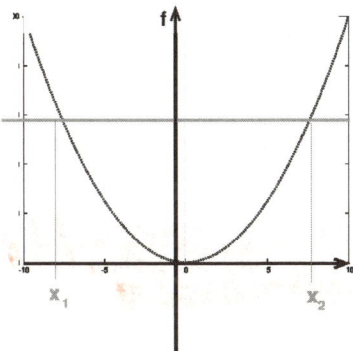

Diese Abbildung ist nicht injektiv, da z. B. die gezeichnete waagerechte Gerade den Graphen zwei Mal schneidet.

$f : M \to N$ heißt *surjektiv* zwischen den Mengen, wenn jeder Punkt der Menge N tatsächlich als Bildpunkt $f(x)$ vorkommt.

Beispiel:
$$f(x) = x^3 - 10x^2 + 20$$

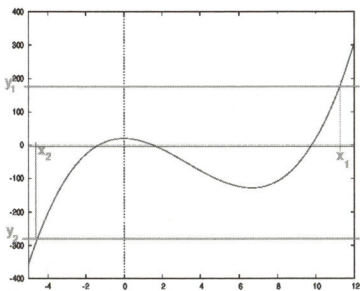

Zu jeder reellen Zahl y gibt es eine Zahl x mit $f(x) = y$.

Beispiel:

Für die Funktion $f(x) = x^2$ als Funktion von $\mathbb{R}$ nach $\mathbb{R}$ gilt das nicht:

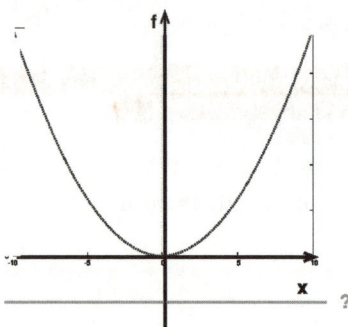

Die gezeichnete waagerechte Gerade schneidet den Graphen gar nicht. Insgesamt gibt es zu negativen Zahlen y keine Zahl x mit $f(x) = y$.

Eine Funktion $f : M \to N$ heißt *bijektiv*, wenn sie injektiv und surjektiv ist, d. h. wenn zu jedem Punkt y der Menge N genau ein Urbildpunkt x gehört, der auf y abgebildet wird. Bijektiv sind genau die streng monononen Funktionen (vgl. 2.1.6, S. 46).

Ist eine Funktion $f : M \to N$ bijektiv, so kann die Zuordnung auch umgedreht werden: Jedem $y \in N$ kann dasjenige $x \in M$ zugeordnet werden, für das $f(x) = y$ ist. Diese »Umkehrabbildung« wird in 2.1.1, S. 24, besprochen.

Für eine Funktion $f : \mathbb{R} \to \mathbb{R}$ bedeutet das, dass jede waagerechte Gerade den Graphen der Funktion *genau* einmal schneidet.

Zum Beispiel die Funktion
$$f : \quad \mathbb{R} \quad \to \quad \mathbb{R}$$
$$x \quad \mapsto \quad x^3$$

ist bijektiv: Jede waagerechte Gerade schneidet den Graphen genau einmal.

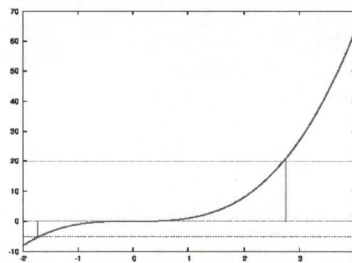

Hinweis:
Eine Funktion $f : \mathbb{R} \to \mathbb{R}$, die auf der ganzen reellen Achse definiert ist und deren Zielmenge die ganze reelle Achse ist, ist

injektiv   wenn jede waagerechte Gerade den Graphen von f höchstens einmal schneidet

surjektiv   wenn jede waagerechte Gerade den Graphen von f mindestens einmal schneidet

bijektiv   wenn jede waagerechte Gerade den Graphen von f genau einmal schneidet.

Beispiel:
Aus der Betriebswirtschafts-/Volkswirtschaftslehre: (vgl. 2.1.2, S. 26)

Nachfragefunktion

Absatzmenge
als Funktion des Preises:
$x(p) \ = -0.5p + 40$

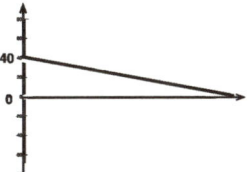

In den Wirtschaftswissenschaften ist es üblich, die Mengen x auf der waagerechten Achse zu zeichnen: Die Zeichnung wird an der Diagonalen gespiegelt.
Dazu ist es nötig, die Gleichung $y = f(x)$ nach x aufzulösen.
Da $x(p)$ bijektiv ist, ist das möglich:

$$
\begin{aligned}
x &= -0.5p + 40 \\
x - 40 &= -0.5p \\
-2x + 80 &= p
\end{aligned}
$$

Preis-Absatz-Funktion

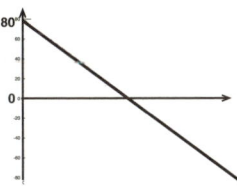

$p(x) \ = -2x + 80$
ist die Umkehrabbildung
von $x(p)$

Hintereinanderschaltung/Verkettung von Funktionen

Wenn der Definitionsbereich einer Funktion g den Wertebereich einer anderen Funktion f umfasst, ist es möglich, diese Funktionen so nacheinander auszuführen, dass zunächst f eine Zahl x auf eine andere Zahl $y = f(x)$ abbildet und anschießend g dieses Bild y auf eine neue Zahl $z = g(y) = g(f(x))$.

Diese Funktion $g(f(x))$ wird als Hintereinanderschaltung oder Verkettung bezeichnet.

Beispiel:

$$f(x) = 2x^2$$
$$g(x) = x^3 - 1$$

Wertebereich von f ist die nicht-negative reelle Achse.
Definitionsbereich von g ist die ganze reelle Achse.
Die Hintereinanderausführung $g(f(x))$ ist möglich:

$$
\begin{aligned}
g(f(x)) &= g(2x^2) \\
&= (2x^2)^3 - 1 \\
&= 8x^6 - 1
\end{aligned}
$$

Umkehrabbildung

Wenn eine Funktion $f: D_f \to W_f$ ihren Definitionsbereich D_f bijektiv auf ihren Wertebereich W_f abbildet, kann (rückwärts) jedem Wert $y \in W_f$ die Zahl x mit $f(x) = y$ zugeordnet werden.
Diese Zuordnung wird die Umkehrabbildung f^{-1} von f genannt.
Ihr Definitionsbereich ist der Wertebereich von $f: D_{f^{-1}} = W_f$.
Ihr Wertebereich ist der Definitionsbereich von $f: W_{f^{-1}} = D_f$.
$f^{-1}: D_{f^{-1}} \to W_{f^{-1}}$ bewirkt »das Gegenteil« von f, sodass die Hintereinanderausführung beider gemeinsam nichts verändert:

$$
\begin{aligned}
f^{-1}(f(x)) &= x \\
f(f^{-1}(y)) &= y
\end{aligned}
$$

Beispiel:

$$
\begin{aligned}
y &= f(x) = x^3 - 1 \\
y + 1 &= x^3 \\
\sqrt[3]{y + 1} &= x
\end{aligned}
$$

Umkehrabbildung von $f(x) = x^3 - 1$ ist die Abbildung $f^{-1}(x) = \sqrt[3]{x + 1}$.

Bemerkung:
Es ist zu beachten, dass die Symbole x, y, ... nur Stellvertreter für Zahlen sind; daher ist es unwichtig, welchen Buchstaben man wählt:
Man kann wie oben notieren: $f^{-1}(x) = \sqrt[3]{x+1}$ oder $f^{-1}(y) = \sqrt[3]{y+1}$.

Symmetrien:

Eine Funktion heißt *gerade*, wenn gilt: $f(-x) = f(x)$.
Sie ist dann spiegelsymmetrisch zur y-Achse.

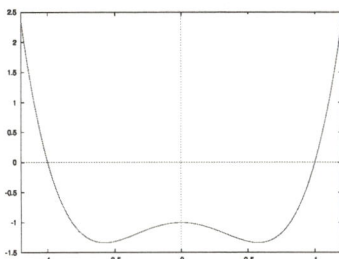

Eine Funktion heißt *ungerade*, wenn gilt: $f(-x) = -f(x)$
Sie ist dann drehsymmetrisch zum Nullpunkt.

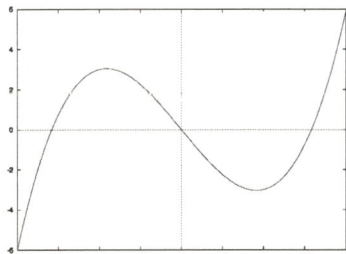

2.1.2 Einführung in Funktionen der Wirtschaftswissenschaften

Mathematische Funktionen werden als Modelle für ökonomische Strukturen und Prozesse genutzt, um über die Analyse der Funktionen zu einem wirtschaftswissenschaftlichen Verständnis zu gelangen.

Häufig ist eine solche Funktion im wirtschaftswissenschaftlichen Kontext nur in bestimmten Bereichen sinnvoll interpretierbar, zum Beispiel kann eine Menge x keine negativen Werte annehmen.

$x_{(p)} = -a \cdot p + b$ Nachfragefunktion

$p_{(x)} = -\dfrac{1}{a} \cdot x + \dfrac{b}{a}$ Umkehrfunktion

Zusammenhang von Preis und Nachfrage

Steigt der Preis p eines Guts, so erwartet man, dass die nachgefragte Menge x fällt. Einfachster Fall einer *Nachfragefunktion*:

$x(p) \quad = x_N(p) \quad = a - b \cdot p \quad$ mit positiven Zahlen a, b

Dieses Modell ist sinnvoll für positiven Preis p und positive Menge x.

In der Mathematik ist es üblich, das Argument p auf der waagerechten Achse und den Funktionswert $x(p)$ auf der senkrechten Achse darzustellen.

In den Wirtschaftswissenschaften dagegen ist es üblich, die Menge x auf der waagerechten Achse und den Preis p auf der senkrechten Achse darzustellen.

Zur Ermittlung derjenigen Funktion, die man dann zeichnet, wird die Gleichung $x = a - b \cdot p$ nach p aufgelöst: Die in den Wirtschaftswissenschaften gezeichnete Funktion ist die Umkehrfunktion der Nachfragefunktion; sie wird *Preis-Absatz-Funktion* genannt.

Setzt ein Monopolist eine Menge x ab, so wird er den Preis auf den Wert $p(x)$ der Preis-Absatz-Funktion festsetzen.

Zusammenhang von Preis und Angebot

Steigt der Preis p eines Guts, so erwartet man, dass der Produzent die Angebotsmenge x erhöht.

Einfachster Fall:

$x(p) = x_A(p) \quad = -a + b \cdot p \quad$ mit positiven Zahlen a, b

Dieses Modell ist sinnvoll für positiven Preis p und positive Menge x.

Auch hier ist es üblich, auf der waagerechten Achse die Menge x und auf der senkrechten Achse den Preis p aufzutragen.

Der Erlös/Umsatz

Der Umsatz einer Ware entsteht als Produkt aus verkaufter Menge und Stückpreis:

$E(x) = p \cdot x(p)$

Für eine lineare Nachfragefunktion $x(p)$ ist dies eine nach unten geöffnete Parabel, deren Nullstellen bei 0 und der Nullstelle von $x(p)$ liegen.

Die Produktionsfunktion

Die Produktionsfunktion ergibt die Output-Menge x in Abhängigkeit von dem eingesetzten Input-Faktor r.

Zwei typische Produktionsfunktionen:

(a) *Ertragsgesetzliche Produktionsfunktion*
     Turgot (1727-1781)
     (Gesetz vom abnehmenden Bodenertrag)
     Zunächst steigt das Produktionsergebnis x durch Erhöhung von Arbeitsein-
     satz oder Dünger r, fällt aber anschließend mit steigenden Faktoren.
     $x(r)$ ist zunächst positiv, anschließend negativ gekrümmt.

Beispiel:
$$x(r) = -r^3 + 8r^2 + 40r$$

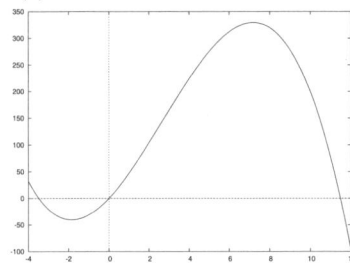

(b) *Monotone Produktionsfunktion*
     $x(r)$ steigt monoton mit r, flacht sich aber ab.

Beispiel:
$$x(r) = 0.5 \cdot r^{0.4}$$

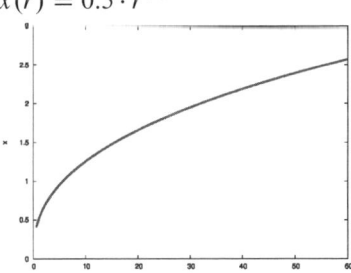

Die Kostenfunktion

Die Kostenfunktion schafft einen Zusammenhang zwischen hergestellter Menge x
und den Kosten der Produktion.
Sie zerfällt in *variable Kosten* und *Fixkosten*:

$$K(x) \quad = K_v(x) + K_f$$

Beispiel:

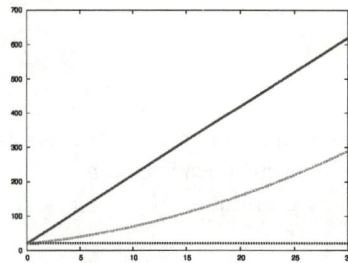

$K_1(x) = 20 \cdot x + 20$ ist der steilste Graph, linear

$K_2(x) = 0.2 \cdot x^2 + 3x + 20$ ist der mittlere Graph, gekrümmt

$K_3(x) = 0.8 \cdot x^{0.2} + 20$ ist der flachste Graph

Die Gewinnfunktion

Der Gewinn schafft einen Zusammenhang zwischen hergestellter Menge x und dem Betriebserfolg.
Er ist die Differenz von Erlös und Kosten:
$$G(x) \quad = E(x) - K(x)$$

Beispiel:

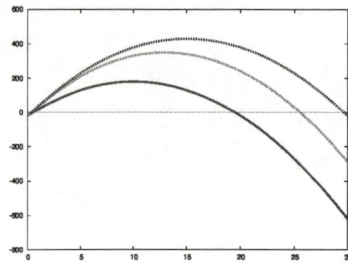

Für obige Kostenfunktionen und die Nachfragefunktion
$x(p) = -0.5p + 30$:

$G_1(x) = -2x^2 + 60x - (20 \cdot x + 20)$ ist der flachste Graph

$G_2(x) = -2x^2 + 60x - (0.2 \cdot x^2 + 3x + 20)$ ist der mittlere Graph

$G_3(x) = -2x^2 + 60x - (0.8 \cdot x^{0.2} + 20)$ ist der höchste Graph

Stückkosten

Die Stückkosten (durchschnittliche Kosten) beschreiben die Kosten pro Stück:

$$k(x) = \frac{K(x)}{x}$$

Beispiel:
Für obige Kostenfunktionen:

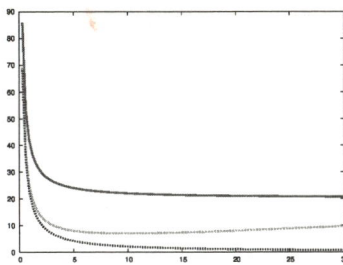

$k_1(x) = 20 + \frac{20}{x}$ ist der obere Graph
$k_2(x) = 0.2 \cdot x + 3 + \frac{20}{x}$ ist der mittlere Graph
$k_3(x) = 0.8 \cdot x^{-0.8} + \frac{20}{x}$ ist der untere Graph

2.1.3 Exponential- und Logarithmusfunktionen

Exponentialfunktionen finden Anwendung bei Wachstums- oder Zerfallsprozessen. Ihr Gegenpart, die Logarithmen, können hilfreich sein, wenn etwa bei einer Datenerhebung der Wertebereich mehrere Größenordnungen umfasst. Außerdem sind Logarithmus und Exponentialfunktion implizit an der Definition mancher Potenzen wie etwa $5^{\sqrt{2}}$ beteiligt.

Allgemein ist eine *Exponentialfunktion* eine Funktion, bei der das Argument x im Exponenten steht.

Beispiele:
$f(x) = 10^x$
$g(x) = 2^x$
$h(x) = 2.718^x$

Solche Funktionen wachsen mit größer werdendem x stärker als jedes Polynom.

Exponentialfunktion und natürlicher Logarithmus

Die Exponentialfunktion $\exp(x)$ ist die Funktion e^x, wobei
$e = 2.7182818284590451$ die *Euler'sche Zahl* ist.

Bemerkung:
Die Zahl e kann als Grenzwert zweier Zahlenfolgen dargestellt werden:

$$e \quad = \sum_{n=0}^{\infty} \frac{1}{n!} \quad = \lim_{n \to \infty} \left(1 + \frac{1}{n}\right)^n$$

Die Exponentialfunktion $\exp : \mathbb{R} \to \mathbb{R}^+$ ist streng monoton, also bijektiv.

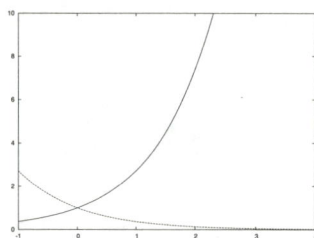

Streng monoton steigend: e^x
Streng monoton fallend: e^{-x}

Ihre Umkehrabbildung ist der *natürliche Logarithmus*
$\ln: \mathbb{R}^+ \to \mathbb{R}$ mit $\ln(x) = \log_e(x)$

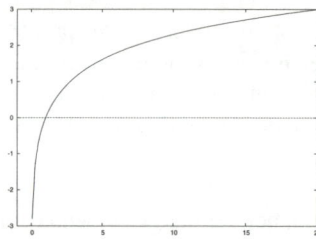

$\ln x$

Beispiel:
$\exp(\ln(3)) = 3$
$\ln(3) \quad = 1.09861$ ist diejenige Potenz, sodass $e^{\ln(3)} = 3$ ist.

Für Exponentialfunktion und Logarithmus gelten *Additionstheoreme:*

$$\exp(x + y) = e^{x+y} = e^x \cdot e^y = \exp(x) \cdot \exp(y)$$
$$\ln(x \cdot y) = \ln(x) + \ln(y)$$

Insbesondere : $\ln(\frac{1}{x}) = -\ln(x)$
$$\ln(a^b) = b \cdot \ln(a)$$

Dasselbe gilt in Analogie für jede Exponential- und Logarithmusfunktion.

Andere Logarithmen

Zu einer positiven Zahl $a \neq 1$ ist $\log_a(x)$ der Logarithmus zur Basis a, also die Umkehrfunktion der Funktion a^x.

Beispiele:
$\log_{10}$ ist die Umkehrfunktion der Funktion 10^x.
$\log_{10}(100) = 2$ denn $10^2 = 100$
$\log_2(x)$ ist die Umkehrfunktion der Funktion 2^x.
$\log_2(8) = 3$ denn $2^3 = 8$.

Für beliebige Logarithmen gelten dieselben Rechengesetze wie für den natürlichen Logarithmus.

Umrechnung von Logarithmen:
Für beliebige positiven Zahlen a und b, die ungleich 1 sind, gilt: $\log_a(x) = \frac{\log_b(x)}{\log_b(a)}$.

Beispiel:
$\log_{10}(3) = \frac{\log_5(3)}{\log_5(10)} = \frac{0.6826}{1.4307} = 0.477$
$\log_{10}(3) = \frac{\ln(3)}{\ln(10)} = \frac{1.0986}{2.3026} = 0.477$

Logarithmen zu den Basen $2, e$ und 10:

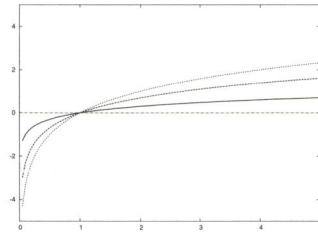

oberer Graph:	$\log_2(x)$
mittlerer Graph:	$\ln(x)$
unterer Graph:	$\log_{10}(x)$

Alle Logarithmusfunktionen verlaufen durch den Punkt $(1, 0)$. Je größer die Basis ist, desdo flacher verläuft der Graph im Bereich $[1, +\infty[$.

2.1.4 Polynome

Ein *Polynom* ist eine Funktion der Gestalt

$$f(x) = a_n x^n + a_{n-1} x^{n-1} + \cdots + a_1 x + a_0 \,.$$

Die höchste Potenz n von x heißt *Grad* des Polynoms.

Der zugehörige Koeffizient a_n heißt *Leitkoeffizient.*

Der Graph eines Polynoms nullten Grades $f(x) = a_0$ ist eine Gerade parallel zur x-Achse.

Der Graph eines Polynoms ersten Grades $f(x) = a_1 x + a_0$ ist eine schräge Gerade; die Steigung ist gegeben durch den Leitkoeffizienten a_1.

Der Graph eines Polynoms zweiten Grades $f(x) = a_2 x^2 + a_1 x + a_0$ ist eine Parabel; sie öffnet sich nach oben genau, wenn der Leitkoeffizient a_2 positiv ist.

Der Graph eines Polynoms dritten Grades $f(x) = a_3 x^3 + a_2 x^2 + a_1 x + a_0$ ist eine Kurve mit maximal einem Hoch- und einem Tiefpunkt; sie steigt für $x \to +\infty$ genau, wenn der Leitkoeffizient a_3 positiv ist.

$$\vdots$$

Der Graph eines Polynoms n-ten Grades $f(x) = a_n x^n + \cdots + a_0$ ist eine Kurve mit maximal $n - 1$ Hoch- und Tiefpunkten; sie steigt für $x \to +\infty$ genau, wenn der Leitkoeffizient a_n positiv ist.

Beispiele:

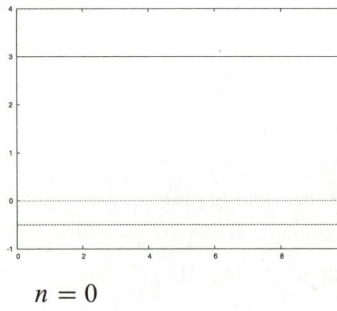

$$n = 0$$
$$f(x) = 3 \text{ und } g(x) = -0.5$$

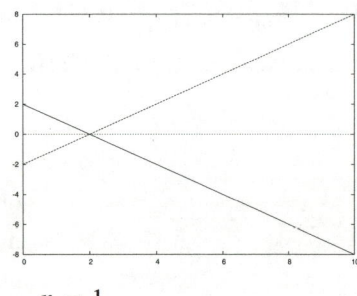

$$n = 1$$
$$f(x) = 2 - x \text{ und } g(x) = -2 + x$$

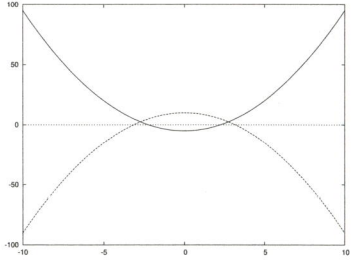

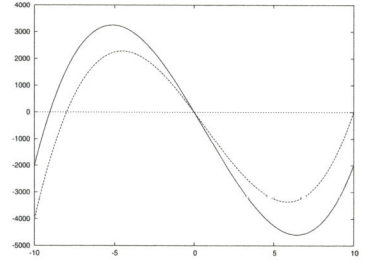

$n = 2$

$n = 3$

$f x) = x^2 - 5$ und $g(x) = -x^2 + 10$

$f(x) = 10x^3 - 20x^2 - 1000x$
und $g(x) = 10x^3 - 20x^2 - 800x$

Eine reine Potenzfunktion $f(x) = x^n$ ist

achsensymmetrisch zur y-Achse (gerade), wenn n gerade ist:
$f(-x) = (-x)^n = f(x)$
punktsymmetrisch zum Nullpunkt (ungerade), wenn n ungerade ist:
$f(-x) = (-x)^n = -f(x)$

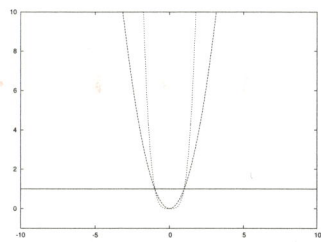

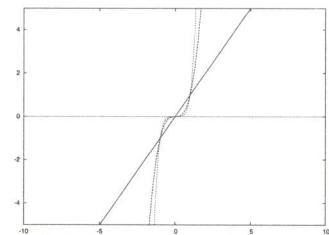

$f_1(x) = 1,\ f_2(x) = x^2,\ f_3(x) = x^4$

$f_1(x) = x,\ f_2(x) = x^3,\ f_3(x) = x^5$

Nullstellen

Ein Polynom n-ten Grades $f(x) = a_n x^n + a_{n-1} x^{n-1} + \cdots + a_1 x + a_0$ hat höchstens n Nullstellen.

Wenn x_1 eine Nullstelle von f ist, dann ist f ein Vielfaches des *Linearfaktors* $(x - x_1)$:

Ist $f(x_1) = 0$, so gibt es ein Polynom g vom Grad $n - 1$, so dass gilt:
$f(x) = (x - x_1) \cdot g(x)$.

Beispiele:

$$f_1(x) = 3x^2 - 6x + 3 = 3(x - 1) \cdot (x - 1)$$
$$f_2(x) = x^3 + 2x^2 - x - 2 = (x - 1) \cdot (x^2 + 3x + 2)$$
$$= (x - 1) \cdot (x + 1) \cdot (x + 2)$$
$$f_3(x) = x^3 - 2x^2 + x - 2 = (x - 2) \cdot (x^2 + 1)$$

Ein Polynom nullten Grades $f(x) = a_0$ hat eine Nullstelle, falls es die Nullfunktion ist: $a_0 = 0$

Ein Polynom ersten Grades $f(x) = ax + b$ hat die Nullstelle $x_1 = -\frac{b}{a}$.

Dann ist $f(x) = a \cdot (x - x_1)$.

Ein Polynom zweiten Grades $f(x) = a_2 \cdot x^2 + a_1 \cdot x + a_0$ kann höchstens zwei Nullstellen besitzen.

Man kann sie ermitteln, indem man die Gleichung $f(x) = 0$ durch den Leitkoeffizienten a_2 teilt und so in die Form $x^2 + p \cdot x + q = 0$ bringt; die möglichen Lösungen dieser Gleichung sind $x_{1/2} = -\frac{p}{2} \pm \sqrt{\frac{p^2}{4} - q}$.

Dann ist $f(x) = a_2 \cdot (x - x_1) \cdot (x - x_2)$, wenn f zwei Nullstellen besitzt.

Die Nullstellen eines Polynoms vom Grad größergleich 3 können ermittelt werden, indem man eine erste Nullstelle x_1 rät, die Funktion durch $(x - x_1)$ teilt (**Polynomdivision**) und anschließend das Ergebnis auf weitere Nullstellen untersucht.

Beispiel:

$$f(x) = 2x^3 - 4x^2 - 2x + 4$$
$$x_1 = 1 \qquad \text{ist eine Nullstelle (raten)}$$

$$(2x^3 - 4x^2 - 2x + 4) \; : \; (x - 1) = 2x^2 - 2x - 4$$
$$-) \quad 2x^3 - 2x^2$$

$$\overline{\qquad\qquad -2x^2 - 2x + 4}$$
$$-) \; -2x^2 + 2x$$

$$\overline{\qquad\qquad\qquad -4x + 4}$$
$$-) \; -4x + 4$$

$$\overline{\qquad\qquad\qquad\qquad 0}$$

Weitere Nullstellen:

$$2x^2 - 2x - 4 = 0$$
$$x^2 - x - 2 = 0$$
$$x_{2/3} = 0.5 \pm \sqrt{0.25 + 2}$$
$$x_2 = -1$$
$$x_3 = 2$$

Linearfaktorzierlegung von f:

$$f(x) = 2 \cdot (x - 1) \cdot (x + 1) \cdot (x - 2)$$

Ausflug: Nullstellenermittlung einer Funktion ohne Raten I

Häufig ist man nicht in der Lage, die Nullstellen einer Funktion exakt zu berechnen. Zum Beispiel ist bei einem Polynom hohen Grades, dessen Nullstellen keine ganzen Zahlen sind, die Polynomdivision kaum anwendbar. Daher benötigt man eine Methode, solche Nullstellen zumindest näherungsweise zu ermitteln. Im folgenden Abschnitt werden zwei Vorgehensweisen vorgestellt: die Regula falsi und das Newtonverfahren.

Die Regula falsi

Die Regula falsi (»Regel des Falschen«) basiert darauf, dass man zwei Stellen auf der x-Achse kennt, an der die Funktion unterschiedliche Vorzeichen annimmt. Wenn die Funktion stetig ist (das heißt, ihr Graph weist keine Lücken auf: Nähert man sich einem Punkt x_0 des Definitionsbereichs, so nähern sich die Funktionswerte dem Wert $f(x_0)$), dann muss zwischen den beiden Startwerten eine Nullstelle der Funktion liegen. Die Regula falsi geht daher wie folgt vor:

Man startet mit zwei Werten x_1 und x_2, für die gilt, dass das Vorzeichen von $f(x_1)$ anders ist als das Vorzeichen von $f(x_2)$. Man berechnet anschließend den Schnittpunkt x_3 der Geraden, die die Punkte $(x_1, f(x_1))$ und $(x_2, f(x_2))$ verbindet, mit der x-Achse.

Dieser Punkt liegt näher an der gesuchten Nullstelle als jeder seiner Vorgänger; man bestimmt den Funktionswert $f(x_3)$. Falls er hinreichend nahe bei 0 liegt, ist man fertig. Andernfalls wiederholt man das Verfahren: Man nutzt dazu den zuletzt ermittelten Punkt x_3 und denjenigen seiner beiden Vorgänger, dessen Funktionswert ein anderes Vorzeichen hat als $f(x_3)$; damit stellt man sicher, dass zwischen diesen beiden Punkten wieder eine Nullstelle von f liegen muss.

Beispiel:

$$f(x) = e^{-x^2+2x} - 0.1 \cdot x^2$$

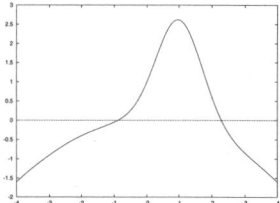

Wir beginnen mit den Startwerten $x_1 = 0$ und $x_2 = 3$, denn $f(0) = 1$ und $f(3) = -0.85$ haben unterschiedliche Vorzeichen.

Zur Ermittlung des Werts x_3 schaut man sich die folgende Skizze an:

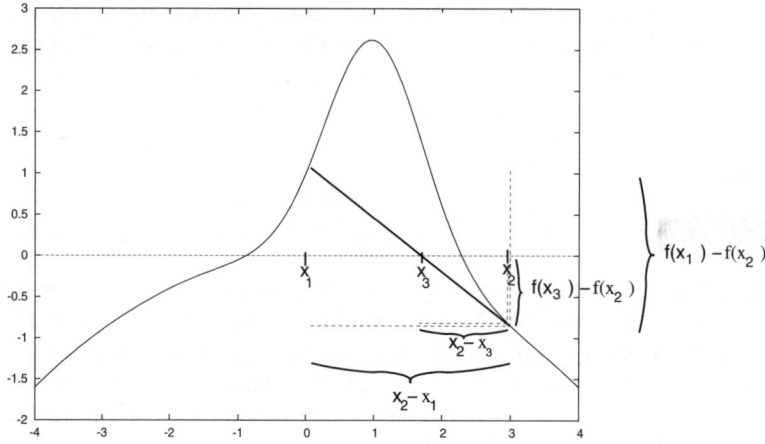

Das Verhältnis der Höhe $f(x_1) - f(x_2)$ zur Weite $x_2 - x_1$ ist dasselbe wie das Verhähltnis der Höhe $f(x_3) - f(x_2)$ zur Weite $x_2 - x_3$.

Dabei ist $f(x_3) = 0$.

Also:

$$\frac{f(x_1)-f(x_2)}{x_2-x_1} = \frac{f(x_3)-f(x_2)}{x_2-x_3} = \frac{-f(x_2)}{x_2-x_3}$$

$$\frac{x_2-x_3}{x_2-x_1} = \frac{-f(x_2)}{f(x_1)-f(x_2)}$$

$$x_2 - x_3 = -f(x_2) \cdot \frac{x_2-x_1}{f(x_1)-f(x_2)} = f(x_2) \cdot \frac{x_2-x_1}{f(x_2)-f(x_1)}$$

$$x_3 = x_2 - f(x_2) \cdot \frac{x_2-x_1}{f(x_2)-f(x_1)}$$

$$x_1 = 0$$
$$x_2 = 3$$
$$f(x_1) = 1$$
$$f(x_2) = -0.85$$

$$x_3 = 3 + 0.85 \cdot \frac{3-0}{-0.85-1} = 1.621$$
$$f(x_3) = 1.585$$

Der Funktionswert ist (leider) größer geworden, aber x_3 liegt näher an der Nullstelle als x_1 und x_2.

Da $f(x_3)$ nicht nahe bei null liegt, setzen wir das Verfahren fort. Wir benutzen x_3 und denjenigen Vorgänger, in dem der Funktionswert ein anderes Vorzeichen als $f(x_3)$ hat:

$$x_3 = 1.621$$
$$x_2 = 3$$
$$f(x_3) = 1.585$$
$$f(x_2) = -0.85$$
$$x_4 = x_2 - f(x_2) \cdot \tfrac{x_2 - x_3}{f(x_2) - f(x_3)} = 2.519$$
$$f(x_4) = -0.363$$

Zwei weitere Schritte:

$$x_5 = x_4 - f(x_4) \cdot \tfrac{x_4 - x_3}{f(x_4) - f(x_3)} = 2.351$$
$$f(x_5) = -0.115$$
$$x_6 = x_5 - f(x_5) \cdot \tfrac{x_5 - x_3}{f(x_5) - f(x_3)} = 2.302$$
$$f(x_6) = -0.031$$
$$x_7 = 2.289$$
$$f(x_7) = -0.008$$
$$x_8 = 2.286$$
$$f(x_8) = -0.002$$
$$x_9 = 2.285$$
$$f(x_9) = -0.0005$$

Dieser Funktionswert ist recht klein, die Nullstelle liegt etwa bei 2.285.

Als Alternative zur Regula falsi wird in 2.1.6, S. 52, ein Verfahren zur näherungsweisen Ermittlung einer Nullstelle einer Funktion vorgestellt, das die Steigung der Funktion benutzt.

Verhalten für $x \to \pm\infty$

Für betragsmäßig sehr große Werte von x dominiert das Glied mit der höchsten Potenz von x alle anderen.

Daher verhält sich ein Polynom $f(x) = a_n x^n + a_{n-1} x^{n-1} + \cdots + a_1 x + a_0$ für $x \to \pm\infty$ näherungsweise wie die Funktion $f_n(x) = a_n x^n$.

Die Funktion $f_n(x) = a_n(x)$ ist *Asymptote* von f für $x \to \pm\infty$.

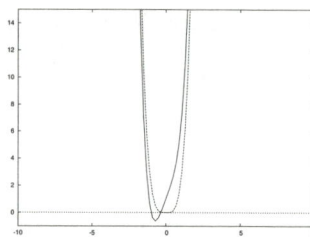 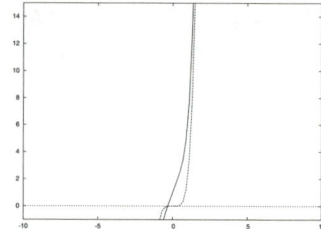

$f(x) = 2x^4 + 3x + 1$ $\qquad\qquad f(x) = 2x^5 + 3x + 1$

$f_n(x) = 2x^4$ $\qquad\qquad\qquad f_n(x) = 2x^5$

2.1.5 Gebrochenrationale Funktionen

Eine *gebrochenrationale Funktion* ist ein Quotient zweier Polynome:

$$f(x) = \frac{a_n x^n + a_{n-1} x^{n-1} + \cdots + a_1 x + a_0}{b_k x^k + b_{k-1} x^{k-1} + \cdots + b_1 x + b_0}$$

Gebrochenrationale Funktionen sind auf der ganzen reellen Zahlengeraden eventuell mit Ausnahme von Nullstellen des Nenners definiert.

1. Falls eine Nullstelle x_1 des Nenners auch Nullstelle des Zählers mindestens derselben Ordnung i ist:
    Zähler und Nenner können durch $(x - x_1)^i$ geteilt werden.
    f hat dann in x_1 eine *Definitionslücke*, die gekürzte Funktion ist in x_1 definiert.

Beispiel:

$f(x) = \frac{(x-1)^2 \cdot (x+1)}{(x-1)^2} = x + 1$ in jeder Zahl $x \neq 1$.

Man kann nachträglich auch $f(1) = 1 + 1 = 2$ definieren: Die so ergänzte Funktion ist auf der ganzen reellen Achse definiert.

2. Falls eine Nullstelle x_1 des Nenners nicht Nullstelle des Zählers mindestens derselben Ordnung ist:

x_1 heißt *Polstelle* von f, f ist in x_1 nicht definiert.

Bei Annäherung an x_1 gehen die Funktionswerte gegen $+\infty$ oder $-\infty$.

Beispiel:

$$f(x) = \frac{(x-1)}{(x-1) \cdot (x+3)} = \frac{1}{x+3}$$

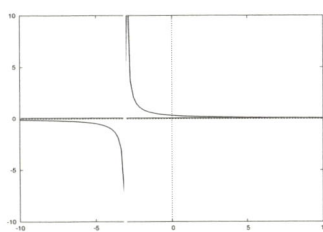

Definitionsbereich einer gebrochen rationalen Funktion ist die Menge aller reellen Zahlen außer der Pole:

$D_f = \{x \in \mathbb{R} \mid x \text{ ist kein Pol von } f\}$

Asymptoten einer Funktion sind Linien, denen sich die Funktion beliebig nähert,

- wenn x sich einem Punkt nähert, in dem die Funktion nicht definiert ist, oder
- wenn x sich $\pm\infty$ nähert.

Ermittlung der Asymptoten einer gebrochenrationalen Funktion f:

1. Man führt die Polynomdivision Zähler : Nenner durch.
    Das Ergebnis ist die Summe eines Polynoms und einer gebrochenrationalen Funktion.
    Pole von f sind die Pole des gebrochenrationalen Anteils.

2. Bestimmung der Asymptoten:
    Asymptote für $x \to \pm\infty$ ist der polynomiale Anteil des Ergebnisses der Polynomdivision.
    Asymptote für $x \to x_1$, x_1 Pol, ist die senkrechte Linie durch $(x_1, 0)$.

Beispiel:

$$f(x) = \frac{2x^4 - 2}{x^3 - 2x^2 - x + 2}$$

$(2x^4 - 2) : (x^3 - 2x^2 - x + 2)$

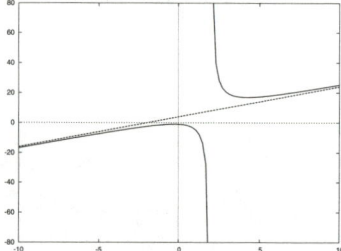

$$= \underbrace{2x + 4}_{\substack{\text{Asymptote} \\ \text{für } x \to \pm\infty}} \quad + \quad \begin{aligned} &\frac{10x^2 - 10}{x^3 - 2x^2 - x + 2} \\ &= 10 \cdot \frac{(x-1)\cdot(x+1)}{(x-1)\cdot(x+1)\cdot(x-2)} \\ &= 10 \cdot \frac{1}{x-2} \text{ nach Kürzen} \end{aligned}$$

$x = -1$ und $x = 1$ sind Definitionslücken.

$x = 2$ ist ein Pol; die Asymptote für $x \to 2$ ist die senkrechte Linie durch den Pol.

2.1.6 Steigung und Ableitung, Krümmung und Extrema

Die genaue Steigung des Graphen einer Funktion in einem Punkt kann man im Allgemeinen nicht direkt aus der Funktionsvorschrift $f(x)$ ablesen. Es ist nötig, sie durch zunächst grobe mittlere Steigungen schrittweise anzunähern.

Tangente und Steigung

Die Steigung einer Funktion in einem Punkt x_0 ist die Steigung der Tangente an den Graphen im Punkt mit der x-Koordinate x_0 – sofern eine Tangente in diesem Punkt existiert. Die Tangente ist diejenige Gerade, die sich in diesem Punkt dem Graphen am besten anschmiegt. Gottfried Wilhelm Leibniz beschrieb, dass man die Tangente erhält, indem man den Punkt auf dem Graphen mit der x-Koordinate x_0 mit benachbarten Punkten auf dem Graphen durch Strecken verbindet und die Nachbarpunkte sich dem Punkt mit der x-Koordinate x_0 nähern. Die Steigung entsteht dann als Quotient der Differenz der x-Werte und der Differenz der Funktionswerte.

Gleichzeitig mit Leibniz entwickelte Sir Isaac Newton dieselbe Mathematik anhand des Übergangs von der Durchschnitts- zur Momentangeschwindigkeit. Beide Wissenschaftler entwickelten unabhängig voneinander die »Differentialrechnung« als Theorie von Brüchen immer kleiner werdender Differenzen; sie wird auch »Infinitesimalrechnung«, Theorie von »unendlich klein« werdenden Größen genannt.

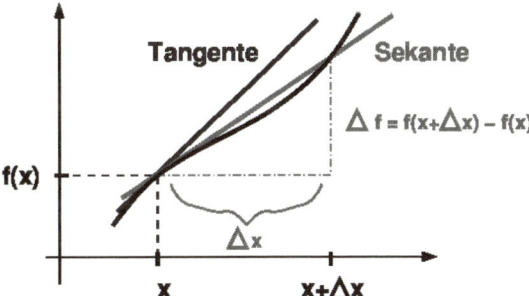

Die Tangentensteigung erhält man also, indem man die Steigungen von Sekanten durch den Punkt $(x, f(x))$ und Nachbarpunkte $(x + \Delta x, f(x + \Delta x))$ ermittelt und den Abstand Δx gegen null gehen lässt.

Steigung einer Sekante =

Differenzenquotient von f in x =

$$\frac{\text{Absolute Änderung der Funktionswerte}}{\text{Absolute Änderung des Arguments}} =$$

$$\frac{\text{Absolute Änderung der Wirkung}}{\text{Absolute Änderung der Ursache}} =$$

$$\frac{f(x+\Delta x)-f(x)}{\Delta x} = \frac{\Delta f}{\Delta x}$$

Pro Einheit, um die das Argument x steigt, verändert sich der Funktionswert näherungsweise um $\frac{\Delta f}{\Delta x}$ Einheiten.

Wenn für $\Delta x \to 0$ jede Sekante gegen die Tangente strebt, ist f in x *differenzierbar*.

Da die Größe Δx, die gegen null strebt, eine Richtung auf der x-Achse hat, hat man die Vorstellung, dass als Ergebnis ein »Linienelement« dx der Ausdehnung 0 herauskommt. Das Ergebnis beim Grenzübergang der Differenzen Δf nennt man df.

Damit erhält man:

Steigung der Tangente =

Differentialquotient von f in x =

$$\lim_{\Delta x \to 0} \frac{f(x+\Delta x)-f(x)}{\Delta x} = \frac{df}{dx}(x) = f'(x)$$

Die Gleichung der Tangente an den Graphen von f im Punkt x_0 ist
$t(x) = f(x_0) + f'(x_0) \cdot (x - x_0)$,
denn diese Gerade verläuft durch den Punkt $(x_0, f(x_0))$ und hat die Steigung $f'(x_0)$.

Bemerkungen:

1. Die Steigung einer Funktion f an einer Stelle x wird auch *Ableitung* von f in x genannt.

2. Die Ableitungsfunktion $f'(x)$ entsteht aus der Funktion $f(x)$, indem man an jeder Stelle x im Differenzenquotienten $\frac{\Delta f}{\Delta x}$ den Term Δx gegen 0 gehen lässt, also durch einen Grenzprozess. Deshalb wird die Ableitungsfunktion in Wirtschaftswissenschaften auch *Grenzfunktion* genannt.

3. Die Schreibweise $f'(x) = \frac{df}{dx}$ kann auch umgeformt werden, indem man formal mit dem Nenner der rechten Seite multipliziert:

    $$\boxed{df = f'(x)dx}$$

    In dieser Darstellung bezeichnet man df als das *Differential* der Funktion f. Es entsteht aus dem Höhenunterschied Δf, wenn der Weite-Unterschied Δx gegen 0 geht.
    Das Differential von f entspricht dem infinitesimalen Zuwachs der Funktion, wenn man beginnt, in x-Richtung zu laufen.

Krümmung

Die Krümmung einer Funktion f an einer Stelle x_0 ist die Änderung der Steigung, also die zweite Ableitung $f''(x_0)$. Die Krümmung ist positiv, wenn der Funktionswert mit größer werdendem x immer stärker wächst, also der Graph der Funktion sich nach oben wegkrümmt; sie ist negativ, wenn der Funktionswert mit größer werdendem x immer weniger wächst, das heißt, dass der Graph sich dort nach unten wegkrümmt.

Ableitungsregeln

1. Konstante Funktion:

    $(a)' = 0$

2. Faktorregel:

    $(a \cdot u)' = a \cdot u'$

3. Summenregel:

    $(u \pm v)' = u' \pm v'$

4.   Produktregel:

$$(u \cdot v)'(x) = u'(x) \cdot v(x) + u(x) \cdot v'(x)$$

Insbesondere Potenzregel:

$$(x^n)' = n \cdot x^{n-1}$$

5.   Quotientenregel:

$$\left(\frac{u}{v}\right)'(x) = \frac{u'(x) \cdot v(x) - u(x) \cdot v'(x)}{v^2(x)}$$

Insbesondere:

$$\left(\frac{1}{v}\right)'(x) = -\frac{v'(x)}{v^2(x)}$$

(handschriftliche Notiz:)

Wichtig?

$f(x) = -4x + 10$

Bestimmen Sie $f^{-1''}(f(x))$

$f^{-1''}(f(x)) = \frac{1}{f'(x)} = \frac{1}{-4}$

6.   Kettenregel:

$$(u(v(x)))' = u'(v(x)) \cdot v'(x)$$

auch geschrieben in der Form

$$\frac{du}{dx} = \frac{du}{dv} \cdot \frac{dv}{dx}$$

7.   Umkehrregel:

$$f^{-1'}(f(x)) = \frac{1}{f'(x)}$$

Insbesondere:

Für ein Polynom $f(x) = a_n x^n + a_{n-1} x^{n-1} + \cdots + a_1 x + a_0$ gilt:

$$f'(x) = n \cdot a_n x^{n-1} + (n-1) \cdot a_{n-1} x^{n-2} + \cdots + 2a_2 x + a_1.$$

Man multipliziert jeden Term mit dem Exponenten von x und reduziert den Exponenten um 1.

Monotonie

Eine Funktion heißt *monoton* auf einem Intervall, wenn sie dort nur steigt oder nur fällt.

Das bedeutet, dass ihre Ableitung auf dem ganzen Intervall größergleich null oder auf dem ganzen Intervall kleinergleich null ist.

Beispiel:

$f(x) = -x^2$ ist auf dem Intervall $]-\infty, 0]$ monoton steigend und auf dem Intervall

$[0, \infty[$ monoton fallend, denn $f'(x) = -2x$ wechselt auf diesen Intervallen nicht das Vorzeichen.

f heißt *streng monoton* auf einem Intervall, wenn die Ableitung entweder auf dem ganzen Intervall positiv oder auf dem ganzen Intervall negativ ist.

Beispiel:
$f(x) = -x^2$ ist auf dem offenen Intervall $]-\infty, 0[$ streng monoton steigend und auf dem offenen Intervall $]0, \infty[$ streng monoton fallend, denn $f'(x) = -2x$ ist auf diesen Intervallen positiv beziehungsweise negativ.

Jeweils zwischen zwei Nullstellen der Ableitung $f'(x)$ ist eine Funktion monoton.

Ist eine Funktion zwischen zwei Nullstellen ihrer Ableitung streng monoton, so wird jeder Funktionswert dort höchstens einmal angenommen.

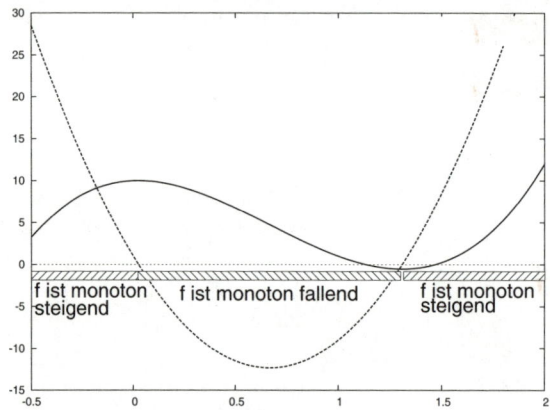

Funktion (dunkel) und Ableitung (hell)

Minima und Maxima (Extrema)

Interessante Punkte auf einer Kurve sind die *Maxima* und *Minima* (Hoch- und Tiefpunkte).

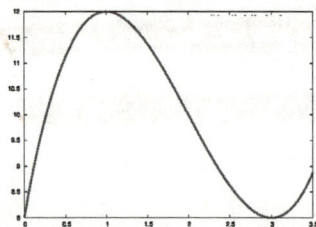

(I) **Lokale Extrema**

f' = Steigung
f'' = Krümmung

Kennzeichen lokaler Extrema sind:

- Die Steigung ist dort gleich Null.
- Bei positiver Krümmung liegt ein lokales Minimum vor.
  (Die Steigung wechselt von negativ zu positiv.)
  Bei negativer Krümmung liegt ein lokales Maximum vor.
  (Die Steigung wechselt von positiv zu negativ.)

Auffinden lokaler Extrema:

- Man bildet die Ableitungsfunktion und berechnet deren Nullstellen $x_1, \ldots, x_k$.
- Man berechnet an jeder dieser Nullstellen die Krümmung:
  ist $f''(x_i)$ positiv, ist x_i ein lokales Minimum; *Steigung wechselt von negativ zu positiv*
  ist $f''(x_i)$ negativ, ist x_i ein lokales Maximum. *Steigung wechselt von positiv zu negativ*

Anschließend ermittelt man die Funktionswerte $f(x_i)$ als Höhen des Graphen in diesen Punkten.

Begründung:
Liegt ein lokales Maximum vor, so steigt der Graph der Funktion vor dem Maximum und fällt hinter dem Maximum; im Maximum muss also die Steigung gleich Null sein. Analog fällt der Graph vor einem lokalen Minimum und steigt dahinter, so dass auch im Minimum die Steigung gleich Null sein muss.

In einem lokalen Maximum krümmt sich der Graph nach unten weg, die Steigung wird immer geringer (vor dem Maximum ist sie positiv, hinter dem Maximum ist sie negativ). Das heißt, die Steigung selbst fällt, die Steigung der Steigung, also die Krümmung $f''(x)$, ist negativ. In einem lokalen Minimum dagegen wächst die Steigung, das heißt die Krümmung ist positiv.

(II) **Absolute Extrema auf einem abgeschlossenen Intervall**

Möchte man auf einem abgeschlossenen Intervall die Punkte ermitteln, in denen die Funktion f ihren kleinsten und größten Funktionswert annimmt, so kommen als Kandidaten die Randpunkte und die lokalen Extrema in Frage.

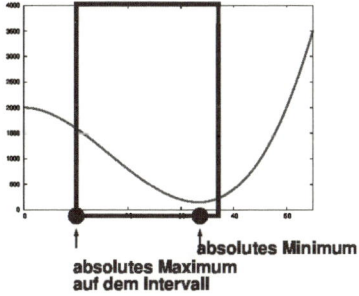

↑   ↑ absolutes Minimum
absolutes Maximum
auf dem Intervall

Auffinden absoluter Extrema auf einem abgeschlossenen Intervall:
- Man ermittelt die lokalen Extrema $x_1, \ldots, x_k$.
- Man erechnet die Funktionswerte $f(x_1), \ldots, f(x_k)$ in den lokalen Extrema.
- Man vergleicht diese Funktionswerte $f(x_1), \ldots, f(x_n)$ mit den Funktionswerten in den Randpunkten $f(a)$ und $f(b)$ und bestimmt den größten und kleinsten unter ihnen.

Beispiele:

1.   Ermitteln Sie die lokalen Extrema der Funktion

$f(x) = 2x^3 - 6x + 1$.

2.   Bestimmen Sie die absoluten Extrema dieser Funktion auf dem Intervall $[0, 2]$.

Lösung:

1. $f(x) = 2x^3 - 6x + 1$

   $f'(x) = 6x^2 - 6 = 0 \Leftrightarrow x = \pm 1$

   $f''(x) = 12x$

   $f''(-1) = -12 < 0 : x = -1$ ist ein lokales Maximum.

   $f''(1) = 12 > 0 : x = 1$ ist ein lokales Minimum.

   $f(-1) = 5$

   $f(1) = -3$

2.   Einziges lokales Extremum auf dem Intervall $[0, 2]$ ist $x = 1$.

   $f(0) = 1$
   $f(1) = -3$
   $f(2) = 5$

Absolutes Minimum von f auf dem Intervall $[0, 2]$ ist $x = 1$, absolutes Maximum von f auf diesem Intervall ist $x = 2$.

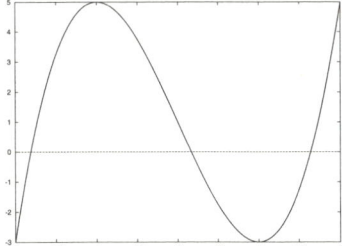

Optimale Losgröße/Bestellmenge

Der Gesamtbedarf eines Guts innerhalb einer Periode sei bekannt.
Die Gesamtkosten, die durch die nötigen Bestellungen entstehen, setzen sich aus den Kosten, die die einzelnen Bestellvorgänge verursachen, und den Kosten der Lagerung zusammen. Es stellt sich die Frage, wie diese Gesamtkosten möglichst gering gehalten werden können.

(I) Die Bestellkosten entstehen proportional zur Anzahl der Bestellvorgänge. Diese Anzahl wiederum ist gerade der Quotient aus dem Gesamtbedarf der Periode und der Losgröße (= Bestellmenge pro Bestellvorgang):

$$\text{Bestellkosten} = \frac{\text{Perioden-gesamtbedarf}}{\text{Losgröße}} \cdot \left(\begin{array}{c} \text{Fixkosten} \\ \text{je Bestellung} \end{array} \right)$$

$$K_B(x) = \frac{m}{x} \cdot k_0$$

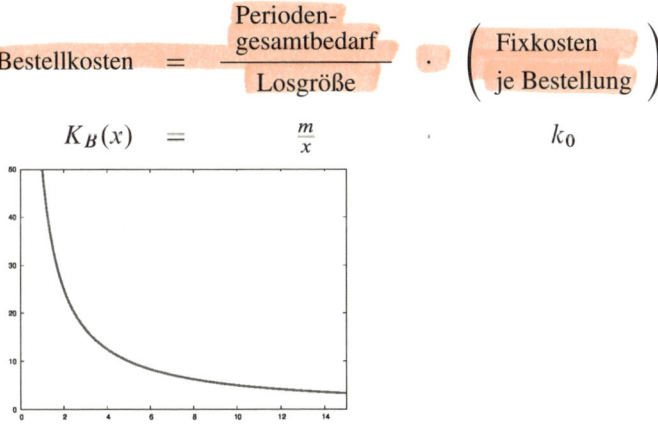

(II) Die Lagerkosten sind proportional zum Wert des mittleren Lagerbestands. Dieser Wert ist zu einem bestimmten Zeitpunkt gleich dem Produkt aus gelagerter Menge und Stückpreis.
Er schwankt zwischen dem Wert null, wenn das Lager leer ist, und dem Wert Losgröße · Stückpreis, wenn das Lager gerade gefüllt wurde.

Im Mittel über die Zeit kann dieser Wert daher als $\frac{\text{Losgröße} \cdot \text{Preis}}{2}$ angenommen werden:

Lagerkosten $= \dfrac{\text{Losgröße} \cdot \text{Preis}}{2} \cdot$ Lagerkostensatz

$K_L(x) = \dfrac{x \cdot p}{2} \cdot k_1$

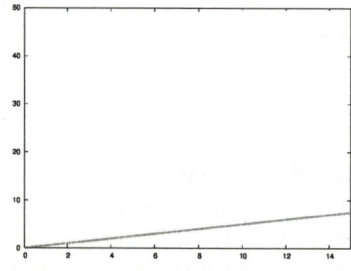

(III)   Die Gesamtkosten sind die Summe beider:

Gesamtkosten $=$ Bestellkkosten $+$ Lagerkosten

$K(x) = K_B(x) + K_L(x)$

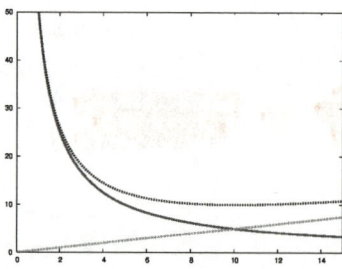

Die Gesamtkostenfunktion wird durch den obersten Graphen dargestellt.

Die optimale Losgröße/Bestellmenge wird als Minimum dieser Gesamtkostenfunktion bestimmt:

$$K(x) = \frac{m}{x} \cdot k_0 + \frac{x \cdot p}{2} \cdot k_1$$

$$K'(x) = -\frac{m \cdot k_0}{x^2} + \frac{p}{2} \cdot k_1 = 0 \quad \Leftrightarrow$$

$$0 = -mk_0 + \frac{p}{2} \cdot k_1 \cdot x^2$$

Die nicht-negative Lösung ist

$$x = \sqrt{\frac{2 \cdot m \cdot k_0}{p \cdot k_1}}$$

Dies ist ein lokales (und globales) Minimum, da $K''(x) = \frac{2m \cdot k_0}{x^3} > 0$

Es ergibt sich, dass die optimale Losgröße gerade diejenige Losgröße ist, bei der Bestell- und Lagerkosten gleich hoch sind:

$$K_B\left(\sqrt{\frac{2 \cdot m \cdot k_0}{p \cdot k_1}}\right) = \frac{m}{\sqrt{\frac{2 \cdot m \cdot k_0}{p \cdot k_1}}} \cdot k_0 = \sqrt{\frac{m \cdot k_0 \cdot p \cdot k_1}{2}}$$

$$K_L\left(\sqrt{\frac{2 \cdot m \cdot k_0}{p \cdot k_1}}\right) = \frac{\sqrt{\frac{2 \cdot m \cdot k_0}{p \cdot k_1}} \cdot p}{2} \cdot k_1 = \sqrt{\frac{m \cdot k_0 \cdot p \cdot k_1}{2}}$$

Beispiel:

$$K_B(x) = \frac{10}{x} \cdot 5 \qquad \text{sei die Bestellkostenfunktion einer Ware}$$

$$K_L(x) = \frac{x \cdot 8}{2} \cdot 5 \qquad \text{sei die Lagerkostenfunktion einer Ware}$$

$$K(x) = \frac{10}{x} \cdot 5 + \frac{x \cdot 8}{2} \cdot 5$$

$$= \frac{50}{x} + 20x \qquad \text{ist dann die Gesamtkostenfunktion.}$$

$$K'(x) = -\frac{50}{x^2} + 20$$

$$= 0 \Leftrightarrow$$

$$x = 1.5811$$

$$K''(x) = \frac{100}{x^3}$$

$$K''(1.5811) = 25.298 \qquad > 0, \text{d.h. } x = 1.5811 \text{ ist lokales Minimum.}$$

$$K(1.5811) = 63.2456$$

Konvexität

Eine Funktion f heißt in einem Punkt x_0 *konvex*, wenn dort ihre Krümmung, die zweite Ableitung $f''(x_0)$, positiv oder null ist.

Eine Funktion f heißt in einem Punkt x_0 *konkav*, wenn dort ihre Krümmung, die zweite Ableitung $f''(x_0)$, negativ oder null ist.

f heißt in einem Punkt x_0 *streng konvex* bzw. *streng konkav*, wenn dort ihre zweite Ableitung $f''(x_0)$ positiv bzw. negativ ist.

Beispiel:
$f(x) = x^3$ ist auf dem Intervall $]-\infty, 0]$ konkav und auf dem Intervall $[0, \infty[$ konvex.

Jeweils zwischen zwei Nullstellen der zweiten Ableitung ist eine Funktion konvex oder konkav.

In einer Umgebung eines lokalen Maximums ist eine Funktion konkav, in einer Umgebung eines lokalen Minimums ist eine Funktion konvex.

Beispiel:
$f(x) = 10x^3 - 20x^2 + x + 10$ und $f''(x) = 60x - 40$

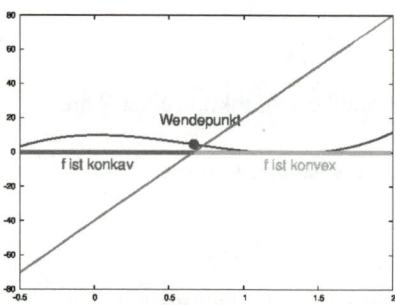

Graph der Funktion f (geschwungene Linie) und ihrer zweiten Ableitung (monoton steigende Gerade)

Wendepunkte

Ein *Wendepunkt* einer Funktion f ist ein Punkt, in dem die Funktion das Vorzeichen ihrer Krümmung ändert:

Entweder ist die Krümmung, also die zweite Ableitung, vor dem Wendepunkt positiv, danach negativ, oder umgekehrt: Die Funktion wechselt in einem Wendepunkt zwischen konvex und konkav.

Verläuft zusätzlich die Tangente in einem solchen Punkt waagerecht, so spricht man von einem *Sattelpunkt*.

Kennzeichen eines Wendepunkts x_0 sind:

- Die Krümmung ist dort gleich null.
- Die dritte Ableitung ist dort ungleich null
  oder

dritte und vierte Ableitung sind dort gleich null, die fünfte Ableitung ist dort ungleich null oder . . . .

(die erste in x_0 nicht verschwindende Ableitung der Ordnung ≥ 3 ist eine Ableitung ungerader Ordnung.)

Zusätzliches Kennzeichen eines Sattelpunkts:

• Steigung $f'(x_0) = 0$

Beispiel:

Bestimmen Sie die Wendepunkte und das Konvexitätsverhalten folgender Funktionen:

(a) $f(x) = x^3$

(b) $g(x) = x^4$

Lösung:

(a) $f(x) = x^3$

$f'(x) = 3x^2$

$f''(x) = 6x = 0 \Leftrightarrow x = 0$

Kandidat für einen Wendepunkt ist der Nullpunkt.

$f'''(x) = 6, \qquad f'''(0) = 6 \neq 0$

Der Nullpunkt ist tatsächlich ein Wendepunkt.

f'' ist negativ für $x < 0$: Dort ist f streng konkav.

f'' ist positiv für $x > 0$: Dort ist f streng konvex.

Der Nullpunkt ist sogar ein Sattelpunkt, da $f'(0) = 0$ ist.

(b) $g(x) = x^4$

$g'(x) = 4x^3$

$g''(x) = 12x^2 = 0 \Leftrightarrow x = 0$

Kandidat für einen Wendepunkt ist der Nullpunkt.

$g'''(x) = 24x, \qquad g'''(0) = 0, \qquad g''''(x) = 24$

Der Nullpunkt ist kein Wendepunkt.

$g''(x) \geq 0$ für alle x: Die Funktion ist überall konvex.

Ausflug: Nullstellenermittlung einer Funktion ohne Raten II

Das Newton-Verfahren

Die Ableitung einer Funktion kann alternativ zur Regula falsi (s. 2.1.4, S. 35) genutzt werden, um Nullstellen einer Funktion näherungsweise zu bestimmen.

Dieses Verfahren benötigt lediglich einen Startwert x_1 möglichst nahe der gesuchten Nullstelle. Anstatt dem Graphen der Funktion zur x-Achse hin zu folgen, bewegt man sich auf der Tangente, um einfacher rechnen zu können: Dies ist ja diejenige Gerade, die sich im Punkt x_1 bestmöglich an den Graphen anschmiegt (vgl. 2.1.6, S. 40). Man bestimmt die Nullstelle der Tangente und erwartet, dass dort auch der Funktionswert nahe null ist. Falls das nicht der Fall ist, setzt man das Verfahren in diesem neuen Punkt fort.

Die Steigung der Tangente in x_1 an den Graphen von f ist einerseits gerade die Ableitung $f'(x_1)$ (vgl. Punkt 1., S. 42); andererseits ist mit der Nullstelle x_2 dieser Tangente diese Steigung gleich

$$\frac{\text{Höhenunterschied}}{\text{Weite}} = \frac{f(x_1)}{x_1 - x_2}$$

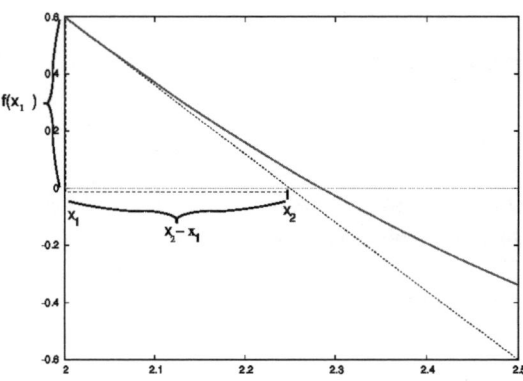

Daraus ergibt sich:

$$f'(x_1) = \frac{f(x_1)}{x_1 - x_2} = -\frac{f(x_1)}{x_2 - x_1}$$

$$x_2 = x_1 - \frac{f(x_1)}{f'(x_1)}$$

Am Beispiel aus 2.1.4, S. 36:

$$f(x) = e^{-x^2 + 2x} - 0.1 \cdot x^2$$

Startwert sei $x_1 = 2$.

$$f'(x) = e^{-x^2 + 2x} \cdot (-2x + 2) - 0.2 \cdot x$$

$x_1 = 2$

$f(x_1) = 0.6,$ $\qquad\qquad\qquad\qquad$ $f'(x_1) = -2.4$

$x_2 = 2 - \frac{0.6}{-2.4} = 2.25$

$f(x_2) = 0.064$ $\qquad\qquad\qquad\qquad$ $f'(x_2) = -1.874$

$x_3 = 2.25 - \frac{0.064}{-1.874} = 2.284$

$f(x_3) = 0.001$ $\qquad\qquad\qquad\qquad$ $f'(x_3) = -1.799$

$x_4 = 2.285$

$f(x_4) = 7.2 \cdot 10^{-4}$

Dieser Funktionswert ist recht klein, die Nullstelle der Funktion f liegt etwa bei 2.285.

2.1.7 Elastizität

Die Elastizität beantwortet Fragen nach prozentualen Änderungen:

- Bei einer Preisänderung um 1 %:
  Um wie viel Prozent verändern sich die Ausgaben?
- Bei einer Preisänderung um 1 %:
  Um wie viel Prozent verändert sich die Nachfrage?
- Bei einer Änderung eines Produktionsfaktors um 1 %: Um wie viel Prozent verändert sich die Produktion?

Die Elastizität beantwortet solche Fragen: Sie ist definiert als

$$\text{Elastizität} = \frac{\text{relative Änderung der Wirkung}}{\text{relative Änderung der Ursache}}$$

Wir werden das Konzept der Elastizität am Beispiel der Elastizität der Nachfrage bezüglich des Preises behandeln.

Gegeben ist eine Nachfragefunktion $x(p)$. Der Preis steige von einem Wert p_0 um einen kleinen Betrag Δp auf einen Wert $p_0 + \Delta p$. Dann ist zunächst die Bogenelastizität der Nachfragefunktion $x(p)$ bezüglich des Preises p als

Quotient der relativen Änderungen der Nachfrage und des Preises definiert:

$$Bogenelastizität \;=\; \frac{\text{relative Änderung der Nachfrage}}{\text{relative Änderung des Preises}}$$

$$=\; \frac{\Delta x/x(p_0)}{\Delta p/p_0}$$

$$=\; \frac{\Delta x}{\Delta p}\cdot\frac{p_0}{x(p_0)}$$

Wenn der Preis p um einen Prozentpunkt steigt, verändert sich die Nachfrage um $\frac{\Delta x/x}{\Delta p/p}$ Prozentpunkte.

Der Ausdruck $\frac{\Delta x}{\Delta p}$ ist gerade die Sekantensteigung der Nachfragefunktion. Wenn die Nachfragefunktion differenzierbar ist, kann der Übergang von dieser Sekantensteigung zur Tangentensteigung $\frac{dx}{dp}$ vollzogen werden, indem man Δp gegen Null gehen lässt.

Dann gilt diese Aussagen noch näherungsweise, und die Ausdrücke streben gegen die

$$Punktelastizität \;=\; \epsilon_{x,p} \;=\; \frac{dx/x}{dp/p} = \frac{dx}{dp}\cdot\frac{p}{x(p)} = x'(p)\cdot\frac{p}{x(p)}$$

Ist $\epsilon_{x,p}$ positiv, so bewirkt eine relative Zunahme des Preises p auch eine relative Zunahme der Nachfrage x.

Ist $\epsilon_{x,p}$ negativ, so bewirkt eine relative Zunahme des Preises p eine relative Abnahme der Nachfrage x.

Bezeichnungen: Die Nachfrage x heißt in einem Preis p

vollkommen elastisch	$\Leftrightarrow$	$\|\epsilon_{x,p}(\tilde{p})\| \xrightarrow[\tilde{p}\to p_0]{} \infty$	Selbst winzige Änderungen des Preises p bewirken sehr große Änderungen der Nachfrage x.
elastisch	$\Leftrightarrow$	$\|\epsilon_{x,p}(p_0)\| > 1$	Der Anteil der Nachfrageänderung an der ursprünglichen Nachfrage ist größer als der Anteil der Preisänderung am ursprünglichen Preis.
proportional elastisch	$\Leftrightarrow$	$\|\epsilon_{x,p}(p_0)\| = 1$	Die Nachfrageänderung x ist fließend.
unelastisch	$\Leftrightarrow$	$\|\epsilon_{x,p}(p_0)\| < 1$	Der Anteil der Nachfrageänderung an der ursprünglichen Nachfrage ist kleiner als der Anteil der Preisänderung am ursprünglichen Preis.
vollkommen unelastisch	$\Leftrightarrow$	$\|\epsilon_{x,p}(p_0)\| = 0$	Die Nachfrage x ist starr.

Bemerkungen:

(a) In der Volkswirtschaftslehre wird nur eine Rolle spielen, ob die Nachfrage elastisch oder unelastisch auf Preisänderungen reagiert. Deshalb betrachtet man dort häufig nicht ϵ, sondern $|\epsilon|$.

(b) Für eine lineare Nachfragefunktion $x(p)$ gilt immer:
1. Die Nachfrage ist gleich Null in $p = 0$.
2. Die Nachfrage ist unelastisch im unteren Preissegment, d. h. bis zur Hälfte des maximal erreichbaren Preises $p(0)$, den man aus der Preis-Absatzfunktion $p(x)$ erhält.
3. Die Nachfrage ist proportional elastisch, wenn der Preis bei der Hälfte des maximal erreichbaren Preises $p(0)$ liegt.
4. Die Nachfrage ist elastisch im oberen Preissegment, d. h. ab der Hälfte des maximal erreichbaren Preises $p(0)$.
5. Die Nachfrage ist vollkommen elastisch im maximal erreichbaren Preis $p(0)$.

Beispiel:
Die Nachfrage eines Produkts sei linear vom Preis der hergestellten Ware abhängig:

$$x(p) = 30 - 2 \cdot p$$

Gesucht sind Bereiche von Unelastizität und von Elastizität der Nachfrage

Lösung:

$$\epsilon_{x,p} = -2 \cdot \frac{p}{30 - 2p}$$

$$\epsilon_{x,p}(0) = 0$$

$$\epsilon_{x,p}(7.5) = -1$$

$\epsilon_{x,p}(15)$ ist nicht berechenbar,

$\epsilon_{x,p}(\tilde{p}) \to \infty$ für $\tilde{p} \to 15$

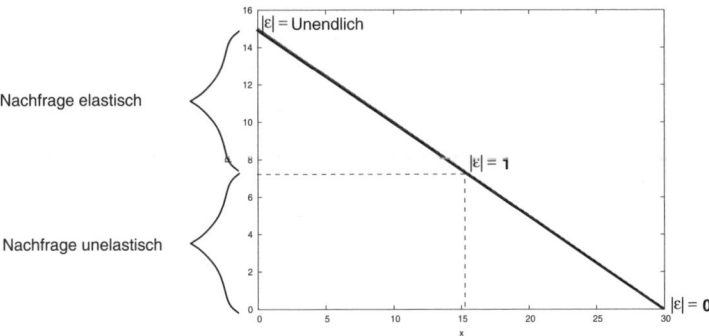

Allgemein kann man die Elastizität einer beliebigen Funktion $f(x)$ in Analogie zu der hier vorgestellten Elastizität einer Nachfragefunktion definieren.

Die Punktelastizität einer Funktion $f(x)$ ist dann

$$\epsilon_{f,x} = f'(x) \cdot \frac{x}{f(x)}$$

Beispiel:
Ermitteln Sie die Elastizität der Produktionsfunktion $x(r) = 5 \cdot r^{0.8}$.

Lösung:
$$\epsilon_{x,r} = 0.8 \cdot 5 \cdot r^{-0.2} \cdot \frac{r}{5 \cdot r^{0.8}} = 0.8$$

Diese Produktionsfunktion ist überall unelastisch.

Beispiel:
Bestimmen Sie die Elastizität der Nutzenfunktion $U(x) = 5 \cdot x^{0.8}$.

Lösung:
$$\epsilon_{U,x} = 0.8 \cdot 5 \cdot x^{-0.2} \cdot \frac{x}{5 \cdot x^{0.8}} = 0.8$$

Diese Nutzenfunktion ist überall unelastisch.

2.1.8 Integralrechnung

In Umkehrung zur Differentiation soll nun von einer Grenzfunktion auf eine Funktion geschlossen werden, deren Ableitung die gegebene Grenzfunktion ist.

Dies ist eng verknüpft mit der Bestimmung der Fläche unter dem Graphen einer Funktion.

Eine Funktion F, deren Ableitung eine gegebene Funktion f ist, heißt *Stammfunktion* von f.

Zu einer gegebenen Funktion f gibt es eine ganze Schar von Stammfunktionen, die sich um additive Konstanten unterscheiden: Ist F eine Stammfunktion von f, so ist jede Funktion $F + c$, $c \in \mathbb{R}$, ebenfalls eine Stammfunktion zu f.

Beispiel:
Zu einer Grenzkostenfunktion $K'(x)$ benötigt man zur Ermittlung der Kostenfunktion die Angabe der Fixkosten K_{fix}.

Geometrische Bedeutung:

Die Fläche unter dem Graphen einer Funktion $f(x)$ zwischen zwei Punkten a und b auf der x-Achse kann angenähert werden durch Rechteckflächen:

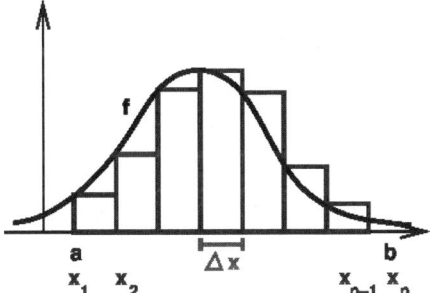

Unterteilt man das Intervall $[a, b]$ durch Zwischenpunkte $x_1 = a, \ldots, x_n = b$, die voneinander den Abstand Δx haben, so ergibt die Summe der Flächen $f(x_i) \cdot \Delta x$ von Rechtecken der Höhe $f(x_i)$ und Breite Δx etwa die Fläche unter dem Graphen, wenn die Rechteckbreite Δx hinreichend klein gewählt wird.

Ist F eine Stammfunktion von f, so gilt jeweils: $f(x_i) = F'(x_i)$, also auch $f(x_i) \cdot \Delta x = F'(x_i) \cdot \Delta x$.

Nähert man nun die Ableitung $F'(x_i)$ durch den zugehörigen Differenzenquotienten an und summiert auf, so ergibt sich

$$\sum_{i=1}^{n-1} f(x_i) \cdot \Delta x = \sum_{i=1}^{n-1} F'(x_i) \cdot \Delta x$$

$$\approx \sum_{i=1}^{n-1} \frac{F(x_{i+1}) - F(x_i)}{\Delta x} \cdot \Delta x = F(b) - F(a)$$

Als Symbol für diese Summation von Termen $f(x_i) \cdot \Delta x$ bei immer kleiner werdenden Abständen Δx, die gegen das Linienelement dx streben, hat sich die Schreibweise mittels eines stilisierten großen S etabliert:

$$\int_a^b f(x)dx = F|_b^a = F(b) - F(a)$$

Die Fläche unter dem Graphen einer Funktion $f(x)$ zwischen den Punkten a und b ist gleich der Differenz des Werts einer Stammfunktion F im Punkt b und des Werts von F im Punkt a.

Beispiel:
Bestimmen Sie die Fläche unter dem Graphen von $f(x) = 4x^3 - 2x + 10$ zwischen $a = 2$ und $b = 5$.

Lösung:

$$\int_2^5 (4x^3 - 2x + 10)dx = (x^4 - 2x^2 + 10x)|_2^5$$

$$= 5^4 - 5^2 + 10 \cdot 5 - (2^4 - 2^2 + 10 \cdot 2)$$
$$= 650 - 32$$
$$= 618$$

Ergänzung:

$$\int_a^a f(x)dx = 0$$

$$\int_b^a f(x)dx = -\int_a^b f(x)\, dx$$

$$\int_a^b f(x)dx = \int_a^c f(x)\, dx + \int_c^b f(x)\, dx$$

Inhalt der Fläche zwischen x-Achse und Graph von f :

Bei der Berechnung des Flächeninhalts, der von der x-Achse und dem Graphen der Funktion eingeschlossen wird, sollen auch Flächenteile unterhalb der x-Achse positiv gewerten werden, damit sich Flächen in der Summation nicht gegenseitig aufheben.

Daher müssen zunächst die Nullstellen der Funktion im betrachteten Intervall ermittelt werden; anschließend werden die Absolutwerte der Teilintegrale jeweils bis zur nächsten Nullstelle und schließlich bis zur oberen Integrationsgrenze addiert.

Zur Berechnung des Flächeninhalts zwischen den Graphen zweier Funktionen f und g geht man analog vor:

Man bestimmt die Differenzfunktion und für diese den Flächeninhalt zwischen Graph und x-Achse.

Beispiel:
Berechnen Sie den Flächeninhalt zwischen x-Achse und Graph von
$f(x) = x^3 - 2x^2 + 1$ über dem Intervall $[-1, 2]$.

Lösung:

$f(x) = x^3 - 2x^2 + 1$

$x_1 = 1$ ist eine Nullstelle.

$$(x^3 - 2x^2 + 1) : (x - 1) = x^2 - x - 1$$
$$x^2 - x - 1 = 0 \Leftrightarrow$$
$$x_{2/3} = 0.5 \pm \sqrt{0.25 + 1}$$
$$x_2 = -0.618$$
$$x_3 = 1.618$$

sind die anderen beiden Nullstellen.

Inhalt der Fläche zwischen Graph und x-Achse zwischen -1 und 2:

$$\left| \int_{-1}^{-0.618} (x^3 - 2x^2 + 1)dx \right| + \left| \int_{-0.618}^{1} (x^3 - 2x^2 + 1)dx \right|$$

$$+ \left| \int_{1}^{1.618} (x^3 - 2x^2 + 1)dx \right| + \left| \int_{1.618}^{2} (x^3 - 2x^2 + 1)dx \right|$$

$$= \left| \left(\frac{1}{4}x^4 - \frac{2}{3}x^3 + x \right) \Big|_{-1}^{-0.618} \right| + \left| \left(\frac{1}{4}x^4 - \frac{2}{3}x^3 + x \right) \Big|_{-0.618}^{1} \right|$$

$$+ \left| \left(\frac{1}{4}x^4 - \frac{2}{3}x^3 + x \right) \Big|_{1}^{1.618} \right| + \left| \left(\frac{1}{4}x^4 - \frac{2}{3}x^3 + x \right) \Big|_{1.618}^{2} \right|$$

$$= 0.3408 + 1.008 + 0.0758 + 0.1592 = 1.58\overline{3}$$

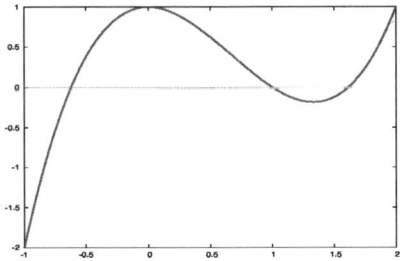

Beispiel:
Ermitteln Sie den Flächeninhalt zwischen den Graphen von $f(x) = x^2 - 1$ und $g(x) = -x + 11$ in den Grenzen -5 und 5.

Lösung:

$$x^2 - 1 = -x + 11$$

$$x^2 + x - 12 = 0$$

$$x_{1/2} = -0.5 \pm \sqrt{0.25 + 12}$$

$$x_1 = -0.5 - 3.5 = -4$$

$$x_2 = -0.5 + 3.5 = 3 \text{ sind die Nullstellen der Differenzfunktion } f - g$$

$$\text{Flächeninhalt} = \left| \int_{-5}^{-4} (x^2 + x - 12)dx \right| + \left| \int_{-4}^{3} (x^2 + x - 12)dx \right|$$

$$+ \left| \int_{3}^{5} (x^2 + x - 12)dx \right|$$

$$= \left| \left(\frac{1}{3}x^3 + \frac{1}{2}x^2 - 12x \right) \Big|_{-5}^{-4} \right| + \left| \left(\frac{1}{3}x^3 + \frac{1}{2}x^2 - 12x \right) \Big|_{-4}^{3} \right|$$

$$+ \left| \left(\frac{1}{3}x^3 + \frac{1}{2}x^2 - 12x \right) \Big|_{3}^{5} \right|$$

$$= 3.8\bar{3} + 57.1\bar{6} + 16.\bar{6} = 77.\bar{6}$$

Beispiele:

1. Ermitteln Sie eine Stammfunktion von
    $f(x) = 5x^4 - 2x^2 + x - 1$.

2. Bestimmen Sie zu der Grenzerlösfunktion
    $E'(x) = 1.02 - 0.5x$ diejenige Erlösfunktion E mit $E(1) = 4$.

3. Es sei
    $q(x) = 2x^3 - 3x^2 + 1$ für $1 \leq x \leq 2$
    $q(x) = 0$ sonst
    Berechnen Sie $\int_{-\infty}^{\infty} q(x)dx$.

4. Skizzieren und berechnen Sie zu
    $f(x) = 2x^3 - 3x^2 + 1$ (nun auf ganz $\mathbb{R}$)
    den Flächeninhalt zwischen x-Achse und Graph im Intervall $[-1, +1]$.

Lösung:

1. $F(x) = x^5 - \frac{2}{3}x^3 + \frac{1}{2}x^2 - x$ ist Stammfunktion von

    $f(x) = 5x^4 - 2x^2 + x - 1$.

2. Zu der Grenzerlösfunktion $E'(x) = 1.02 - 0.5x$
    hat eine Erlösfunktion die Gestalt
    $E(x) = 1.02x - \frac{1}{4}x^2 + c$ mit beliebigem c.

    $E(1) = 1.02 - 0.25 + c = 0.77 + c$ Das ist $= 4 \Leftrightarrow c = 4 - 0.77 = 3.23$

3. Da q nur innerhalb des Intervalls $[1, 2]$ ungleich Null ist, reduziert sich das
    Integral auf

    $$\int_{-\infty}^{\infty} q(x)dx = \int_{1}^{2} \left(2x^3 - 3x^2 + 1\right) dx$$

    $$= \left(\frac{1}{2}x^4 - x^3 + x\right)\Bigg|_{1}^{2}$$

    $$= \frac{16}{2} - 8 + 2 - \left(\frac{1}{2} - 1 + 1\right) \quad = 1.5$$

4. Nullstellen:
    Offenbar ist $f(1) = 0$.

    $$(2x^3 - 3x^2 + 1) : (x - 1) = 2x^2 - x - 1$$
    $$x^2 - 0.5x - 0.5 = 0$$
    $$x_1 = -0.5$$
    $$x_2 = 1$$

    Extrema:

    $$6x^2 - 6x = 0$$
    $$\tilde{x}_1 = 0$$
    $$\tilde{x}_2 = 1$$
    $$f''(0) < 0, \quad f''(1) > 0$$
    $$f(0) = 1$$
    $$f(1) = 0$$

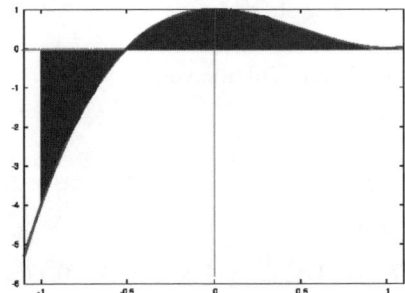

Einzelflächen bis zur/ab der Nullstelle:

$$\left| \int_{-1}^{-0.5} \left(2x^3 - 3x^2 + 1\right) dx \right| = \left| \left(\frac{1}{2}x^4 - x^3 + x\right)\Big|_{-1}^{-0.5} \right|$$

$$= |0.5^5 + 0.5^3 - 0.5 - (0.5 + 1 - 1)|$$

$$= 0.84375$$

$$\int_{-0.5}^{1} \left(2x^3 - 3x^2 + 1\right) dx = \left(\frac{1}{2}x^4 - x^3 + x\right)\Big|_{-0.5}^{1}$$

$$= 0.5 - 1 + 1 - \left(0.5^5 + 0.5^3 - 0.5\right)$$

$$= 0.84375$$

Flächeninhalt zwischen x-Achse und Graph zwischen -1 und 1:
$0.84375 + 0.84375 = 1.6875$

Integralfunktion:

Für variable rechte Intervallgrenze x ist

$$F(x) = \int_{a}^{x} f(t)\, dt$$

die Fläche unter dem Graphen zwischen a und x.

Zu beachten ist, dass für den Fall, dass die obere Integrationsgrenze x genannt wird, die Integrationsvariable einen anderen Namen benötigt; hier wurde sie t genannt.

Dieses Integral $F(x)$ ist eine Stammfunktion von $f(x)$, denn für eine beliebige Stammfunktion G von f ist

$$F(x) = \int_{a}^{x} f(t)dt = G(x) - G(a).$$

F unterscheidet sich also von G nur um die Zahl $G(a)$.

Hauptsatz der Differential- und Integralrechnung:

Sei f eine stetige Funktion auf einem Intervall $[a, b]$: Der Graph von f weise keine Lücke auf; wenn man sich einem Punkt x des Definitionsbereichs nähert, dann nähern sich die Funktionswerte dem Wert $f(x)$.

Für jede Zahl $x \in [a, b]$ ist dann das Integral $F(x) = \int_a^x f(t)\,dt$ eine differenzierbare Funktion der oberen Grenze x. Die Ableitung von F ist gleich dem Wert des Integranden f an der oberen Grenze: $F'(x) = f(x)$

Zusammenstellung einiger Ableitungen und Stammfunktionen:

$f'(x)$	$f(x)$	$F(x)$
nx^{n-1}	x^n	$\frac{1}{n+1}x^{n+1} + c$
$-\frac{1}{x^2}$	$\frac{1}{x}$	$\ln x + c$
e^x	e^x	$e^x + c$
$\frac{1}{2} \cdot x^{-\frac{1}{2}}$	$\sqrt{x} = x^{\frac{1}{2}}$	$\frac{2}{3} \cdot x^{\frac{3}{2}} + c$

2.1.9 Spezielle Funktionen der BWL und VWL

Konsumentenrente

Die Konsumentenrente ist ein Maß für die Vorteilhaftigkeit eines Güterkaufs.

Sie ist die Differenz zwischen der Gesamtsumme, die die Konsumenten bereit gewesen wären zu zahlen, und dem tatsächlich erzielten Umsatz.

Es seien $x(p)$ die Angebotsfunktion, $p(x)$ die Preis-Absatz-Funktion, $p_A(x)$ die Nachfragefunktion und (p_0, x_0) der Gleichgewichtspunkt, also der Schnittpunkt von Angebots- und Nachfragefunktion.

Der tatsächlich erzielte Umsatz ist dann das Produkt aus realisiertem Preis und realisierter Menge, $p_0 \cdot x_0$.

Damit ist die Konsumentenrente

$$K_R = \int_0^{x_0} p(x)dx - p_0 \cdot x_0$$

Produzentenrente

Die Produzentenrente ist ein Maß für die Vorteilhaftigkeit eines Güterverkaufs.

Sie ist die Differenz zwischen dem tatsächlich erzielten Umsatz und dem mindestens erwarteten Umsatz:

$$P_R = \quad p_0 \cdot x_0 - \int_0^{x_0} p_A(x)dx$$

Beispiel:
$x(p) = 5 - 0.5p$ sei die Nachfragefunktion einer Ware.
$p_A(x) = 2 + 4x$ sei die Angebotsfunktion.

Ermitteln Sie den Gleichgewichtspunkt, die Konsumenten- und die Produzentenrente.

Lösung:
$p(x) = 10 - 2x$ ist die Preis-Absatz-Funktion.

Ermittlung des Gleichgewichtspunkts:

$$p(x) = p_A(x) \qquad \Leftrightarrow$$
$$10 - 2x = 2 + 4x$$
$$x_0 = \tfrac{4}{3}$$
$$p_0 = 10 - \tfrac{8}{3} = \tfrac{22}{3}$$

Konsumentenrente:

$$K_R = \int_0^{\frac{4}{3}} (10 - 2x)dx - \tfrac{4}{3} \cdot \tfrac{22}{3}$$
$$= (10x - x^2)\big|_0^{\frac{4}{3}} - 9.\overline{7}$$
$$= 11.\overline{5} - 9.\overline{7} = 1.\overline{7}$$

Produzentenrente:

$$P_R = 9.\overline{7} - \int_0^{\frac{4}{3}} (2 + 4x)dx$$
$$= 9.\overline{7} - (2x + 2x^2)\big|_0^{\frac{4}{3}}$$
$$= 9.\overline{7} - 6.\overline{2} = 3.\overline{5}$$

2.2 Rezeptartige Lösungswege

Einfache Funktionen der Wirtschaftswissenschaften

$x(p)$ =

$x_N(p)$ = $-a \cdot p + b$ Nachfragefunktion mit Parametern $a, b > 0$

s. Aufgabe 2.22, S. 74

$p_N(x)$ = $-\frac{1}{a} \cdot x + \frac{b}{a}$ Gezeichnet wird die Umkehrfunktion

$x_A(p)$ = $a \cdot p - b$ Angebotsfunktion mit Parametern $a, b > 0$

s. Aufgabe 2.32, S. 76

$p_A(x)$ = $\frac{1}{a} \cdot x + \frac{b}{a}$ Umkehrfunktion

$x_N(p)$ = $x_A(p)$ Gleichgewichtspunkt:
$p_N(x)$ = $p_A(x)$ s. Aufgabe 2.32, S. 76

$E(x)$ = $x \cdot p(x)$ Erlösfunktion

s. Aufgabe 2.22, S. 74

$K(x)$ = $K_{var} + K_{fix}$ Kostenfunktion

s. Aufgabe 2.22, S. 74

$G(x)$ = $E(x) - K(x)$ Gewinnfunktion

s. Aufgabe 2.33, S. 76

$k(x)$ = $\frac{K(x)}{x}$ Stückkostenfunktion

s. Aufgabe 2.22, S. 74

$K'(x)$ Grenzkostenfunktion

s. Aufgabe 2.28, S. 75

$x(r)$ Produktionsfunktion in Abhängigkeit vom
eingesetzten Input r

s. Aufgabe 2.8, S. 72

Beispiele:

$$x_N(p) = -2 \cdot p + 40 \quad \Leftrightarrow$$
$$p_N(x) = -0.5 \cdot x + 20$$

$$x_A(p) = 10 \cdot p - 100 \quad \Leftrightarrow$$
$$p_A(x) = 0.1 \cdot x + 10$$

Gleichgewichtspunkt:

$$p_N(x) = p_A(x) \qquad \Leftrightarrow \quad -0.5x + 20 = 0.1x + 10$$
$$x_0 = 16.\bar{6}$$
$$p_0 = 0.1 \cdot 16.\bar{6} + 10$$
$$= 11.\bar{6}$$

Aus der Preis-Absatz-Funktion ergibt sich die Erlösfunktion
$$E(x) = -0.5 \cdot x^2 + 20x$$

Wenn zusätzlich die Kostenfunktion gegeben ist:
$$K(x) = 0.2 \cdot x^3 + 0.1x + 4$$

kann aus Erlös- und Kostenfunktion die Gewinnfunktion aufgestellt werden:
$$G(x) = -0.2 \cdot x^3 - 0.5x^2 + 19.9x - 4$$

Die Stückkostenfunktion ist
$$k(x) = 0.2 \cdot x^2 + 0.1 + \frac{4}{x}$$

Die Grenzkostenfunktion ist
$$K'(x) = 0.6 \cdot x^2 + 0.1$$

Funktionen

Aufgabe: Nullstellen eines Polynoms ermitteln

Gegeben: Polynom
Gesucht: Nullstellen

(1) **Polynom vom Grad 1:**
$$f(x) = a_1 \cdot x + a_0$$
Lösungsweg:
Gleichung $a_1 \cdot x + a_0 = 0$ nach x auflösen

s. Aufgabe 2.19, S. 73

(2) **Polynom vom Grad 2:**
$$f(x) = a_2 x^2 + a_1 x + a_0$$
Lösungsweg:
Gleichung $f(x) = 0$ durch den Koeffizienten a_2 teilen, anschließend $p - q$-Formel 1.1 benutzen

s. Aufgabe 2.19, S. 73

(3) **Polynom vom Grad $\geq$ 3:**
$f(x) = a_n x^n + \cdots + a_0$
Lösungsweg:
Erste Nullstelle x_0 raten
Polynom durch $(x - x_0)$ teilen
Nullstellen des Ergebnisses ermitteln

s. Aufgabe 2.19, S. 73

Gebrochenrationale Funktionen
Aufgabe: Asymptoten, Definitionslücken und Pole ermitteln
Gegeben: Gebrochenrationale Funktion
Gesucht: Asymptoten, Definitionslücken, Pole **Lösungsweg:**
Polynomdivision Zähler:Nenner durchführen
Der Anteil des Ergebnisses, der ein Polynom ist, ist die Asymptote für $x \to \pm\infty$.
Wenn das Ergebnis einen gebrochenrationalen Anteil enthält, sind dessen Pole die Pole der gesamten Funktion. Für jeden Pol x_0 ist die Asymptote für $x \to x_0$ die senkrechte Gerade durch diesen Pol.
Wenn eine Nullstelle des Nenners kein Pol dieses gebrochenrationalen Anteils des Ergebnisses ist, ist dieser Punkt eine Definitionslücke.

s. Aufgabe 2.20, S. 73

Differentialrechnung
Aufgabe: Tangente an den Graphen einer Funktion in einem Punkt bestimmen
Gegeben: Funktion f, Punkt x_0
Gesucht: Tangente an den Graphen der Funktion im gegebenen Punkt
Lösungsweg:
Pro Einheit, um die x steigt: Um wie viele Einheiten verändert sich $f(x)$?
Formel 2.1 in Formelsammlung
Funktionswert $f(x_0)$ ermitteln
Ableitung von f ermitteln
Ableitung $f'(x_0)$ in x_0 berechnen
In die Formel einsetzen und ausrechnen
Pro Einheit, um die x von x_0 aus steigt, verändert sich $f(x)$ ca. um $f'(x_0)$ Einheiten.
Beispiel:

s. Aufgabe 2.22, S. 74

Aufgabe: Lokale Extrema einer Funktion einer Variablen bestimmen
Gegeben: Funktion
Gesucht: Lokale Extrema
Lösungsweg:
Formeln 2.4 in Formelsammlung
Erste und zweite Ableitung ermitteln
Nullstellen $x_1, \ldots, x_k$ der ersten Ableitung bestimmen
Jeden dieser Punkte x_i in die zweite Ableitung einsetzen:
- Ist die zweite Ableitung in x_i der ersten Ableitung positiv, so ist's ein lokales Minimum.
- Ist die zweite Ableitung in x_i der ersten Ableitung negativ, so ist's ein lokales Maximum.
Funktionswerte in den lokalen Extrema bestimmen

s. Aufgabe 2.24, S. 75

Aufgabe: Absolute Extrema einer Funktion einer Variablen auf einem abgeschlossenen Intervall bestimmen
Gegeben: Funktion, abgeschlossenes Intervall
Gesucht: Absolute Extrema dort
Lösungsweg:
Lokale Extrema einschließlich der Funktionswerte bestimmen
Funktionswerte in den Intervallgrenzen berechnen
Derjenige x-Wert, an dem der Funktionswert am kleinsten ist, ist das absolute Minimum der Funktion auf dem Intervall; derjenige x-Wert, an dem der Funktionswert am größten ist, ist das absolute Maximum der Funktion auf dem Intervall.

s. Aufgabe 2.24, S. 75

Aufgabe: Elastizitätsfunktion einer Funktion einer Variablen ermitteln, Elastizität in einem Punkt bestimmen
Gegeben: – Funktion f
– Punkt x_0
Gesucht: – Elastizitätsfunktion
– Elastizität im gegebenen Punkt
– Interpretation
Lösungsweg:
Ableitung berechnen
Ableitung in Formel 2.3.1 der Formelsammlung einsetzen
Die Funktion ist in einem Punkt unelastisch $\Leftrightarrow$
der Betrag der Elastizität der Funktion in diesem Punkt ist < 1.
Die Funktion ist in einem Punkt proportional elastisch $\Leftrightarrow$
der Betrag der Elastizität der Funktion in diesem Punkt ist $= 1$.

Die Funktion ist in einem Punkt elastisch $\Leftrightarrow$
der Betrag der Elastizität der Funktion in diesem Punkt ist > 1.
Pro Prozentpunkt, um den das Argument der Funktion von diesem Punkt aus steigt,
verändert sich der Funktionswert um $\epsilon_{f,x}(x_0)$ (Wachstum bei positiver Elastizität).

s. Aufgabe 2.22, S. 74

s. Aufgabe 2.26, S. 75

Integralrechnung
Aufgabe: Bestimmtes Integral berechnen
Gegeben: Funktion f, Integrationsgrenzen a, b
Gesucht: Das bestimmte Integral $\int_a^b f(x)dx$
Lösungsweg:
Stammfunktion des Integranden ermitteln (Polynom: Bei jedem Summanden die
Potenz um 1 erhöhen, anschließend durch die neue Potenz teilen)
Differenz von Stammfunktion in der oberen Integrationsgrenze und Stammfunktion
in der unteren Integrationsgrenze berechnen

s. Aufgabe 2.28, S. 75

Aufgabe: Berechnung des Flächeninhalts zwischen Graph und x-Achse zwischen zwei Grenzen
Gegeben: Funktion, zwei Grenzen auf der x-Achse
Gesucht: Flächeninhalt zwischen Graph und x-Achse zwischen den Grenzen
Lösungsweg:
Ermittlung der Nullstellen der Funktion zwischen den Grenzen
Berechnung der Integrale
- zwischen unterer Integrationsgrenze und erster Nullstelle
- jeweils zwischen den folgenden Nullstellen
- zwischen letzter Nullstelle und oberer Integrationsgrenze
Addition der Absolutbeträge dieser Integrale

s. Aufgabe 2.30, S. 76

Aufgabe: Integral einer Funktion, die nur auf einem Intervall ungleich null ist, über ganz $\mathbb{R}$ berechnen
Gegeben: Funktion, die außerhalb eines Intervalls $[a, b]$ gleich Null ist
Gesucht: $\int_{-\infty}^{\infty} f(x)dx$

Lösungsweg:
Da die Funktion außerhalb des angegebenen Intervalls gleich Null ist, ist
$\int_{-\infty}^{\infty} f(x)dx \;=\; \int_a^b f(x)dx$.

s. Aufgabe 2.29, S. 75

Aufgabe: Konsumenten- und Produzentenrente ermitteln
Gegeben: Nachfragefunktion, Angebotsfunktion
Gesucht: Gleichgewichtspunkt, Konsumentenrente, Produzentenrente
Lösungsweg:
Gleichgewichtspunkt = Schnittpunkt von Nachfrage- und Angebotsfunktion
Zu beachten: Beide Funktionen müssen – als Funktion von x *oder* als Funktion von p – gleichgesetzt werden.

Konsumentenrente = Differenz des Integrals der Nachfragefunktion $p(x)$ oder $p_N(x)$ bis zur Gleichgewichtsmenge x_0 und des tatsächlichen Umsatzes (Formel 1.3.4 in Formelsammlung)

Produzentenrente = Differenz des tatsächlichen Umsatzes und des Integrals der Angebotsfunktion $p_A(x)$ bis zur Gleichgewichtsmenge x_0 (Formel 1.3.5)

Zeichnerisch ist die Konsumentenrente die Fläche des Dreiecks mit Eckpunkten $(0, p_0)$, (x_0, p_0) und Schnittpunkt der Nachfragefunktion mit der senkrechten Achse.
Zeichnerisch ist die Produzentenrente die Fläche des Dreiecks mit Eckpunkten $(0, p_0)$, (x_0, p_o) und Schnittpunkt der Angebotsfunktion mit der senkrechten Achse.

s. Aufgabe 2.31, S. 76

s. Aufgabe 2.32, S. 76

s. Aufgabe 2.33, S. 76

2.3 Übungsaufgaben

Injektivität/Surjektivität/Bijektivität

Aufgabe 2.1
Ist die Funktion $f(x) = x^5 - 1$ als Abbildung von $\mathbb{R}$ nach $\mathbb{R}$ injektiv/surjektiv/bijektiv?
Falls sie bijektiv ist, bestimmen Sie die Umkehrabbildung.

Aufgabe 2.2
Ist die Abbildung $f(x) = x^4 - 1$ als Abbildung von $\mathbb{R}$ nach $\mathbb{R}$ injektiv/surjektiv/bijektiv?
Falls sie bijektiv ist, bestimmen Sie die Umkehrabbildung.

Aufgabe 2.3
Ist die Abbildung $f(x) = x^3 - 16x$ als Abbildung von $\mathbb{R}$ nach $\mathbb{R}$ injektiv/surjektiv/bijektiv?
Falls sie bijektiv ist, bestimmen Sie die Umkehrabbildung.

Aufgabe 2.4
Ist die Abbildung $f(x) = 2^x$ als Abbildung von $\mathbb{R}$ nach $\mathbb{R}$ injektiv/surjektiv/bijektiv?
Falls sie bijektiv ist, bestimmen Sie die Umkehrabbildung.

Zusammenhang von Preis und Nachfrage

Aufgabe 2.5
Sei $x_N(p) = 30 - 0.5 \cdot p$ die Nachfragefunktion einer Ware.
Zeichnen Sie sie wie in der Mathematik und wie in den Wirtschaftswissenschaften üblich.

Zusammenhang von Preis und Angebot

Aufgabe 2.6
Sei $x_A(p) = -6 + 0.2 \cdot p$ die Angebotsfunktion einer Ware.
Zeichnen Sie sie wie in der Mathematik und wie in den Wirtschaftswissenschaften üblich.

Der Erlös/Umsatz

Aufgabe 2.7
Die Nachfrage bei einem Eisverkäufer richtet sich nach der Funktion
$x(p) = 200.75 - 0.5 \cdot p$.
Bestimmen und zeichnen Sie die Erlösfunktion $E(x)$.
Berechnen Sie den Erlös bei einem Waffelpreis von 1.50 €.

Die Produktionsfunktion

Aufgabe 2.8

$x(r) = -r^3 + 10r^2 + 20r$ sei eine Produktionsfunktion von Weizen in Abhängigkeit vom eingesetzten Dünger.

Bestimmen Sie, welche Outputmengen x sich bei einem eingesetzten Input von $r = 7$, $r = 8$ und $r = 9$ Mengeneinheiten (ME) ergeben.

Hintereinanderschaltung von Funktionen

Aufgabe 2.9

Bestimmen Sie für die folgenden Funktionen die Hintereinanderschaltungen $f(g(x))$ und $g(f(x))$:

$$f(x) = x^3 - 1$$
$$g(x) = x + 2$$

Aufgabe 2.10

Ermitteln Sie für die Funktionen $f(x) = 2x^2 - x + 1$ und $g(x) = x^3 + 1$ die Hintereinanderschaltungen $f(g(x))$ und $g(f(x))$.

Umkehrabbildung

Aufgabe 2.11

Bestimmen Sie die Umkehrabbildung der Funktion $f(x) = x^3 - 1$.

Aufgabe 2.12

Bestimmen Sie die Umkehrabbildung der Funktion $f(x) = 2x^5 - 8$.

Aufgabe 2.13

Bestimmen Sie die Umkehrabbildung der Funktion $x(p) = -10p + 50$.

Logarithmus und Funktionen

Aufgabe 2.14

Der Preis eines Produkts liege zu Beginn bei $p_0 = 729$ €.

Dieser Preis möge jeweils innerhalb eines Jahres um 24.02 % fallen, d. h. mit $t = $ »Anzahl der verstrichenen Jahre« gilt:

$p(t) = 729 \cdot (1 - 0.2402)^t$

(a)   Logarithmieren Sie diese Preisfunktion und zeichnen Sie die logarithmierte Funktion.

(b)   Berechnen Sie, nach wie vielen Jahren der Preis auf ein Drittel seines Anfangswerts gesunken sein wird.

Exponentialfunktion

Aufgabe 2.15
Bestimmen Sie die Schnittpunkte der Funktionen e^{x^2-2x+1} und e^{x-1}.

Aufgabe 2.16
Der Umsatz U einer Ware in 10000 € entwickle sich mit der Zeit t in Monaten entsprechend des Gesetzes

$$U(t) = 2 \cdot 10^{0.1+0.02 \cdot t}.$$

Ermitteln Sie den Umsatz zu Beginn und die Zeit, nach der der Anfangsumsatz sich verdreifacht.

Aufgabe 2.17
Der Umsatz U einer Ware in 10000 € entwickle sich mit der Zeit t in Monaten entsprechend des Gesetzes $U(t) = 2 \cdot e^{0.02 \cdot t} + 5$.
Ermitteln Sie den Umsatz zu Beginn und die Zeit, nach der der Anfangsumsatz sich verdreifacht.

Nullstellen von Polynomen

Aufgabe 2.18
Bestimmen Sie die Nullstellen der folgenden Funktionen und, falls möglich, die Linearfaktorzerlegung:
(a) $f(x) = 3x + 5$
(b) $f(x) = 2x^2 - 8x + 6$
(c) $f(x) = x^3 + x - 2$
(d) $f(x) = x^4 + x^2 - 2$

Aufgabe 2.19 ✓
Bestimmen Sie die Nullstellen der folgenden Funktionen:

$$f(x) = 2x + 4$$
$$E(x) = -0.25 \cdot x^2 + 5x$$
$$K(x) = 0.02 \cdot x^3 + 0.2 \cdot x + 1.14$$

Gebrochenrationale Funktionen

Aufgabe 2.20
Bestimmen Sie alle Asymptoten der gebrochenrationalen Funktion

$$f(x) = \frac{x^2 + x + 1}{x - 1}$$

Aufgabe 2.21

Bestimmen Sie für die gebrochenrationale Funktion $f(x) = \frac{x^2-x-2}{x^3-2xr-x+2}$ sämtliche Definitionslücken und Polstellen.

Kurvendiskussion

Aufgabe 2.22

Die Nachfragefunktion einer Ware sei $x(p) = -4p + 20$

(a)   Zeichnen Sie die Funktion in der in der BWL üblichen Weise mit x auf der waagerechten Achse.

(b)   Berechnen Sie die Elastizität der Nachfrage in $p = 2 \,€$.
Pro Prozentpunkt, um den der Preis von $p = 2$ aus steigt: Bestimmen Sie, wie die Nachfrage sich verändert.

(c)   In welchen Bereichen ist $x(p)$ elastisch, wo ist sie unelastisch, wo ist die Elastizität gleich 0, wo gleich -1, wo ist $x(p)$ vollkommen elastisch?

(d)   Ermitteln Sie die Nullstellen der Erlösfunktion.

(e)   Wo ist der Erlös maximal?

(f)   Wo ist der Grenzerlös $E'(x)$ positiv?

(g)   Zeichnen Sie die Erlösfunktion.

(h)   Die Kostenfunktion sei
$K(x) = 0.02 \cdot x^3 + 0.2 \cdot x + 1.14$.
Bestimmen Sie die Tangente in $x = 4$.
Pro Einheit, um die die hergestellte Menge von $x = 4$ aus steigt: Bestimmen Sie, um wie viele Einheiten sich die Kosten verändern.
In welchen Intervallen ist die Kostenfunktion monoton?
Wo ist die Kostenfunktion konvex?
Ermitteln Sie die Nullstellen und lokalen Extrema, zeichnen Sie die Funktion und die berechnete Tangente.

(i)   Bestimmen Sie das Minimum der variablen Stückkosten $k_v(x) = \frac{K_v(x)}{x}$.

Aufgabe 2.23

Die Nachfragefunktion einer Ware sei $x(p) = -4p + 20$.
Die Kostenfunktion bei der Herstellung der Ware sei $K(x) = 0.1x^3 + 0.1x + 5.75$.

(a)   Bestimmen Sie die Deckungsbeitragsfunktion.

(b)   Die obere Gewinnschwelle, bis zu der Gewinn erwirtschaftet wird, liegt bei
$x_3 = 5$
Bestimmen Sie die untere Gewinnschwelle, ab der Gewinn erwirtschaftet wird.

Aufgabe 2.24

(a) Bestimmen Sie die lokalen Extrema der Funktion $f(x) = -x^4 + 2x^2 - 0.5$.

(b) Wenn dies eine Gewinnfunktion ist und nicht mehr als 0.8 Mengeneinheiten hergestellt werden können:
Ermitteln Sie den maximal möglichen Gewinn.

Optimale Bestellmenge

Aufgabe 2.25
Die Kosten für die Bestellung einer Ware in Abhängigkeit von der Bestellmenge q seien gegeben durch $K(q) = \frac{130}{q} + 5q$.
Ermitteln Sie diejenige Bestellmenge, bei der die Kosten minimal werden, und die zugehörigen Kosten.
Ermitteln Sie die Asymptoten dieser Funktion.

Elastizität

Aufgabe 2.26
Sei $x(p) = \frac{100}{p}$ eine Nachfragefunktion.
Ermitteln Sie die Elastizität beim Preis $p = 5$.

Aufgabe 2.27
Es sei $x(r) = r^3 - 0.5r^2 + 1$ eine Produktionsfunktion.
Bestimmen Sie die Elastizität der Produktionsfunktion bei $r = 1$ und interpretieren Sie das Ergebnis.

Integral/Stammfunktion

Aufgabe 2.28

(a) Ermitteln Sie zu der Grenzkostenfunktion
$K'(x) = 3x^3 + x^2 + 50$ diejenige Kostenfunktion mit $K(3) = 300$.

(b) Bestimmen Sie eine Stammfunktion von
$f(x) = \frac{10}{x} + \sqrt{x}$.

(c) Berechnen Sie $\int_{-1}^{5} (x^3 - 2x^2 + 5)dx$.

Aufgabe 2.29
Sei

$f(x) = \frac{1}{10} + \frac{1}{10}x| \quad -1 \le x \le 1$

$f(x) = \frac{4}{15} - \frac{1}{15}x| \quad 1 < x \le 4$

$f(x) = 0 \qquad\qquad$ sonst

Berechnen Sie $\int_{-\infty}^{\infty} |x - 0.5| \cdot f(x)dx$.

Aufgabe 2.30

Skizzieren Sie – ohne Kurvendiskussion – den Verlauf des Graphen der Funktion
$f(x) = x^5 - 32$.

Schraffieren Sie die Fläche zwischen x-Achse und dem Graphen von f im Intervall
$[-1, 3]$.

Bestimmen Sie den Inhalt der schraffierten Fläche.

Konsumenten-/Produzentenrente

Aufgabe 2.31

Für ein Produkt folge der Zusammenhang zwischen Preis und Nachfrage dem Gesetz

$x(p) = -0.2p + 50$.

Aufgrund des Marktmechanismus hat sich der Preis beim Gleichgewichtspunkt
$p_0 = 30$ € eingestellt.

Welche Gesamtsumme E^* wären die Konsumenten bereit gewesen zu zahlen?

Welches ist die Konsumentenrente?

Zeichnen Sie die Konsumentenrente mit Hilfe der Nachfragefunktion.

Aufgabe 2.32

Der Zusammenhang zwischen Preis und Nachfrage eines Gutes folge dem Gesetz
$p_N(x) = -0.5 \cdot x + 20$.

Die Angebotsfunktion sei $p_A(x) = 10 + 0.1 \cdot x$.

Welches Marktgleichgewicht stellt sich ein?

(= Preis p_0, bei dem $p_N(x) = p_A(x)$)

Welches sind Konsumenten- und Produzentenrente?

Welchem Prozentsatz des tatsächlichen Umsatzes entspricht die Produzentenrente?

Zeichnen Sie beide Renten mit Hilfe von Nachfrage- und Angebotsfunktion.

Aufgabe 2.33

Die Nachfragefunktion eines Produkts sei
$x(p) = 50 - 10p$.

Die Kosten für die Herstellung des Produkts liegen für eine Unternehmung bei
$K(x) = 2x^2 + 1$.

(a)   Berechnen Sie die Konsumentenrente im Gewinnmaximum.

(b)   Die Angebotsfunktion sei $p_A(x) = 2 + 0.5 \cdot x$.
       Welches Marktgleichgewicht stellt sich ein?
       Welches ist die Produzentenrente?

(c)   Zeichnen Sie die Konsumentenrente im Gewinnmaximum.
       Zeichnen Sie Konsumenten- und Produzentenrente im Marktgleichgewicht.

2.4   Lösungen

Lösung 2.1
Die Funktion $f(x) = x^5 - 1$ als Abbildung von $\mathbb{R}$ nach $\mathbb{R}$ ist bijektiv, da jede waagerechte Gerade den Graphen genau einmal schneidet.
Die Umkehrabbildung erhält man durch

$$y = x^5 - 1$$
$$y + 1 = x^5$$
$$\sqrt[5]{y + 1} = x$$

Die Umkehrabbildung ist $f^{-1}(x) = \sqrt[5]{x + 1}$.

Lösung 2.2
Die Funktion $f(x) = x^4 - 1$ als Abbildung von $\mathbb{R}$ nach $\mathbb{R}$ ist nicht injektiv, da zum Beispiel $x = 1$ und $x = -1$ auf denselben y-Wert abgebildet werden.
Sie ist nicht surjektiv, da zum Beispiel $y = -2$ nicht im Bild liegt.

Lösung 2.3
Die Funktion $f(x) = x^3 - 16x$ als Abbildung von $\mathbb{R}$ nach $\mathbb{R}$ ist nicht injektiv: Man kann etwa einfach erkennen, welche Nullstellen sie hat:

$$x^3 - 16x = 0$$
$$x \cdot (x^2 - 16) = 0$$
$$x_1 - 0$$
$$x_2 = -4$$
$$x_3 = 4$$

Da es drei Zahlen gibt, die auf 0 abgebildet werden, kann f nicht injektiv sein.
f ist surjektiv, da jede Zahl y als Bildpunkt vorkommt: f ist ein Polynom vom Grad 3 mit positivem Leitkoeffizienten; daher tendieren die Funktionswerte gegen $-\infty$, wenn x gegen $-\infty$ läuft, und gegen $+\infty$, wenn x gegen $+\infty$ läuft. Da f ein Polynom (und damit stetig, s. 2.1.4, S. 35) ist, werden alle Werte dazwischen tatsächlich angenommen.

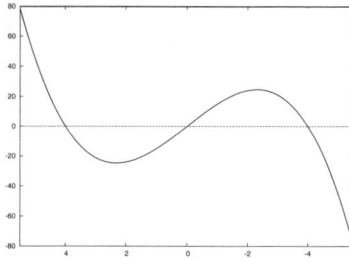

Lösung 2.4
Die Funktion $f(x) = 2^x$ als Abbildung von $\mathbb{R}$ nach $\mathbb{R}$ ist injektiv, da für zwei verschiedene Zahlen x_1 und x_2 auch die Zahlen 2^{x_1} und 2^{x_2} verschieden sind.
Sie ist nicht surjektiv, da 0 und negative Zahlen nicht als Bildpunkte vorkommen.

Lösung 2.5
$x_N(p) = 30 - 0.5 \cdot p$
In der Mathematik übliche grafische Darstellung:

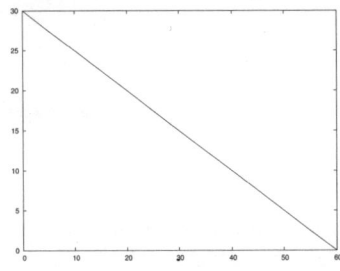

Waagerechte Achse:
unabhängige Größe p
Senkrechte Achse:
abhängige Größe x
$$x_N(p) = -0.5p + 30$$

In den Wirtschaftswissenschaften übliche Darstellung:

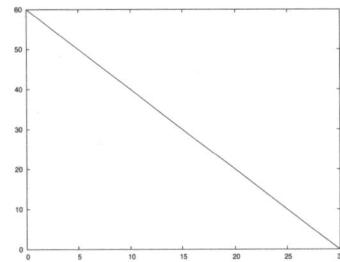

Waagerechte Achse: x
Senkrechte Achse: p

Durch Auflösen nach p:

$$p_N(x) = -2x + 60$$

Lösung 2.6
$x_A(p) = -6 + 0.2 \cdot p$
In der Mathematik übliche grafische Darstellung:

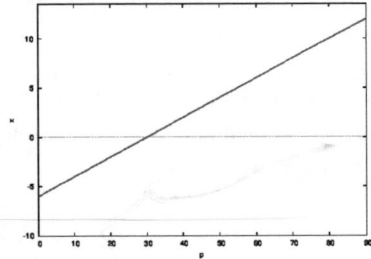

Waagerechte Achse:
unabhängige Größe p
Senkrechte Achse:
abhängige Größe x

$$x_A(p) = -6 + 0.2 \cdot p$$

In den Wirtschaftswissenschaften übliche Darstellung:

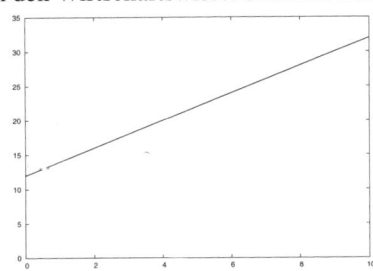

Waagerechte Achse: x

Senkrechte Achse: p

Durch Auflösen nach p:

$$p_A(x) = 30 + 5x$$

Lösung 2.7

$x(p) = 200.75 - 0.5 \cdot p$

Ermittlung der Erlösfunktion:

$x = 200.75 - 0.5 \cdot p$

$-0.5p = x - 200.75$

$p(x) = 401.5 - 2 \cdot x$

$E(x) = x \cdot (401.5 - 2 \cdot x) = -2x^2 + 401.5x$

Erlös bei einem Waffelpreis von 1.50 €:

$p_0 = 1.5$

$x_0 = 200.75 - 0.5 \cdot 1.5 = 200$

$E(x_0) = 200 \cdot 1.5 = 300$

E

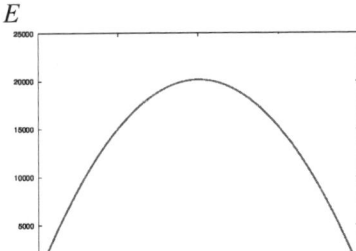

Lösung 2.8

$x(r) = -r^3 + 10r^2 + 20r$

Outputmengen x, die sich bei einem eingesetzten Input von $r = 7$, $r = 8$ und $r = 9$ Mengeneinheiten (ME) ergeben:

$x(7) = 287$

$x(8) = 288$

$x(9) = 261$

Nicht gefragt:

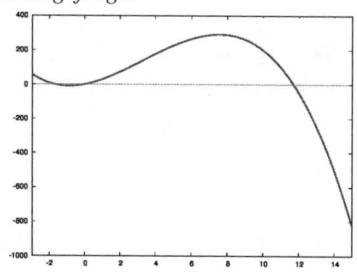

Lösung 2.9

$f(x) = x^3 - 1$

$g(x) = x + 2$

Hintereinanderschaltungen:

$$
\begin{aligned}
f(g(x)) &= (x+2)^3 - 1 \\
&= x^3 + 6x^2 + 12x + 7
\end{aligned}
$$

$$
\begin{aligned}
g(f(x)) &= x^3 - 1 + 2 \\
&= x^3 + 1
\end{aligned}
$$

Lösung 2.10

$$
\begin{aligned}
f(x) &= 2x^2 - x + 1 \\
g(x) &= x^3 + 1
\end{aligned}
$$

Hintereinanderschaltungen:

$$
\begin{aligned}
f(x) &= 2x^2 - x + 1 \\
g(x) &= x^3 + 1 \\
f(g(x)) &= 2 \cdot (x^3 + 1)^2 - (x^3 + 1) + 1 \\
&= 2 \cdot (x^6 + 2x^3 + 1) - x^3 - 1 + 1 \\
&= 2x^6 + 3x^3 + 2 \\
g(f(x)) &= (2x^2 - x + 1)^3 + 1 \\
&= 8x^6 - 12x^5 + 18x^4 - 13x^3 + 9x^2 - 3x + 2
\end{aligned}
$$

Lösung 2.11

Umkehrabbildung der Funktion $f(x) = x^3 - 1$:

$$
\begin{aligned}
y &= f(x) = x^3 - 1 \\
y + 1 &= x^3 \\
\sqrt[3]{y+1} &= x \\
f^{-1}(x) &= \sqrt[3]{x+1}
\end{aligned}
$$

Lösung 2.12

Umkehrabbildung der Funktion $f(x) = 2x^5 - 8$:

$$f(x) \quad = \quad y = 2x^5 - 8$$
$$y + 8 \quad = \quad 2x^5$$
$$0.5y + 4 \quad = \quad x^5$$
$$\sqrt[5]{0.5y + 4} \quad = \quad x$$

Umkehrfunktion von $f(x) = 2x^5 - 8$ ist
$f^{-1}(x) = \sqrt[5]{0.5x + 4}$.

Lösung 2.13

Umkehrabbildung der Funktion $x(p) = -10p + 50$:

$$x \quad = \quad -10p + 50$$
$$x - 50 \quad = \quad -10p$$
$$-0.1x + 5 \quad = \quad p$$

Umkehrfunktion von $x(p) = -10p + 50$ ist $p(x) = -0.1x + 5$.

Lösung 2.14

Der Preis eines Produkts liege zu Beginn bei $p_0 = 729$ €.
Dieser Preis möge jeweils innerhalb eines Jahres um 24.02 % fallen, d. h. mit $t =$ Anzahl der verstrichenen Jahre gilt:
$p(t) = 729 \cdot (1 - 0.2402)^t$

(a) Logarithmus der Preisfunktion, hier zur Basis 3 gewählt, da 729 eine Dreierpotenz ist:

$$p(t) \quad = \quad 729 \cdot 0.7598^t$$
$$\log_3(p(t)) \quad = \quad 6 + t \cdot \log_3(0.7598) = 6 - 0.2500 \cdot t$$

Für den Schnittpunkt mit der x-Achse:

$$\log_3(p(t)) = 0 \qquad\qquad \Leftrightarrow$$
$$t = \frac{6}{0.2500} = 24.00 \ (23.97 \text{ exakt})$$

(b) Zeit, nach der der Preis auf ein Drittel seines Anfangswerts gesunken sein wird:

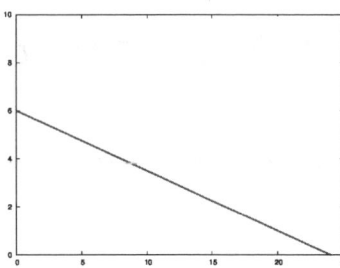

$$p(t) = 729 \cdot 0.7598^t = \frac{729}{3} = 243 \quad \Leftrightarrow$$
$$6 - 0.2500 \cdot t = \log_3(243) = 5 \quad \Leftrightarrow$$
$$t = \frac{1}{0.25} = 4$$
Exakt:
$$t = \frac{-1}{\log_3(0.7598)} = 3.9993$$

Der Preis ist nach 4 Jahren auf ein Drittel seines Anfangswerts gesunken.

Lösung 2.15

Schnittpunkte der Funktionen e^{x^2-2x+1} und e^{x-1}:

$$
\begin{aligned}
e^{x^2-2x+1} &= e^{x-1} & | \quad \ln \\
x^2 - 2x + 1 &= x - 1 \\
x^2 - 3x + 2 &= 0 \\
x_{1/2} &= 1.5 \pm \sqrt{2.25 - 2} \\
x_1 &= 1 \\
x_2 &= 2
\end{aligned}
$$

Lösung 2.16

$$U(t) = 2 \cdot 10^{0.1+0.02 \cdot t}$$

Umsatz zu Beginn und die Zeit, nach der der Anfangsumsatz sich verdreifacht:

$$
\begin{aligned}
U(t) &= 2 \cdot 10^{0.1+0.02 \cdot t} \\
U(0) &= 2 \cdot 10^{0.1} = 2.51785 \quad \text{Umsatz zu Beginn} \\
U(t) &= 3 \cdot 2 \cdot 10^{0.1} \quad \text{Verdreifachung} \\
& \qquad\qquad\qquad\qquad \text{des Anfangsumsatzes} \\
2 \cdot 10^{0.1+0.02 \cdot t} &= 3 \cdot 2 \cdot 10^{0.1} \\
10^{0.02 \cdot t} &= 3 \\
0.02 \cdot t &= \log_{10}(3) = 0.4771 \\
t &= 23.856 \quad \text{Der Umsatz verdreifacht} \\
& \qquad\qquad\qquad \text{sich nach 23.856 Monaten.}
\end{aligned}
$$

Lösung 2.17

$$U(t) = 2 \cdot e^{0.02 \cdot t} + 5$$

Umsatz zu Beginn und die Zeit, nach der der Anfangsumsatz sich verdreifacht:

$$
\begin{aligned}
U(t) &= 2 \cdot e^{0.02 \cdot t} + 5 \\
U(0) &= 2 \cdot e^0 + 5 = 7 \quad \text{Umsatz zu Beginn} \\
U(t) &= 3 \cdot 7 \quad \text{Verdreifachung des Anfangsumsatzes} \\
2 \cdot e^{0.02 \cdot t} + 5 &= 21 \\
2 \cdot e^{0.02 \cdot t} &= 16 \\
e^{0.02 \cdot t} &= 8 \\
0.02 \cdot t &= 2.07944 \\
t &= 103.972 \quad \text{Der Umsatz verdreifacht sich nach 103.972 Monaten.}
\end{aligned}
$$

Lösung 2.18

Nullstellenbestimmung und, falls möglich, Linearfaktorzerlegung:

(a) Polynom vom Grad 1:

$$f(x) = 3x + 5$$
$$x_1 = -\frac{5}{3}$$
$$f(x) = 3 \cdot (x + \frac{5}{3})$$

(b) Polynom vom Grad 2:

$$f(x) = 2x^2 - 8x + 6$$
$$x_{1/2} = -\frac{-4}{2} \pm \sqrt{(-2)^2 - 3}$$
$$x_1 = 1$$
$$x_2 = 3$$
$$f(x) = 2 \cdot (x - 1) \cdot (x - 3) \quad \left(2(x^2 - 4x + 3) \right)$$

(c) Polynom vom Grad 3:

$$f(x) = x^3 + x - 2$$

1) Raten: $x_0 = 1$ ist Nullstelle: $0 = 1^3 + 1 - 2$

$$
\begin{array}{l}
(x^3 + x \quad\; -2) \qquad\qquad\quad : \;\; (x - 1) = x^2 + x + 2 \\
-)\;\; x^3 - x^2 \\
\hline
\quad\;\; x^2 + x \quad -2 \\
-)\;\; x^2 - x \\
\hline
\qquad\quad\; 2x \quad -2 \\
\qquad\quad\; 2x \quad -2 \\
\hline
\qquad\qquad\quad 0
\end{array}
$$

2) Weitere Nullstellen von f:

$x_{1/2} = -\frac{1}{2} \pm \sqrt{\frac{1}{4} - 2}$ ist nicht lösbar:

f hat nur eine Nullstelle, $f(x) = (x - 1) \cdot (x^2 + x + 2)$

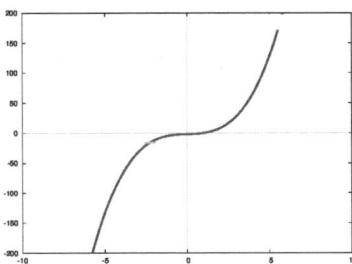

(d)   Polynom vom Grad 4:
$$f(x) = x^4 + x^2 - 2$$
1)   Raten: $x_0 = 1$ ist Nullstelle.

$$(x^4 + x^2 - 2) : (x - 1) = x^3 + x^2 + 2x + 2$$
$$-)\quad x^4 - x^3$$

$$\overline{\qquad\qquad\qquad\qquad}$$

$$x^3 + x^2 - 2$$
$$-)\qquad x^3 - x^2$$

$$\overline{\qquad\qquad\qquad\qquad}$$

$$2x^2 - 2$$
$$-)\qquad 2x^2 - 2x$$

$$\overline{\qquad\qquad\qquad\qquad}$$

$$2x - 2$$
$$-)\qquad\qquad 2x - 2$$

$$\overline{\qquad\qquad\qquad\qquad}$$

$$0$$

2)   Nullstellen von $x^3 + x^2 + 2x + 2$:
Raten: -1 ist Nullstelle.

$$(x^3 + x^2 + 2x + 2) : (x + 1) = x^2 + 2$$
$$-)\quad x^3 + x^2$$

$$\overline{\qquad\qquad\qquad\qquad}$$

$$2x + 2$$
$$-)\qquad\qquad 2x + 2$$

$$\overline{\qquad\qquad\qquad\qquad}$$

$$0$$

Nullstellen von $x^2 + 2$: Gibt es nicht.
Ergebnis: $f(x) = x^4 + x^2 - 2$
hat die Nullstellen $x = 1$ und $x = -1$.

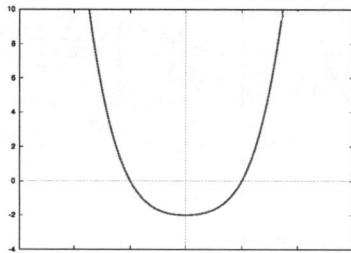

Alternativlösung:

Substitution von x^2 durch die Variable y:

Wenn $y = x^2$, dann muss y erfüllen:

$y^2 + y - 2 = 0$

$$y_{1/2} = -\tfrac{1}{2} \pm \sqrt{\tfrac{1}{4} + 2}$$

$$y_1 = -0.5 - 1.5 = -2 \quad \text{kann kein Quadrat sein}$$

$$y_2 = -0.5 + 1.5 = 1$$

Also:

$$x_1 = -\sqrt{1} = -1$$

$$x_2 = +\sqrt{1} = +1$$

$$f(x) = (x + 1) \cdot (x - 1) \cdot (x^2 + 2)$$

Lösung 2.19

Nullstellenbestimmung:

$$f(x) = 2x + 4 = 0 \qquad\qquad \Leftrightarrow$$

$$x = -\tfrac{4}{2} = -2$$

$$E(x) = -0.25 \cdot x^2 + 5x = 0 \qquad\qquad \Leftrightarrow$$

$$x^2 - 20x = 0 \qquad\qquad \Leftrightarrow$$

$$x_{1/2} = 10 \pm \sqrt{100}$$

$$x_1 = 0$$

$$x_2 = 20$$

$$K(x) = 0.02 \cdot x^3 + 0.2 \cdot x + 1.14 = 0$$

$$x_0 = -3 \qquad\qquad \text{raten}$$

$$(0.02 \cdot x^3 + 0.2 \cdot x + 1.14) : (x + 3) = 0.02x^2 - 0.06x + 0.38$$

Nullstellen von $0.02x^2 - 0.06x + 0.38$:

$$x^2 - 3x + 19 = 0$$

$$x_{1/2} = 1.5 \pm \sqrt{2.25 - 19}$$

Nicht lösbar:

$x_0 = -3$ ist die einzige Nullstelle.

Lösung 2.20

Bestimmung aller Asymptoten der Funktion $f(x) = \frac{x^2+x+1}{x-1}$:

$$f(x) = \frac{x^2+x+1}{x-1} = \underbrace{x + 2}_{\substack{A(x) \\ \text{Asymptote} \\ \text{für } x \to \pm\infty}} + \underbrace{\frac{3}{x - 1}}_{\text{Pol bei } x = 1}$$

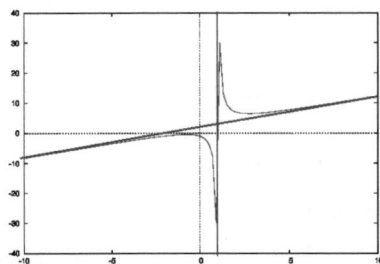

Asymptote für $x \to \pm\infty$: $A(x) = x + 2$

Asymptote für $x \to 1$:   Senkrechte Linie durch $(1, 0)$

Lösung 2.21

Bestimmung sämtlicher Definitionslücken und Polstellen der Funktion $f(x) = \frac{x^2 - x - 2}{x^3 - 2xr - x + 2}$:

$$f(x) = \frac{x^2 - x - 2}{x^3 - 2x^2 - x + 2}$$

Nullstellen des Zählers:

$$x_{1/2} = 0.5 \pm \sqrt{0.25 + 2}$$
$$x_1 = -1$$
$$x_2 = 2$$

Nullstellen des Nenners:

Raten: $x_1 = 1$ ist Nullstelle.

$$
\begin{array}{l}
 (x^3 - 2x^2 - x + 2) \quad : \quad (x - 1) \quad = x^2 - x - 2 \\
-) \quad x^3 - x^2 \\
\hline
 \quad\quad -x^2 - x + 2 \\
-) \quad\quad -x^2 + x \\
\hline
 \quad\quad\quad\quad -2x + 2 \\
-) \quad\quad\quad\quad -2x + 2 \\
\hline
 \quad\quad\quad\quad\quad 0
\end{array}
$$

Nullstellen von $x^2 - x - 2$ sind gerade die Nullstellen des Zählers.

Insgesamt ist damit klar, dass die beiden Nullstellen $x_2 = -1$ und $x_3 = 2$ des Nenners auch Nullstellen derselben Ordnung des Zählers, also Definitionslücken sind. Die Nullstelle $x_1 = 1$ des Nenners dagegen ist eine Polstelle.

Man kann f nachträglich in den Definitionslücken definieren, so dass die ergänzte Funktion gerade $f(x) = \frac{1}{x-1}$ ist.

Lösung 2.22

$x(p) = -4p + 20$ ist als Nachfragefunktion gegeben.

(a) & (c) Zeichnung in der in der BWL üblichen Weise und Bereiche von Elastizität:

$$x = -4p + 20 \qquad p = -0.25x + 5$$

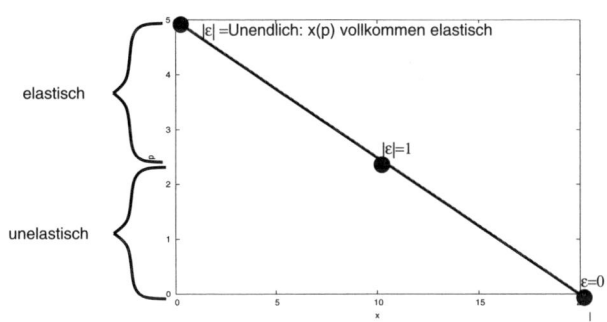

(b) & (c) Elastizität der Nachfrage in $p = 2$ € und Bereiche von Elastizität:

$\epsilon_{x,p} = -4 \cdot \frac{p}{-4p+20}$

$\epsilon_{x,p}(2) = -\frac{8}{12} = -\frac{2}{3}$

$\epsilon_{x,p}(p)$ ist $= 0$ in $p = 0$.

$\epsilon_{x,p}(p)$ ist $= -1$ in $p = 2.5$.

$x(p)$ ist elastisch für $p \in (2.5,\ 5)$.

$x(p)$ ist unelastisch für $p \in (0,\ 2.5)$.

$x(p)$ ist vollkommen elastisch in $p = 5$.

(d) Nullstellen der Erlösfunktion:

$E(x) = -0.25x^2 + 5x$

$= 0$ genau, wenn

$x^2 - 20x = 0$

$x_{1/2} = 10 \pm \sqrt{100}$

$x_1 = 0$

$x_2 = 20$

(e) Menge maximalen Erlöses:
$$E'(x) = -0.5x + 5$$
$$E''(x) = -0.5$$

$$E'(x) = 0 \quad \text{genau, wenn}$$
$$x = 10$$
$$E(10) = 25$$

(f) Bereich, in dem der Grenzerlös positiv ist:
$E'(x) > 0$ für $x < 10$

(g) Zeichnung der Erlösfunktion:

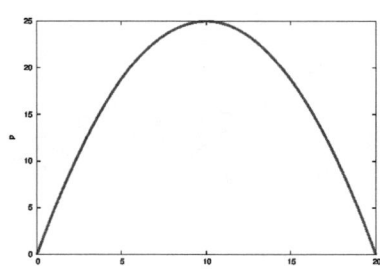

(h) Tangente in $x = 4$ an die Kostenfunktion $K(x) = 0.02 \cdot x^3 + 0.2 \cdot x + 1.14$:
$$
\begin{aligned}
K(x) &= 0.02 \cdot x^3 + 0.2 \cdot x + 1.14 \\
K'(x) &= 0.06 \cdot x^2 + 0.2 \\
K''(x) &= 0.12 \cdot x
\end{aligned}
$$

$$
\begin{aligned}
t(x) &= K(4) + K'(4) \cdot (x - 4) \\
&= 3.22 + 1.16 \cdot (x - 4) \\
&= -1.42 + 1.16 \cdot x
\end{aligned}
$$

Pro Einheit, um die die hergestellte Menge von $x = 4$ aus steigt, steigen die Kosten um 1.16 Einheiten.

Monotonie der Kostenfunktion:
$$
\begin{aligned}
K'(x) &= 0.06 \cdot x^2 + 0.2 = 0 \quad \Leftrightarrow \\
x^2 &= -3.\bar{3} \qquad\qquad \text{Das ist nicht erfüllbar.}
\end{aligned}
$$
$K'(x)$ ist überall ≥ 0, $K(x)$ ist monoton steigend.

Konvexität der Kostenfunktion:
$$K''(x) = 0.12 \cdot x$$
$K(x)$ ist konvex für $x \geq 0$ und konkav für $x \leq 0$.

Nullstellen der Kostenfunktion:
Erste Nullstelle raten: $x_0 = -3$
$(0.02 \cdot x^3 + 0.2 \cdot x + 1.14) : (x + 3) = 0.02x^2 - 0.06x + 0.38$

Nullstellen von $0.02x^2 - 0.06x + 0.38$:
$$x^2 - 3x + 19 \; = \; 0$$
$$x_{1/2} \qquad\quad = \; 1.5 \pm \sqrt{2.25 - 19}$$
nicht lösbar

$x_0 = -3$ ist die einzige Nullstelle.

Lokale Extrema der Kostenfunktion:
$$K'(x) \qquad\quad = \; 0 \quad \text{genau, wenn}$$
$$0.06 \cdot x^2 + 0.2 \; = \; 0$$
$$x^2 \qquad\qquad = \; -\frac{20}{6}$$

Nicht lösbar: Es gibt keine lokalen Extrema.

Wertetabelle für eine Zeichnung:

x	-2	0	2	4	6	8	10
$K(x)$	0.58	1.14	1.7	3.22	6.66	12.98	23.14

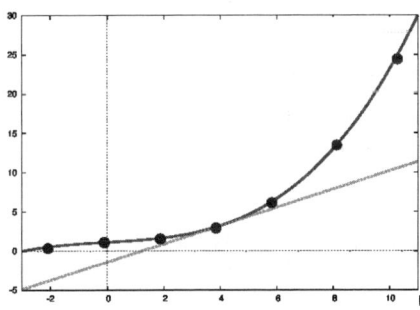

(i) Minimum der variablen Stückkosten:
$$k_v(x) \; = \; 0.02 \cdot x^2 + 0.2$$
$$k_v'(x) \; = \; 0.04 \cdot x$$
$$k_v''(x) \; = \; 0.04$$
$$k_v'(x) \; = \; 0 \Leftrightarrow x = 0$$
$$k_v''(0) \; > \; 0 : \qquad\qquad x = 0 \text{ ist lokales Minimum.}$$

Lösung 2.23

Nachfragefunktion einer Ware ist $x(p) = -4p + 20$.

Kostenfunktion bei der Herstellung der Ware ist $K(x) = 0.1x^3 + 0.1x + 5.75$.

(a) Bestimmung der Deckungsbeitragsfunktion:

$$x(p) = -4p + 20$$
$$p(x) = -0.25x + 5$$
$$E(x) = -0.25x^2 + 5x$$
$$K(x) = 0.1x^3 + 0.1x + 5.75$$

$$G_D(x) = -0.25x^2 + 5x - (0.1x^3 + 0.1x)$$
$$= -0.1x^3 - 0.25x^2 + 4.9x$$

(b) Die obere Gewinnschwelle, bis zu der Gewinn erwirtschaftet wird, liegt bei $x_3 = 5$.

Ermittlung der unteren Gewinnschwelle:

$$
\begin{aligned}
G(x) &= -0.25x^2 + 5x - (0.1x^3 + 0.1x + 5.75) \\
&= -0.1x^3 - 0.25x^2 + 4.9x - 5.75 \\
x_3 &= 5
\end{aligned}
$$

$$(-0.1x^3 - 0.25x^2 + 4.9x - 5.75) : (x - 5)$$
$$= -0.1x^2 - 0.75x + 1.15$$

$$
\begin{aligned}
-0.1x^2 - 0.75x + 1.15 &= 0 \\
x^2 + 7.5x - 11.5 &= 0 \\
x_{1/2} &= -3.75 \pm \sqrt{3.75^2 + 11.5} \\
x_1 &= -8.8059371 \\
x_2 &= 1.3059371
\end{aligned}
$$

Die untere Gewinnschwelle liegt bei 1.3059371.

Lösung 2.24

(a) Lokale Extrema der Funktion $f(x) = -x^4 + 2x^2 - 0.5$:

$$
\begin{aligned}
f(x) &= -x^4 + 2x^2 - 0.5 \\
f'(x) &= -4x^3 + 4x = 0 \\
x_1 &= 0 \\
x_2 &= -1 \\
x_3 &= 1 \\
f''(x) &= -12x^2 + 4 \\
f''(-1) &= -8 \\
f''(0) &= 4 \\
f''(1) &= -8
\end{aligned}
$$

$$f(-1) = 0.5$$
$$f(0) = -0.5$$
$$f(1) = 0.5$$

f besitzt bei $x = -1$ und bei $x = 1$ lokale Maxima der Höhe 0.5 und bei $x = 0$ ein lokales Minimum der Höhe -0.5.

(b) Wenn dies eine Gewinnfunktion ist und nicht mehr als 0.8 Mengeneinheiten hergestellt werden können:
Ermitteln Sie den maximal möglichen Gewinn.
Wenn nicht mehr als 0.8 Mengeneinheiten hergestellt werden können, ist die Menge mit maximalem Gewinn 0.8, da die Gewinnfunktion zwischen 0 und 1 monoton steigend ist. Dann liegt der maximal erreichbare Gewinn bei $f(0.8) = 0.3704$.

Lösung 2.25

$K(q) = \frac{130}{q} + 5q$

Ermittlung der optimalen Bestellmenge:

$$K(q) = \frac{130}{q} + 5q$$
$$K'(q) = -\frac{130}{q^2} + 5$$
$$K''(q) = \frac{260}{q^3}$$

$$K'(q) = 0 \quad \Leftrightarrow$$
$$q^2 = 26$$
$$q = 5.099 \quad \text{(nur positive Nullstelle relevant)}$$

$$K''(5.099) > 0: \quad 5.099 \text{ ist lokales Minimum}$$
$$K(5.099) = 50.990$$

Asymptoten:

$$K(q) = \frac{130}{q} + 5q$$

hat einen Pol in $q = 0$, also für $q \to 0$ eine senkrechte Asymptote durch den Nullpunkt, und für $q \to \pm\infty$ die Asymptote $a(q) = 5q$.

Nicht gefragt:

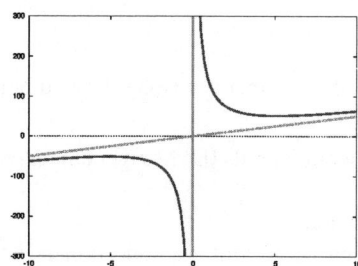

Lösung 2.26
$x(p) = \frac{100}{p}$
Elastizität beim Preis $p = 5$:
$$\epsilon_{x,p} = x'(p) \cdot \frac{p}{x(p)}$$
$$= \left(-\frac{100}{p^2}\right) \cdot \frac{p}{\frac{100}{p}}$$
$$= \left(-\frac{100}{p^2}\right) \cdot \frac{p^2}{100} = -1$$
$$\epsilon_{x,p}(5) = -1$$

Lösung 2.27
$x(r) = r^3 - 0.5r^2 + 1$

Elastizität der Produktionsfunktion bei $r = 1$:
$$x(r) \quad = \quad r^3 - 0.5r^2 + 1$$
$$x'(r) \quad = \quad 3r^2 - r$$
$$\epsilon_{x,r} \quad = \quad (3r^2 - r) \cdot \frac{r}{r^3 - 0.5r^2 + 1}$$
$$\epsilon_{x,r}(1) \quad = \quad 2 \cdot \frac{1}{1.5}$$
$$\quad = \quad \frac{4}{3}$$

Die Produktionsfunktion ist bei $r = 1$ elastisch. Pro Prozentpunkt, um den die Rohstoffmenge r von $r = 1$ ausgehend steigt, steigt die produzierte Menge um $\frac{4}{3}$ %.

Lösung 2.28
(a) Zu der Grenzkostenfunktion $K'(x) = 3x^3 + x^2 + 50$ diejenige Kostenfunktion mit $K(3) = 300$:
$K(x) = \frac{3}{4}x^4 + \frac{1}{3}x^3 + 50x + c$ mit
$K(3) = \frac{243}{4} + 9 + 150 + c = 300$, also
$c = 300 - \left(\frac{243}{4} + 159\right) = 80.25$

(b) Stammfunktion von $f(x) = \frac{10}{x} + \sqrt{x}$:

$F(x) = 10 \cdot \ln(x) + \frac{2}{3}x^{\frac{3}{2}}$

(c) $\int_{-1}^{5}(x^3 - 2x^2 + 5)dx = [\frac{1}{4}x^4 - \frac{2}{3}x^3 + 5x]_{-1}^{5}$

$= 97.91\bar{6} - (-4.08\bar{3})$

$= 102.0$

Lösung 2.29

$f(x) = \frac{1}{10} + \frac{1}{10}x \quad | -1 \le x \le 1$

$f(x) = \frac{4}{15} - \frac{1}{15}x \quad | 1 < x \le 4$

$f(x) = 0 \qquad\qquad \text{sonst}$

Berechnung von $\int_{-\infty}^{\infty} |x - 0.5| \cdot f(x)dx$:

$|x - 0.5|$ ist positiv genau für $x > 0.5$.

$$\int_{-\infty}^{\infty} |x - 0.5| \cdot f(x)dx$$

$$= \int_{-1}^{0.5}(0.5 - x) \cdot (0.1 + 0.1x)dx + \int_{0.5}^{1}(x - 0.5) \cdot (0.1 + 0.1x)dx$$

$$+ \int_{1}^{4}(x - 0.5) \cdot \left(\frac{4}{15} - \frac{1}{15}x\right)dx$$

$$= \int_{-1}^{0.5}(0.05 - 0.05x - 0.1x^2)dx + \int_{0.5}^{1}(0.05x + 0.1x^2 - 0.05)dx$$

$$+ \int_{1}^{4}\left(\frac{9}{30}x - \frac{1}{15}x^2 - \frac{4}{30}\right)dx$$

$$= \left(0.05x - 0.025x^2 - \frac{1}{30}x^3\right)\Big|_{-1}^{0.5} + \left(0.025x^2 + \frac{1}{30}x^3 - 0.05x\right)\Big|_{0.5}^{1}$$

$$+ \left(\frac{9}{60}x^2 - \frac{1}{45}x^3 - \frac{4}{30}x\right)\Big|_{1}^{4}$$

$= 0.01458\bar{3} + 0.041\bar{6} + 0.008\bar{3} + 0.01458\bar{3} + 0.\bar{4} + 0.00\bar{5}$

$= 0.05625 + 0.02291\bar{6} + 0.45$

$= 0.52916$

Lösung 2.30

$f(x) = x^5 - 32$.

Skizze des Verlauf des Graphen und Schraffieren der Fläche zwischen x-Achse und dem Graphen von f im Intervall $[-1, 3]$:

Bestimmen Sie den Inhalt der schraffierten Fläche.

Die Funktion $f(x) = x^5 - 32$ schneidet die y-Achse bei -32.

Ihre einzige Nullstelle ist $x = 2$.

Sie besitzt keine lokalen Extrema.

$f(-1) = -33$

$f(3) = 211$

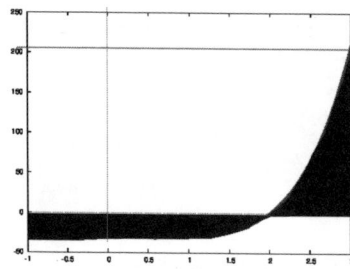

Inhalt der schraffierten Fläche:

$$
\begin{aligned}
\text{Gesuchte Fläche} &= \left| \int_{-1}^{2} (x^5 - 32) dx \right| + \left| \int_{2}^{3} (x^5 - 32) dx \right| \\
&= \left| [\tfrac{1}{6}x^6 - 32x]_{-1}^{2} \right| + \left| [\tfrac{1}{6}x^6 - 32x]_{2}^{3} \right| \\
&= \left| \tfrac{64}{6} - 64 - (\tfrac{1}{6} + 32) \right| + \left| \tfrac{729}{6} - 96 - (\tfrac{64}{6} - 64) \right| \\
&= 85.5 + 78.8\bar{3} \\
&= 164.\bar{3}
\end{aligned}
$$

Lösung 2.31

$x(p) = -0.2p + 50$

$p_0 = 30$

Gesamtsumme E^*, die die Konsumenten bereit gewesen wären zu zahlen:

$x_0 = -6 + 50 = 44$

$$
\begin{aligned}
E^* &= \int_{0}^{x_0} p(x) dx \\
&= \int_{0}^{44} (-5 \cdot x + 250) dx \\
&= \left[-2.5x^2 + 250x \right]_{0}^{44} \\
&= 6160 - 0 = 6160
\end{aligned}
$$

Konsumentenrente:

$$K_R = E^* - p_0 \cdot x_0$$
$$= 6160 - 1320 = 4840$$

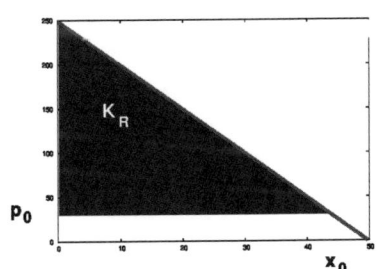

Lösung 2.32

$$p_N(x) = -0.5 \cdot x + 20$$
$$p_A(x) = 0.1 \cdot x + 10$$

Marktgleichgewicht:

$$-0.5 \cdot x + 20 = 0.1 \cdot x + 10$$
$$x_0 = 16.\bar{6}$$
$$p_0 = p(x_0)$$
$$= 11.\bar{6}$$

Konsumentenrente:

$$K_R = \int_0^{x_0} p_N(x)dx - p_0 \cdot x_0$$

$$= \left[-0.25x^2 + 20x\right]_0^{16.67} - 11.67 \cdot 16.67$$

$$= 263.\bar{8} - 194.\bar{4} \quad = 69.\bar{4}$$

Produzentenrente:

$$P_R = p_0 \cdot x_0 - \int_0^{x_0} p_A(x)dx$$
$$= 11.67 \cdot 16.67 - \int_0^{16.67}(0.1 \cdot x + 10)dx$$
$$= 194.\bar{4} - \left[0.05x^2 + 10x\right]_0^{16.67}$$
$$= 194.\bar{4} - 180.\bar{5}$$
$$= 13.\bar{8}$$

entsprechend $\frac{13.\bar{8}}{194.4} \cdot 100 = 7.14\%$ des tatsächlichen Umsatzes

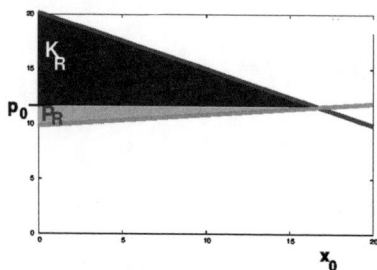

Lösung 2.33

Nachfragefunktion eines Produkts ist $x(p) = 50 - 10p$.

Kostenfunktion ist $K(x) = 2x^2 + 1$.

(a) Konsumentenrente im Gewinnmaximum:

$$
\begin{aligned}
p(x) &= -0.1 \cdot x + 5 \\
G(x) &= -0.1 \cdot x^2 + 5x - 2 \cdot x^2 - 1 \\
&= -2.1 \cdot x^2 + 5x - 1 \\
G'(x) &= -4.2 \cdot x + 5 \\
&= 0 \Leftrightarrow \\
x^* &= 1.19 \\
G''(x) &= -4.2 \ < 0 : \ x^* \text{ist Gewinnmaximum} \\
p(1.19) &= 4.88 \\
K_R &= \int_0^{x^*} p(x)dx - p^* \cdot x^* \\
&= \int_0^{1.19}(-0.1 \cdot x + 5)dx - 4.88 \cdot 1.19 \\
&= \left[-0.05x^2 + 5x\right]_0^{1.19} - 5.81 \\
&= 5.88 - 5.81 = 0.07
\end{aligned}
$$

(b) Angebotsfunktion ist $p_A(x) = 2 + 0.5 \cdot x$.

Marktgleichgewicht:

$$
\begin{aligned}
p(x) &= -0.1 \cdot x + 5 \\
p_A(x) &= 2 + 0.5 \cdot x \\
-0.1 \cdot x + 5 &= 2 + 0.5 \cdot x \quad \Leftrightarrow \\
x_0 &= 5 \\
p_0 &= -0.1 \cdot 5 + 5 \\
&= 4.5
\end{aligned}
$$

Produzentenrente:

$$
\begin{aligned}
P_R &= p_0 \cdot x_0 - \int_0^{x_0} p_A(x)dx \\
&= 22.5 - \int_0^5 (2 + 0.5 \cdot x)dx \\
&= 22.5 - \left[2x + 0.25x^2\right]_0^5 \\
&= 22.5 - 16.25 = 6.25
\end{aligned}
$$

(c) Konsumentenrente im Gewinnmaximum:

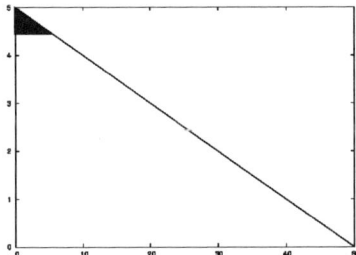

Konsumenten- und Produzentenrente im Marktgleichgewicht

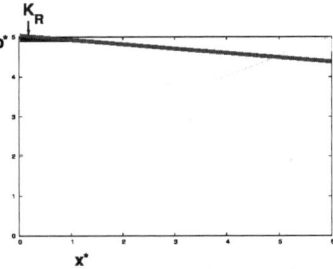

2.5   Bezug zu weiterführenden Anwendungen

Betriebswirtschaftslehre:

Angebots- und Nachfragefunktion

Angebots- und Nachfragefunktionen spielen in der Volks- und Betriebswirtschaftslehre eine wichtige Rolle.

Beispielsweise sei die Nachfrage nach Kaffee durch die Nachfragefunktion ($\text{Kaffee}_N = -a \cdot p + b$) vom Preis ($p$) abhängig. Insgesamt wird die Nachfrage nach Kaffee steigen, wenn der Preis des Gutes fällt. Man kann jedoch beobachten, dass Menschen einen gewissen Kaffeekonsum (b) nicht überschreiten, selbst wenn der Kaffee verschenkt ($p = 0$) würde. Dies nennt man die Sättigungsmenge.

Auf der anderen Seite stehen den Verkäufern Nachfrager gegenüber. Verkäufer werden mit zunehmendem Preis bereit sein, mehr Kaffee zu verkaufen. Dies erklärt den positiven Term ($a \cdot p$) in der Angebotsfunktion (Kaffee_A). Da Verkäufer in der Regel zur Produktion eines Gutes investieren müssen, werden sie nicht bereit sein ihr Produkt zu verschenken. Der Preis ($b/a = p$) bezeichnet den Punkt, ab dem überhaupt verkauft wird.

Es stellt sich nun die Frage, in welchem Maße überhaupt Kaffee den Besitzer wechselt. Dieser Punkt ist dynamisch und muss sich über einen Zeitraum bilden. Jedoch letztlich wird sich Angebot und Nachfrage bei einem Gleichgewichtspreis genau treffen. D.h. der Punkt ist charakterisiert duch:

$$\text{Kaffee}_N = \text{Kaffee}_A$$

Optimale Losgröße

Betriebswirte benutzen zuweilen eine andere Symbolik:

Losgröße	x	alternativ:	q
Periodengesamtbedarf	m	alternativ:	X_B
Fixkosten je Bestellung	k_0	alternativ:	K_f
Lagerkostensatz	k_1	alternativ:	k_L
Preis	p	alternativ:	p
Optimale Losgröße:	$\sqrt{\dfrac{2 \cdot m \cdot k_0}{p \cdot k_1}}$	alternativ:	$\sqrt{\dfrac{2 X_B \cdot K_f}{p \cdot k_L}}$

Anwendungsbeispiele aus der VWL

Preisabsatzfunktion und Nachfragefunktion

Ökonomen unterstellen einen negativen Zusammenhang zwischen dem Preis eines Gutes und der nachgefragten Menge: Steigt der Preis, so sinkt die Nachfrage, sinkt der Preis, so steigt die Nachfrage.

Es gibt zwei Möglichkeiten, diesen Zusammenhang darzustellen. Möchte man für einen gegebenen Preis die nachgefragte Menge ermitteln, kann man die **Nachfragefunktion** $x(p)$ nutzen (beispielsweise $x = 100 - p$). Möchte man für eine bestimmte Menge herausfinden, zu welchem Preis exakt diese Menge nachgefragt würde, kann man sich der **Preis-Absatz-Funktion** $p(x)$ bedienen (beispielsweise $p = 100 - x$). Die Preisabsatzfunktion ist die **Umkehrfunktion** der Nachfragefunktion. Anwendung finden die Nachfrage- bzw. die Preisabsatzfunktion beispielsweise bei der Ermittlung der gewinnmaximalen Menge für Unternehmen oder der Berechnung der Wohlfahrt in einem Markt.

Preiselastizität der Nachfrage

Der negative Zusammenhang zwischen Preis und nachgefragter Menge kann unterschiedlich stark ausgeprägt sein. Geht die Nachfrage nach einem Gut relativ stark zurück, wenn der Preis erhöht wird, spricht man von **preiselastischer Nachfrage** (z.B. bei Tomaten, $\epsilon > 1$), reagiert die Nachfrage kaum auf eine Preiserhöhung, so ist von **preisunelastischer Nachfrage** die Rede (z.B. bei Benzin, $\epsilon < 1$).

Die Preiselastizität der Nachfrage ist beispielsweise dann interessant, wenn eine Regierung im Zuge einer Haushaltskonsolidierung über eine **neue Steuer** nachdenkt. Würde ein Gut mit einer preiselastischen Nachfrage besteuert und das Gut damit teurer, so würde die Nachfrage stark zurückgehen und die Steuereinnahmen wären verhältnismäßig gering. Zur Maximierung des Steueraufkommens empfiehlt sich eher die Besteuerung eines Gutes mit preisunelastischer Nachfrage, da die Nachfrage trotz der mit der Besteuerung einhergehenden Preiserhöhung stabil bleibt.

Wohlfahrt

Ökonomen beurteilen Märkte anhand der Wohlfahrt, die der Summe aus **Konsumenten-** und **Produzentenrente** entspricht. Wird beispielsweise ein Markt mit vielen Anbietern für ein Produkt (vollständiger Wettbewerb) mit einem Markt verglichen, in dem nur ein Anbieter für ein Produkt existiert (ein Monopol), so dient die Wohlfahrt als Maßstab dafür, welche Marktform vorzuziehen ist. In der ökonomischen Theorie wird davon ausgegangen, dass die Wohlfahrt auf Monopolmärkten geringer ist als bei vollständigem Wettbewerb. Vollständiger Wettbewerb ist danach erstrebens- und schützenswert; eine Aufgabe, die in Deutschland beispielsweise durch das Bundeskartellamt wahrgenommen wird.

2.6 Funktionen mehrerer Veränderlicher

2.6.1 Definition

Häufig hängt eine wirtschaftswissenschaftliche Größe nicht nur von einer, sondern von mehreren anderen Größen ab.

Beispiel:
Die Menge an Kaffee, die in einem Café verkauft wird, hängt vom Preis x und vom durchschnittlichen verfügbaren Einkommen y der Gäste ab:

$f(x, y) = \frac{1}{(x+1)} \cdot \frac{y}{5}$ sei die Funktion, die die verkaufte Menge an Kaffee angibt.

Der Graph dieser Funktion ist eine Fläche im dreidimensionalen Raum:

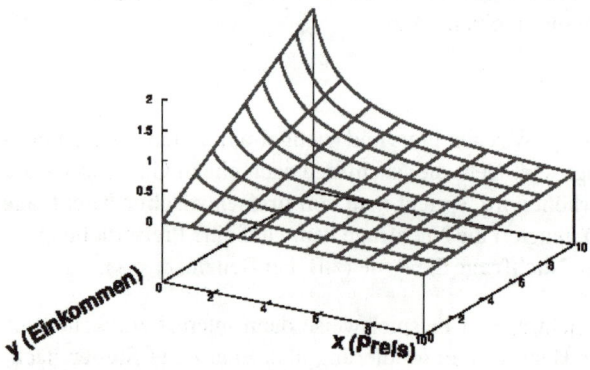

Niveaulinien

Um eine Funktion von zwei Variablen x, y grafisch darzustellen, nutzt man die Möglichkeit, Niveaulinien anzugeben: Höhenlinien oder *Niveaulinien* sind Linien in der $x - y$-Ebene, auf denen der Funktionswert konstant ist.

Am Beispiel:
Für welche Kombinationen von Preis und verfügbarem Einkommen wird ein Niveau von $f = 0.4$ erreicht?

$\frac{1}{(x+1)} \cdot \frac{y}{5} = 0.4$

$y = 2 \cdot x + 2$ ist eine Gerade.

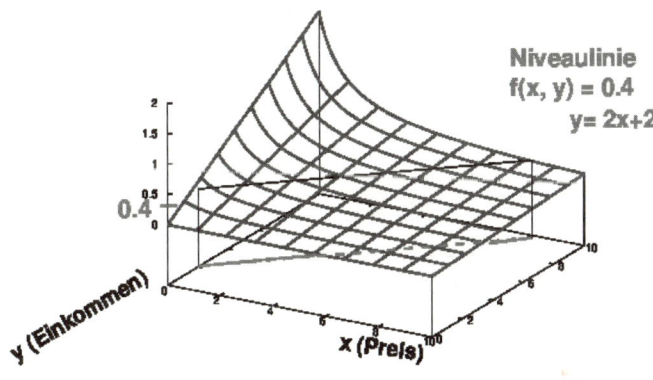

Einige Niveaulinien von f:

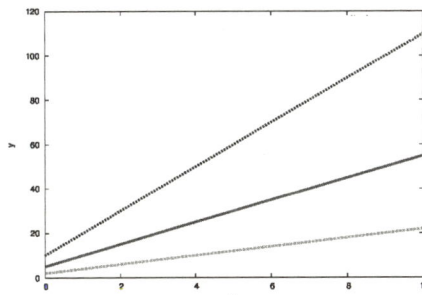

$$f(x, y) = 2$$
$$y = 10 \cdot (x + 1)$$

$$f(x, y) = 1$$
$$y = 5 \cdot (x + 1)$$

$$f(x, y) = 0.4$$
$$y = 2 \cdot (x + 1)$$

Bemerkung:

Niveaulinien einer Nutzenfunktion nennt man *Indifferenzkurven.*

Niveaulinien einer Produktionsfunktion nennt man *Isoquanten.*

Beispiel:

Der Nutzen beim Erwerb zweier Güter möge in Abhängigkeit von den erworbenen Gütermengen x_1 und x_2 von der Gestalt sein

$$U(x_1, x_2) = 4 \cdot x_1^{0.2} \cdot x_2^{1.5} \quad \text{(eine Cobb-Douglas-Nutzenfunktion)}$$

Auf welcher Linie wird ein Nutzenniveau von 20 erreicht?

$$4 \cdot x_1^{0.2} \cdot x_2^{1.5} = 20$$
$$x_2^{1.5} = 5 \cdot x_1^{-\frac{2}{10}}$$
$$x_2 = 5^{\frac{2}{3}} \cdot x_1^{-\frac{4}{30}} \qquad \text{Indifferenzkurve zum Nutzenniveau 20}$$

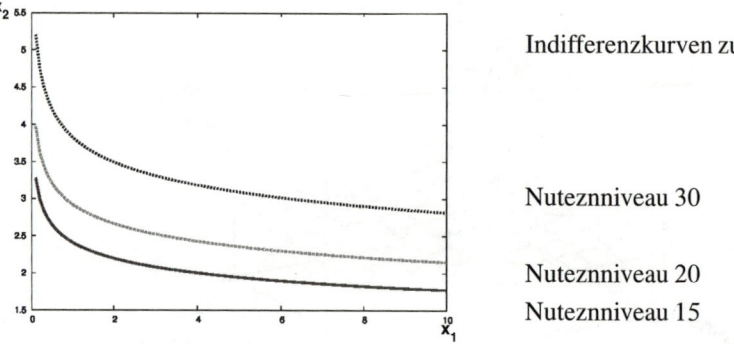

Indifferenzkurven zu

Nuteznniveau 30

Nuteznniveau 20
Nuteznniveau 15

2.6.2 Homogenität

Für eine Funktion mehrerer Veränderlicher ist es hilfreich, wenn man aus einem Funktionswert $f(x_1, \ldots, x_n)$ einfach die Funktionswerte in Vielfachen dieses Punktes, z. B. $f(2 \cdot x_1, \ldots, 2 \cdot x_n)$ oder $f(3 \cdot x_1, \ldots, 3 \cdot x_n)$ ausrechnen kann. Dazu werden im Folgenden mehrere Variablen $(x_1, \ldots, x_n)$ zu einem Symbol $\vec{x}$ zusammengefasst.

Eine Funktion mehrerer Variabler $f(\vec{x}) = f(x_1, \ldots, x_n)$ heißt *homogen vom Grad r*, wenn für jeden Punkt

$$\vec{x} = \begin{pmatrix} x_1 \\ \vdots \\ x_n \end{pmatrix}$$

und jeden Faktor λ gilt:

Der Funktionswert im Punkt

$$\lambda \cdot \vec{x} = \begin{pmatrix} \lambda \cdot x_1 \\ \vdots \\ \lambda \cdot x_n \end{pmatrix}$$

entsteht aus dem Funktionswert im Punkt $\vec{x}$ durch Multiplikation mit dem Faktor λ^r:

$$f(\lambda \cdot \vec{x}) = \lambda^r \cdot f(\vec{x})$$

Beispiel:
$$U(x_1, x_2) = 4 \cdot x_1^{0.2} \cdot x_2^{1.5}$$

$$U(4, 2) \quad = 14.93$$

Veränderung des Nutzenniveaus bei Verdoppelung der Länge des Pfeils vom Ursprung zum Punkt (x_1, x_2) (also Verdoppelung jeder der beiden Koordinaten x_1 und x_2):

$$
\begin{aligned}
U(2 \cdot x_1, 2 \cdot x_2) &= 4 \cdot (2x_1)^{0.2} \cdot (2x_2)^{1.5} \\
&= 2^{0.2+1.5} \cdot 4 \cdot x_1^{0.2} \cdot x_2^{1.5} \\
&= 2^{1.7} \cdot U(x_1, x_2) = 48.50
\end{aligned}
$$

Allgemein: Für jede beliebige Zahl λ gilt:

$$U(\lambda \cdot x_1, \lambda \cdot x_2) = \lambda^{1.7} \cdot U(x_1, x_2).$$

Diese Nutzenfunktion ist homogen vom Grad 1.7.

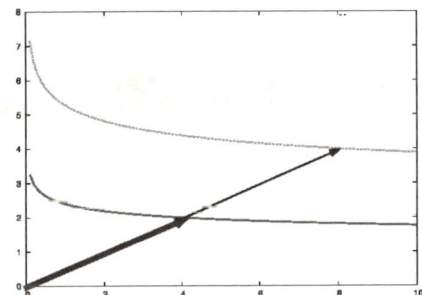

Indifferenzkurven zu den Nutzenniveaus $U \;=\; 14.93$ (untere Linie) und $U = 48.50$ (obere Linie)

Bemerkung:
Die meisten Funktionen sind nicht homogen.

2.6.3 Partielle Ableitungen

Die Steigung einer Funktion f mehrerer Variablen $(x_1, \ldots, x_n)$ in einem Punkt hängt davon ab, in welche Richtung man sich wendet.

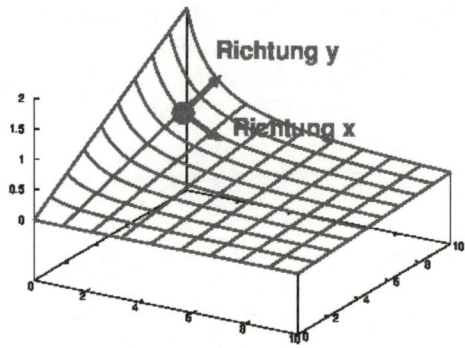

Berechnung von Richtungsableitungen:

Die *partielle Ableitung/Richtungsableitung* einer Funktion $f(x_1, \ldots, x_n)$ in Richtung x_i wird berechnet, indem man die übrigen Variablen wie Konstante behandelt.

Beispiel:

$$f(x, y) \quad = \frac{1}{x+1} \cdot \frac{y}{5}$$

Partielle Ableitung in Richtung y:

$$\frac{\partial}{\partial y} f(x, y) \quad = \frac{\partial}{\partial y} \left(\frac{1}{(x+1)} \cdot \frac{y}{5} \right)$$

$$= \frac{1}{x+1} \cdot \frac{1}{5} \qquad \text{als Funktion}$$

$$\frac{\partial}{\partial y} f(3, 6) \quad = \frac{1}{4} \cdot \frac{1}{5} = \frac{1}{20} \qquad \text{im Punkt } (3, 6)$$

Partielle Ableitung in Richtung x:

$$\frac{\partial}{\partial x} f(x, y) \quad = \frac{\partial}{\partial x} \left(\frac{1}{(x+1)} \cdot \frac{y}{5} \right)$$

$$= -\frac{1}{(x+1)^2} \cdot \frac{y}{5} \qquad \text{als Funktion}$$

$$\frac{\partial}{\partial x} f(3, 6) \quad = -\frac{1}{16} \cdot \frac{6}{5} = -0.075 \quad \text{im Punkt } (3, 6)$$

Beispiel:
Bilden Sie die partiellen Ableitungen der Funktionen

$$f(x, y) = (x - y)^4 - 2xy \text{ und } g(x, y) = e^{3x^2 + x - y}.$$

Lösung:

$$\frac{\partial f}{\partial x} = 4 \cdot (x - y)^3 \cdot 1 - 2y$$

$$\frac{\partial f}{\partial y} = 4 \cdot (x - y)^3 \cdot (-1) - 2x$$

$$\frac{\partial g}{\partial x} = e^{3x^2 + x - y} \cdot (6x + 1)$$

$$\frac{\partial g}{\partial y} = e^{3x^2 + x - y} \cdot (-1)$$

Hier wurde für die partiellen Ableitungen die Kettenregel angewendet.

Die Zusammenfassung der partiellen Ableitungen einer Funktion an einer Stelle x in einer Spalte heißt der *Gradient* von f in x:

$$\nabla f(x) = \begin{pmatrix} \frac{\partial f}{\partial x_1}(x) \\ \vdots \\ \frac{\partial f}{\partial x_n}(x) \end{pmatrix}$$

Vektor
Partielle Ableitung

Das Symbol für den Gradienten ist ein Dreieck, das auf einer Spize steht.

Beispiel:

$$f(x, y) = 2x^2 + y$$

$$\nabla f(x, y) = \begin{pmatrix} 4x \\ 1 \end{pmatrix}$$

Der Gradient von f in einem Punkt steht immer senkrecht auf der Menge der Punkte, auf der der Funktionswert sich nicht verändert (Niveaulinie oder bei mehr als zwei Variablen Niveaufläche) und zeigt in Richtung des steilsten Anstiegs:

Auf der Niveaulinie oder -fläche verändert sich der Funktionswert nicht, die Richtung des Gradienten ist diejenige Richtung, in die der Funktionswert von f am stärksten wächst.

Am Beispiel:

$$U(x_1, x_2) = 4 \cdot x_1^{0.2} \cdot x_2^{1.5}$$

$$U(4, 2) = 14.93$$

$$\nabla U(x_1, x_2) = \begin{pmatrix} 0.8 \cdot x_1^{-0.8} \cdot x_2^{1.5} \\ 6 \cdot x_1^{0.2} \cdot x_2^{0.5} \end{pmatrix}$$ Ableitung x1
Ableitung x2

$$\nabla U(4, 2) = \begin{pmatrix} 0.8 \cdot 4^{-0.8} \cdot 2^{1.5} \\ 6 \cdot 4^{0.2} \cdot 2^{0.5} \end{pmatrix} = \begin{pmatrix} 0.746 \\ 11.196 \end{pmatrix}$$

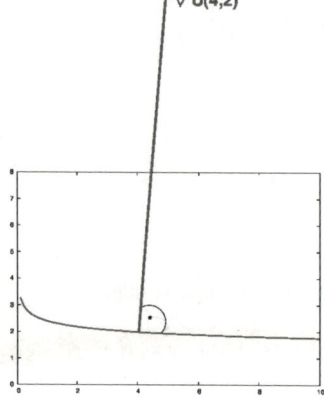

Indifferenzkurve zum Niveau $U = 14.93$ und Gradient

Das *totale Differential* df einer Funktion mehrerer Veränderlicher (ihr infinitesimaler Höhenunterschied) ist die Summe der Zuwächse df_{x_i}, die durch Änderung jeweils einer Variablen entstehen.

Beispiel:

$$f(x_1, x_2, x_3) = \frac{1}{5} \cdot (x_1 + 2x_2)^5 + x_1 \cdot x_3$$

$$\frac{\partial f}{\partial x_1} = (x_1 + 2x_2)^4 + x_3$$

$$\frac{\partial f}{\partial x_2} = 2 \cdot (x_1 + 2x_2)^4$$

$$\frac{\partial f}{\partial x_3} = x_1$$

$$df = df_{x_1} + df_{x_2} + df_{x_3}$$

$$= \frac{\partial f}{\partial x_1}dx_1 + \frac{\partial f}{\partial x_2}dx_2 + \frac{\partial f}{\partial x_3}dx_3$$

$$= ((x_1 + 2x_2)^4 + x_3)dx_1 + 2(x_1 + 2x_2)^4 dx_2 + x_1 dx_3$$

Der gesamte infinitesimale Zuwachs df einer Funktion $f(x_1, \ldots, x_n)$, der entsteht, wenn man jede Variable x_i um die infinitesimale Größe dx_i verändert, ist die Summe der *partiellen Differentiale* df_{x_i}:

$$df = \sum_{i=1}^{n} df_{x_i} = \sum_{i=1}^{n} \frac{\partial f}{\partial x_i} dx_i$$

Lokale Extrema, Sattelpunkte von Funktionen zweier Veränderlicher (Skript 7)

Lokale Extrema einer Funktion zweier Veränderlicher sind wie die lokalen Extrema einer Funktion einer Variablen dadurch gekennzeichnet, dass dort die Steigung gleich Null ist und die Krümmung in einer ganzen Umgebung positiv oder in einer ganzen Umgebung negativ ist:

Kennzeichen lokaler Extrema:

- Alle Steigungen sind gleich 0.

- Eine Vorzeichenbedingung an die Krümmungen muss erfüllt sein.

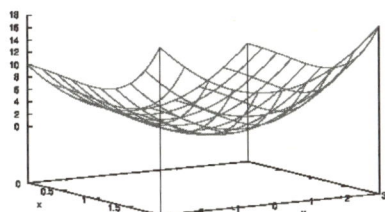

Auffinden lokaler Extrema:

- Berechnung der gemeinsamen Nullstellen beider partiellen Ableitungen:

$$\vec{x}_1, \ldots, \vec{x}_k \text{ mit } \nabla f(\vec{x}_i) = \begin{pmatrix} \frac{\partial f}{\partial x} \\ \frac{\partial f}{\partial y} \end{pmatrix} = \vec{0}$$

- Berechnung der vier Krümmungen an diesen Nullstellen

  Sie werden gesammelt in der *Hessematrix*

$$H_f(\vec{x}_i) = \begin{pmatrix} \frac{\partial^2 f}{\partial x^2} & \frac{\partial^2 f}{\partial y \partial x} \\ \frac{\partial^2 f}{\partial x \partial y} & \frac{\partial^2 f}{\partial y^2} \end{pmatrix}(\vec{x}_i)$$

- Für die Hessematrix

$$H_f(\vec{x}_i) = \begin{pmatrix} a & b \\ c & d \end{pmatrix}$$

(handschriftliche Notizen: erst x dann / 2· x Ableiten 1mal y dann ableiten / erst x dann y ableiten 2 mal y ableiten)

an einer Nullstelle $\vec{x}_i$ des Gradienten wird die Determinante (s. 3.2.5, S. 159) ermittelt: $\det(H_f) = a \cdot d - b \cdot c$

Falls diese Determinante positiv ist:

$$\det H_f(\vec{x}_i) = a \cdot d - b \cdot c > 0,$$

ist der Punkt $\vec{x}_i$ ein lokales Extremum.

Wenn dann $\frac{\partial^2 f}{\partial x^2}(\vec{x}_i)$ positiv ist, ist $\vec{x}_i$ ein lokales Minimum;

wenn $\frac{\partial^2 f}{\partial x^2}(\vec{x}_i)$ negativ ist, ist $\vec{x}_i$ ein lokales Maximum.

Falls die Determinante der Hessematrix in einer Nullstelle $\vec{x}_i$ des Gradienten negativ ist:

$$\det H_f(\vec{x}_i) = a \cdot d - b \cdot c < 0,$$

ist dieser Punkt $\vec{x}_i$ ein Sattelpunkt.

Anschließend werden die Funktionswerte $f(x_i)$ ermittelt.

Bemerkung:
Für eine »glatte« Funktion, das heißt eine Funktion mit stetigen partiellen Ableitungen (Stetigkeit vgl. 2.1.4, S. 35) gilt immer: $\frac{\partial^2 f}{\partial y \partial x} = \frac{\partial^2 f}{\partial x \partial y}$

Beispiel:
$$f(x, y) = x^4 - 2x^2 + 1 + y^2$$

$$\frac{\partial f}{\partial x} = 4x^3 - 4x = 0 \qquad \Leftrightarrow \quad x = 0 \text{ oder } x = \pm 1$$
$$\frac{\partial f}{\partial y} = 2y = 0 \qquad \qquad \Leftrightarrow \quad y = 0$$

Kandidaten für lokale Extrema:

$$\vec{x}_1 = \begin{pmatrix} 0 \\ 0 \end{pmatrix} \quad \vec{x}_2 = \begin{pmatrix} -1 \\ 0 \end{pmatrix} \quad \vec{x}_3 = \begin{pmatrix} 1 \\ 0 \end{pmatrix}$$

$$H_f = \begin{pmatrix} 12x^2 - 4 & 0 \\ 0 & 2 \end{pmatrix}$$

$$H_f(0,0) = \begin{pmatrix} -4 & 0 \\ 0 & 2 \end{pmatrix}$$

$$\det(H_f(0,0)) = -8 \qquad a \cdot d - b \cdot c$$

$(0, 0)$ ist ein Sattelpunkt.

$$H_f(-1,0) = \begin{pmatrix} 8 & 0 \\ 0 & 2 \end{pmatrix} = H_f(1,0)$$

$$\det(H_f(-1,0)) = 16 = \det(H_f(1,0))$$

$(-1,0)$ und $(1,0)$ sind lokale Minima.

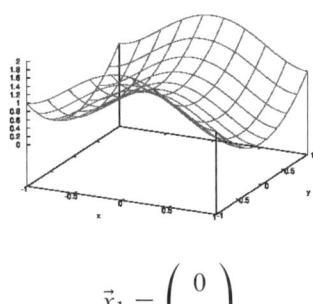

$$\vec{x}_1 = \begin{pmatrix} 0 \\ 0 \end{pmatrix}$$

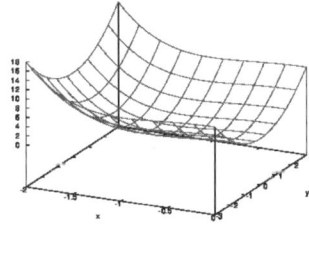

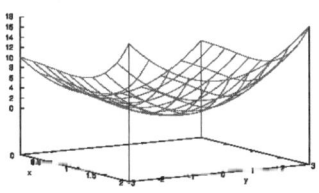

$$\vec{x}_2 = \begin{pmatrix} -1 \\ 0 \end{pmatrix} \qquad \vec{x}_3 = \begin{pmatrix} 1 \\ 0 \end{pmatrix}$$

2.6.4 Partielle Elastizität

Die partielle Elastizität wird hier zunächst für eine Nachfragefunktion betrachtet:

Ist eine Nachfragefunktion $x(p_1, \dots, p_n)$ von mehreren Preisen $p_1, \dots, p_n$ abhängig, so ist die partielle Elastizität in Richtung des Preises p_i in Analogie zur Elastizität einer Nachfragefunktion einer Variablen definiert:

$$\epsilon_{x,p_i} = \frac{\partial x}{\partial p_i} \cdot \frac{p_i}{x(\vec{p})}$$

Beispiel:

Sei $x(p_A, p_B) = 20 - 2 \cdot p_A + p_B$ eine Nachfragefunktion nach Gut A, die vom Preis von Gut A und vom Preis von Gut B abhängt. (Substitutionale Güter)

$$
\begin{aligned}
\epsilon_{x,p_A} &= \frac{\partial x}{\partial p_A} \cdot \frac{p_A}{x(p_A, p_B)} &=& -2 \cdot \frac{p_A}{20 - 2 \cdot p_A + p_B} \\
\epsilon_{x,p_A}(5,4) &= -2 \cdot \frac{5}{14} &=& -\frac{5}{7} \\
\epsilon_{x,p_B} &= \frac{\partial x}{\partial p_B} \cdot \frac{p_B}{x(p_A, p_B)} &=& 1 \cdot \frac{p_B}{20 - 2 \cdot p_A + p_B} \\
\epsilon_{x,p_B}(5,4) &= 1 \cdot \frac{4}{14} &=& \frac{2}{7}
\end{aligned}
$$

Ausgehend von Stückpreisen $p_A = 5$ und $p_B = 4$ gilt:

Bei einem Prozent Preiserhöhung von Gut A fällt die Nachfrage nach Gut A um ca. $\frac{5}{7}$ %.

Bei einem Prozent Preiserhöhung von Gut B steigt die Nachfrage nach Gut A um ca. $\frac{2}{7}$ %.

Für andere Funktionen ist die partielle Elastizität in Analogie definiert:

Beispiel:

Sei $x(r_1, r_2) = 5 \cdot r_1^{1.4} \cdot r_2^{0.6}$ eine Produktionsfunktion.

$$
\begin{aligned}
\epsilon_{x,r_1} &= 5 \cdot 1.4 \cdot r_1^{0.4} \cdot r_2^{0.6} \cdot \frac{r_1}{5 \cdot r_1^{1.4} \cdot r_2^{0.6}} \\
&= 1.4 \cdot r_1^{0.4+1-1.4} \cdot r_2^{0.6-0.6} &=& 1.4 \\
\epsilon_{x,r_2} &= 5 \cdot 0.6 \cdot r_1^{1.4} \cdot r_2^{-0.4} \cdot \frac{r_2}{5 \cdot r_1^{1.4} \cdot r_2^{0.6}} \\
&= 0.6 \cdot r_1^{1.4-1.4} \cdot r_2^{-0.4+1-0.6} &=& 0.6
\end{aligned}
$$

Beispiel:

Sei $U(x_1, x_2) = 5 \cdot x_1^{1.4} \cdot x_2^{0.6}$ eine Nutzenfunktion.

$$
\epsilon_{U,x_1} = 5 \cdot 1.4 \cdot x_1^{0.4} \cdot x_2^{0.6} \cdot \frac{x_1}{5 \cdot x_1^{1.4} \cdot x_2^{0.6}} = 1.4
$$

$$
\epsilon_{U,x_2} = 5 \cdot 0.6 \cdot x_1^{1.4} \cdot x_2^{-0.4} \cdot \frac{x_2}{5 \cdot x_1^{1.4} \cdot x_2^{0.6}} = 0.6
$$

Hinweis:

In der Sammlung einiger Formeln ist allgemein die partielle Elastizität einer Funktion $f(\vec{x}) = f(x_1, \ldots, x_n)$ definiert:

$$
\epsilon_{f,x_i} = \frac{\partial f}{\partial x_i} \cdot \frac{x_i}{f(\vec{x})}
$$

Elastizitäten einer Cobb-Douglas-Funktion sind konstant

2.6.5   Optimierung einer Funktion zweier Variabler unter einer Nebenbedingung

Gegeben ist eine Funktion $f(x_1, x_2)$ zweier Veränderlicher, die unter einer Neben-bedingung $g(x_1, x_2) = 0$ zu optimieren ist. Die Nebenbedingung besagt, dass die Punkte (x_1, x_2) auf einer bestimmten Linie liegen. Ein typisches Beispiel ist das Maximieren des Nutzens vom Erwerb zweier Güter, wenn man nur ein beschränktes Budget zur Verfügung hat.

Der optimale Punkt ist dadurch charakterisiert, dass dort eine Niveaulinie der Funktion f diese Linie, auf der die Nebenbedingung $g(x_1, x_2) = 0$ erfüllt ist, tangential berührt: Wenn eine Niveaulinie von f die Menge $g(x_1, x_2) = 0$ in mehr als einem Punkt schneidet, kann das Niveau noch verbessert werden.

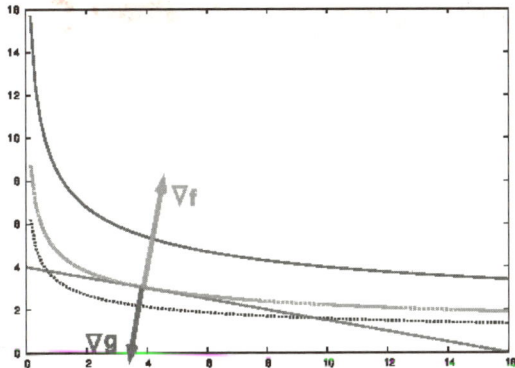

Schräge Gerade: Niveaulinie $g(x_1, x_2) = 0$

Obere Kurve: ein Niveau, das unter der Nebenbedingung nicht erreichbar ist

Mittlere Kurve: optimal erreichbares Niveau

Untere Kurve: ein Niveau, das verbessert werden kann

Da sowohl der Gradient von f, ∇f, als auch der Gradient der Nebenbedingungs-funktion, ∇g, senkrecht auf der jeweiligen Höhenlinie steht, müssen diese beiden Gradienten im optimalen Punkt parallel verlaufen; das heißt, der eine Gradient ist ein Vielfaches des anderen. Das kann man auch dadurch ausdrücken, dass es eine passende Zahl λ gibt, die erfüllt: $\nabla f + \lambda \cdot \nabla g = 0$.

Man bildet daher die *Lagrangefunktion*

$$\mathcal{L}(x_1, x_2, \lambda) = f(x_1, x_2) + \lambda \cdot g(x_1, x_2)$$

und sucht einen Punkt, in dem alle Ableitungen $= 0$ sind:

Wenn $\frac{\partial \mathcal{L}}{\partial x_1}$ und $\frac{\partial \mathcal{L}}{\partial x_2}$ gleich Null sind, ist $\nabla f + \lambda \cdot \nabla g = 0$.

Wenn $\frac{\partial \mathcal{L}}{\partial \lambda} = 0$ ist, ist die Nebenbedingung erfüllt.

Bemerkung:
Aus der wirtschaftswissenschaftlichen Situation ergibt sich in der Regel, dass diese Lösung tatsächlich maximal ist, wenn man ein Maximum sucht, und minimal, wenn man ein Minimum sucht. Häufig wird das nicht mehr geprüft.

Vorgehensweise:

1. Die Lagrangefunktion $\mathcal{L}(x_1, x_2, \lambda) = f(x_1, x_2) + \lambda \cdot g(x_1, x_2)$ wird aufgestellt.

2. Die Lagrangefunktion wird nach allen Variablen x_1, x_2, λ abgeleitet. Die Ableitungen nach allen Variablen werden gleich Null gesetzt.

3. Die Ableitungen nach x_1 und x_2 werden nach λ aufgelöst. Anschließendes Gleichsetzen ergibt die Möglichkeit, etwa x_2 durch x_1 darzustellen.

4. Diese Abhängigkeit wird in die Nebenbedingung $\frac{\partial \mathcal{L}}{\partial \lambda} = 0$ eingesetzt. Daraus kann x_1 ermittelt werden.
    Damit ergibt sich der Wert von x_2.

5. Die Werte beider Variablen werden in die Funktion f eingesetzt, um das optimal zu erreichende Niveau der Funktion unter der gegebenen Nebenbedingung zu ermitteln.

Beispiel:
Der Nutzen einer Person vom Erwerb von Rotwein (x) und Bier (y) sei gegeben durch die Funktion

$$U(x, y) = 4x^{0.2} \cdot y^{0.8}$$

Eine Mengeneinheit des bevorzugten Weins kostet 10 €, eine Mengeneinheit Bier kostet 5 €.

Die Aufgabe ist, den Nutzen unter der Bedingung zu maximieren, dass nur $C = 20$ € ausgegeben werden:

$$g(x, y) = 20 - 10 \cdot x - 5 \cdot y \quad = 0$$

Lösung:
1. Die Lagrangefunktion:
    $$\mathcal{L}(x, y, \lambda) = 4x^{0.2} \cdot y^{0.8} + \lambda \cdot (20 - 10 \cdot x - 5 \cdot y)$$

2. Ihre partiellen Ableitungen werden $= 0$ gesetzt:

$$\frac{\partial \mathcal{L}}{\partial x} = 0.8 \cdot x^{-0.8} \cdot y^{0.8} - 10\lambda = 0$$

$$\frac{\partial \mathcal{L}}{\partial y} = 3.2 x^{0.2} \cdot y^{-0.2} - 5\lambda = 0$$

$$\frac{\partial \mathcal{L}}{\partial \lambda} = 20 - 10x - 5y = 0$$

3. Auflösen nach λ:

$$\lambda = 0.08 \cdot x^{-0.8} \cdot y^{0.8}$$

$$\lambda = 0.64 x^{0.2} \cdot y^{-0.2}$$

Gleichsetzen:

$$0.08 \cdot x^{-0.8} \cdot y^{0.8} = 0.64 x^{0.2} \cdot y^{-0.2}$$

$$y = 8x$$

4. Einsetzen in die Nebenbedingung:

$$20 - 10x - 40x = 0$$

$$x = 0.4$$

$$y = 3.2$$

5. Einsetzen in die Funktion:

$$f(0.4, 3.2) = 8.44485$$

Bemerkung:

1. Wenn die optimale Mengenkombination nicht erworben werden kann, wird man versuchen, so nahe wie möglich daran zu bleiben.

2. Die Gleichung $0.08 \cdot x^{-0.8} \cdot y^{0.8} = 0.64 x^{0.2} \cdot y^{-0.2}$ im Beispiel besagt in symbolischer Schreibweise:

$$\frac{1}{p_1} \cdot \frac{\partial U}{\partial x_1} = \frac{1}{p_2} \cdot \frac{\partial U}{\partial x_2}$$

oder

$$\frac{\frac{\partial U}{\partial x_1}}{\frac{\partial U}{\partial x_2}} = \frac{p_1}{p_2}$$

Dies ist das *2. Gossen'sche Gesetz*, das in Worten sagt:
Im Haushaltsoptimum ist das Verhältnis der Grenznutzen gleich dem Verhältnis der Preise.

3.   Der Wert des Lagrange-Parameters im Optimum ergibt sich aus $\frac{\partial \mathcal{L}}{\partial x_1} = 0$ als

$$\lambda = -\frac{\frac{\partial f}{\partial x}}{\frac{\partial g}{\partial x}} \text{ im Optimum.}$$

Am Beispiel: $\lambda = \frac{0.8 \cdot 0.4^{-0.8} \cdot 3 \cdot 2^{0.8}}{10} = 0.4222$

Dieser Wert entspricht der Ableitung der Lagrangefunktion nach dem Budget C:

$$\frac{\partial \mathcal{L}}{\partial C} = \frac{\partial}{\partial C} \left(U(x_1, x_2) + \lambda \cdot (C - p_1 x_1 - p_2 x_2) \right) = \lambda.$$

Im Optimum stimmen Lagrange- und Nutzenfunktion überein.
Deshalb ist für die Funktion $U^*(C)$, die zu jedem vorgegebenen Wert C den maximalen Nutzenwert annimmt, die Ableitung $\frac{dU^*}{dC} = \frac{\partial \mathcal{L}}{\partial C} = \lambda$:
Wenn das Budget von 100 Geldeinheiten ausgehend um eine Geldeinheit ausgeweitet wird, erhöht sich der Nutzen um ca. λ.

Beispiel:
Die Produktionsfunktion für das Output x in Abhängigkeit von den Inputfaktoren r_1 und r_2 sei gegeben als $x(r_1, r_2) = 2 \cdot r_1^{0.7} \cdot \sqrt[10]{r_2^3}$.

Die Preise der Rohstoffe liegen bei $p_1 = 8$ beziehungsweise $p_2 = 9$ Geldeinheiten pro Mengeneinheit.

In einem Monat steht dem Fabrikanten ein Budget von 80 Geldeinheiten zur Verfügung.

Maximieren Sie das Output unter dieser Beschränkung.

Lösung:

$$\begin{aligned}
x(r_1, r_2) &= 2 \cdot r_1^{0.7} \cdot \sqrt[10]{r_2^3} = 2 \cdot r_1^{0.7} \cdot r_2^{0.3} \\
g(r_1, r_2) &= 80 - 8r_1 - 9r_2
\end{aligned}$$

1. $\mathcal{L}(r_1, r_2, \lambda) = 2 \cdot r_1^{0.7} \cdot r_2^{0.3} + \lambda \cdot (80 - 8r_1 - 9r_2)$

2. $\quad \frac{\partial \mathcal{L}}{\partial r_1} \qquad = \quad 1.4 \cdot r_1^{-0.3} \cdot r_2^{0.3} - 8\lambda = 0$

$\quad \frac{\partial \mathcal{L}}{\partial r_2} \qquad = \quad 0.6 \cdot r_1^{0.7} \cdot r_2^{-0.7} - 9\lambda = 0$

$\quad \frac{\partial \mathcal{L}}{\partial \lambda} \qquad = \quad 80 - 8r_1 - 9r_2 = 0$

$\quad 1.4 \cdot r_1^{-0.3} \cdot r_2^{0.3} \quad = \quad 8\lambda$

$\quad 0.175 \cdot r_1^{-0.3} \cdot r_2^{0.3} \quad = \quad \lambda$

$\quad 0.0\bar{6} \cdot r_1^{0.7} \cdot r_2^{-0.7} \quad = \quad \lambda$

3.　$0.175 \cdot r_1^{-0.3} \cdot r_2^{0.3} = 0.0\bar{6} \cdot r_1^{0.7} \cdot r_2^{-0.7}$

　　$r_2 = 0.38095 \cdot r_1$

4.　$8r_1 + 9 \cdot 0.38095 \cdot r_1 = 80$

　　$11.42857 r_1 = 80$

　　$r_1 = 7$

　　$r_2 = 2.\bar{6}$

5.　$x(7, 2.\bar{6}) = 10.48067$

Dies sind die unter den gegebenen Bedingungen herstellbaren Mengeneinheiten.

6.　$\lambda = 0.175 \cdot r_1^{-0.3} \cdot r_2^{0.3} = 0.131$

Wenn das Budget von 80 Geldeinheiten ausgehend um eine Geldeinheit erhöht wird, wächst das Output im Produktionsoptimum ca. um 0.131 Einheiten.

Bemerkung:
Diese Herangehensweise mittels der Lagrangefunktion kann auch für mehr als zwei
Veränderliche durchgeführt werden. Weil es den Rahmen von einführender Mathematik für Wirtschaftswissenschaften sprengen würde, wird dies hier nicht näher
behandelt.

2.6.6 Spezielle Funktionen der VWL

Nutzenfunktionen

Der *Nutzen*, den eine Person vom Erwerb zweier Güter hat, wird im Allgemeinen
als Funktion $U(x_1, x_2)$ der Mengen x_1, x_2 dieser Güter dargestellt (U steht dabei
für Utilität.)

Im *1. Gossen'sches Gesetz* wird angenommen, dass der Nutzen mit steigendem
Konsum wächst, die Nutzenzuwächse aber mit steigendem Konsum geringer werden:

$\frac{\partial U}{\partial x_1} > 0$　　$\frac{\partial U}{\partial x_2} > 0$　Die Steigungen in Richtung x_1 und x_2

　　　　　　　　　　　sind positiv.

$\frac{\partial^2 U}{\partial x_1^2} < 0$　　$\frac{\partial^2 U}{\partial x_2^2} < 0$　Die Krümmungen in Richtungen x_1 und x_2

　　　　　　　　　　　sind negativ.

Gewinnfunktionen

Gewinnfunktionen $G(x_1, x_2)$ in Abhängigkeit von den Mengen x_1, x_2 zweier Produkte haben die Gestalt

$$G(x_1, x_2) = p_1 \cdot x_1 + p_2 \cdot x_2 - K(x_1, x_2)$$

wobei $K(x_1, x_2)$ die Kostenfunktion bei der Herstellung dieser Waren ist.

Notwendige Bedingungen für ein relatives Gewinnmaximum sind

$$\frac{\partial G}{\partial x_1} = p_1 - \frac{\partial K}{\partial x_1} = 0 \qquad \frac{\partial G}{\partial x_2} = p_2 - \frac{\partial K}{\partial x_2} = 0$$

Im Gewinnmaximum gilt daher: Marktpreis = Grenzkosten.

Produktionsfunktionen

Produktionsfunktionen $x(r_1, r_2)$ stellen das Output x in Abhängigkeit von Produktionsfaktoren (Inputs) r_1, r_2 dar. Niveaulinien einer Produktionsfunktion werden *Isoquanten* genannt.

2.7 Rezeptartige Lösungswege

Aufgabe: Funktionsgleichung einer Niveaulinie einer Funktion zweier Variablen ermitteln
Gegeben: Funktion $f(x_1, x_2)$, Wert W der Funktion
Gesucht: Kurve, auf der die Funktion den gegebenen Wert annimmt
Lösungsweg:
Notieren von $f(x) = W$
Auflösen nach x_2

s. Aufgabe 2.34, S. 121

Aufgabe: Homogenität bestimmen
Gegeben: Funktion $f(\vec{x})$ mehrerer Variablen
Gesucht: Antwort, ob die Funktion homogen ist, und gegebenenfalls Homogenitätsgrad
Lösungsweg:
(Formel 1.4 in Formelsammlung)
Man multipliziert jede Komponente von $\vec{x}$ mit demselben allgemeinen Faktor, meist λ genannt.
Man schaut, ob sich dieser Faktor mit einer bestimmten Potenz ausklammern lässt.

s. Aufgabe 2.36, S. 121

s. Aufgabe 2.44, S. 123

Differentialrechnung
Aufgabe: Lokale Extrema einer Funktion zweier Variablen bestimmen
Gegeben: Funktion zweier Variablen
Gesucht: Lokale Extrema
Lösungsweg:
Formeln 2.5 in Formelsammlung
Erste und zweite partielle Ableitungen ermitteln
Nullstellen $\vec{x}_1, \ldots, \vec{x}_k$ des Gradienten von f, d. h. gemeinsame Nullstellen $\vec{x}_1, \ldots, \vec{x}_k$ aller ersten partiellen Ableitungen bestimmen
Jeden dieser Punkte $\vec{x}_i$ in die Hessematrix der zweiten partiellen Ableitungen einsetzen:

$$H_f(\vec{x}_i) = \begin{pmatrix} \frac{\partial^2 f}{\partial x^2}(\vec{x}_i) & \frac{\partial^2 f}{\partial y \partial x}(\vec{x}_i) \\ \frac{\partial^2 f}{\partial x \partial y}(\vec{x}_i) & \frac{\partial^2 f}{\partial y^2}(\vec{x}_i) \end{pmatrix} = \begin{pmatrix} a & b \\ c & d \end{pmatrix}$$

- Ist die Determinante positiv: $\det H_f(\vec{x}_i) = a \cdot d - b \cdot c > 0$, so ist's ein lokales Extremum.

  (a) Ist dann die zweite Ableitung $\frac{\partial^2 f}{\partial x^2}$ in $\vec{x}_i$ positiv, so ist's ein lokales Minimum.

  (b) Ist dann die zweite Ableitung $\frac{\partial^2 f}{\partial x^2}$ in $\vec{x}_i$ negativ, so ist's ein lokales Maximum.

Funktionswerte in den lokalen Extrema bestimmen
- Ist die Determinante negativ: $\det H_f(\vec{x}_i) = a \cdot d - b \cdot c < 0$, so ist's ein Sattelpunkt.

s. Aufgabe 2.41, S. 122

s. Aufgabe 2.42, S. 122

Aufgabe: Partielle Elastizitätsfunktion ermitteln, partielle Elastizität in einem Punkt bestimmen

Gegeben:
- Funktion
- Punkt

Gesucht:
- Partielle Elastizitätsfunktionen
- Partielle Elastizitäten im gegebenen Punkt
- Interpretation

Lösungsweg:
Ableitung berechnen
Ableitung in Formel 2.3.2 der Formelsammlung einsetzen
Interpretation analog 2.1.7, S. 54 bzw. Rezeptartige Beschreibungen 2.2, S. 69.

s. Aufgabe 2.46, S. 123

s. Aufgabe 2.47, S. 124

s. Aufgabe 2.44, S. 123

Aufgabe: Maximieren oder Minimieren einer Funktion zweier Variabler unter einer Nebenbedingung

Gegeben:
- Funktion $f(x_1, x_2)$
- Nebenbedingung $g(x_1, x_2) = 0$

Gesucht: Kombination (x_1, x_2), in der unter der Nebenbedingung der Funktionswert maximal oder minimal ist

Lösungsweg:
Formeln 2.6 in Formelsammlung
Aufstellen der Lagrangefunktion
Bilden aller partiellen Ableitungen der Lagrangefunktion
Auflösen der Gleichungen $\frac{\partial f}{\partial x_i} = 0$ nach λ

Gleichsetzen der partiellen Ableitungen nach x_1 und x_2 ergibt etwa die Variable x_2 in Abhängigkeit von x_1 ($\star$)
Einsetzen dieser Abhängigkeit in die Nebenbedingung liefert x_1
x_2 ergibt sich aus der Abhängigkeit ($\star$)
Einsetzen der Werte der Variablen in die Funktion

s. Aufgabe 2.46, S. 123

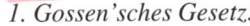

Aufgabe: Gossen'sche Gesetze kennen
1. Gossen'sches Gesetz:

$$\frac{\partial U}{\partial x_1} > 0, \quad \frac{\partial U}{\partial x_2} > 0$$

$$\frac{\partial^2 U}{\partial x_1^2} < 0, \quad \frac{\partial^2 U}{\partial x_2^2} < 0$$

Eine Nutzenfunktion zweier Variablen steigt in beide Koordinatenrichtungen.
Die Krümmungen einer Nutzenfunktion in beide Koordinatenrichtungen sind negativ.

s. Aufgabe 2.46, S. 123

2. Gossen'sches Gesetz:
Im Haushaltsoptimum gilt:

$$\frac{1}{p_1} \cdot \frac{\partial U}{\partial x_1} = \frac{1}{p_2} \cdot \frac{\partial U}{\partial x_2}$$

Das Verhältnis $\frac{\frac{\partial U}{\partial x_1}}{\frac{\partial U}{\partial x_2}}$ der Grenznutzen ist gleich dem Verhältnis $\frac{p_1}{p_2}$ der Preise.

s. Aufgabe 2.45, S. 123

s. Aufgabe 2.46, S. 123

s. Aufgabe 2.47, S. 124

Aufgabe:Gewinnmaximum ermitteln
Gegeben: Gewinnfunktion $G(x_1, x_2) = p_1 \cdot x_1 + p_2 \cdot x_2 - K(x_1, x_2)$ zweier Waren
Gesucht: Gewinnmaximum
Lösungsweg:
Das Gewinnmaximum kann als lokales Maximum mit Hilfe der Hessematrix ermittelt werden.

Alternativ gilt:

In einem lokalen Maximum einer Gewinnfunktion

$$G(x_1, x_2) = p_1 \cdot x_1 + p_2 \cdot x_2 - K(x_1, x_2)$$

ist für jede Variable der Marktpreis gleich den Grenzkosten.

vgl. 2.6.6, S. 116

2.8 Übungsaufgaben

Niveaulinie ermitteln

Aufgabe 2.34
Bestimmen Sie für die Funktion $f(x, y) = 4x^{0.4} \cdot y^{-0.1}$ die Funktionsgleichung der Niveaulinie zum Niveau 20.

Homogenität

Aufgabe 2.35
Bestimmen Sie, ob die folgenden Funktionen homogen sind, und ermitteln Sie gegebenenfalls den Homogenitätsgrad:

(a) $U(x_1, x_2) = 5 \cdot x_1^{0.2} \cdot x_2^{0.8}$

(b) $f(x_1, x_2, x_3) = 4 \cdot x_2^2 \cdot x_3 - 5 \cdot \sqrt{x_1^3 \cdot x_2^2 \cdot x_3}$

(c) $f_0(x_1, x_2) = 2 \cdot x_1 + 5 \cdot x_2$

(d) $f(x_1, x_2) = x_1^2 + 2 \cdot x_2$

Aufgabe 2.36
Es sei $f(x) = 5x_1^{-0.2} \cdot x_2^{0.4} \cdot x_3^{0.1} - 3x_1^{0.5} \cdot x_2^{0.4} \cdot x_3^{-0.6}$.
Bestimmen Sie, ob die Funktion homogen ist, und ermitteln Sie gegebenenfalls den Homogenitätsgrad.

Partielle Ableitungen

Aufgabe 2.37
Bilden Sie die partiellen Ableitungen der folgenden Funktionen:

(a) $f(x, y) = 5x + 2y$

(b) $f(x, y) = x^2 + 3y^2$

(c) $f(x, y, z) = 2x^3 - y^2 + xyz$

(d) $f(x, y) = \frac{1}{x^2 + 3y^2 + xy}$

Aufgabe 2.38
Es sei $f(x, y) = 2x^2 + y$

(a) Bestimmen Sie die Funktionsgleichung der Niveaulinie
$f(x, y) = 4$.

(b) Bestimmen Sie die Tangente an diese Höhenlinie in $x = 1$.

(c) Ermitteln Sie den Gradienten ∇f von f im Punkt $(1, 2)$, also den Vektor, dessen Komponenten die partiellen Ableitungen von f sind.

Partielle Ableitungen/Gradient, Homogenität, Elastizität

Aufgabe 2.39

(a) Bestimmen Sie den Gradienten von
$f(x, y) = 2x^3 - 4xy + y^2$ im Punkt $(1, 3)$.
Der Gradient ist der Vektor ∇f, dessen Komponenten die partiellen Ableitungen von f sind.

(b) Ermitteln Sie, ob die Funktion homogen ist, und bestimmen Sie gegebenenfalls den Homogenitätsgrad.

(c) Berechnen Sie die Elastizität der Funktion bezüglich x im Punkte $(1, 3)$.

Lokale Extrema, Sattelpunkte von Funktionen zweier Veränderlicher

Aufgabe 2.40

Bestimmen Sie die lokalen Extrema der Funktion
$f(x, y) = x^3 - 3x^2 y + 3xy^2 + y^3 - 3x - 21y$

Aufgabe 2.41

Sei $f(x, y) = x^2 + x \cdot y + y^2$.

(a) Bestimmen Sie diejenigen Punkte, an denen alle partiellen Ableitungen von $f = 0$ sind.

(b) Ermitteln Sie, ob f lokale Extrema hat und bestimmen Sie sie gegebenenfalls.

Aufgabe 2.42

Sei $f(x, y) = x^2 y - x \cdot y + y^3$.

(a) Bestimmen Sie diejenigen Punkte, an denen alle partiellen Ableitungen von $f = 0$ sind.

(b) Ermitteln Sie, ob f lokale Extrema hat und bestimmen Sie sie gegebenenfalls.

Partielle Elastizität

Aufgabe 2.43

Sei $U(x_1, x_2) = 5 \cdot x_1^{1.4} \cdot x_2^{0.6}$ eine Nutzenfunktion.
Ermitteln Sie die partiellen Elastizitäten von U und beschreiben Sie, ob U bezüglich seiner Variablen elastisch, proportional elastisch oder unelastisch ist.

Aufgabe 2.44

Es sei $f(x, y) = 3x^{0.4} \cdot y^{0.8} - 4x^3 \cdot y^{-1.6}$.

(a) Bestimmen Sie, ob f homogen ist, und ermitteln Sie gegebenenfalls den Homogenitätsgrad.

(b) Berechnen Sie die Elastizität von f bezüglich x im Punkt $(2, 4)$.

Optimierung unter einer Nebenbedingung

Aufgabe 2.45

Beim Erwerb eines Autos mögen drei Aspekte eine Rolle spielen:

Der Komfort soll möglichst hoch sein.

Die Motorleistung soll möglichst hoch sein.

Ein Auto kann nur erworben werden, wenn der Preis maximal $C = 100$ Tsd. € beträgt.

Der Nutzen in Abhängigkeit von Komfort x_1 und Motorleistung x_2 sei gegeben durch

$U(x_1, x_2) = x_1^{0.25} \cdot x_2^{0.75}$

Der Preis sei von beidem linear abhängig:

$$P(x_1, x_2) = p_1 \cdot x_1 + p_2 \cdot x_2$$
$$= 10 \cdot x_1 + 15 \cdot x_2 \text{ (in Tsd. Euro)}$$

Maximieren Sie den Nutzen unter der Nebenbedingung, dass

$g(x_1, x_2) = 100 - 10x_1 - 15x_2 = 0$ ist (Haushaltsoptimum).

Notieren Sie das 2. Gossen'sche Gesetz für diese Situation.

Aufgabe 2.46

Der Nutzen eines Haushalts beim Erwerb zweier Waren hänge von den gekauften Mengen x_1, x_2 ab in der Form

$U(x_1, x_2) = 5x_1^{0.2} \cdot x_2^{0.8}$.

(a) Ermitteln Sie die Grenznutzen (die partiellen Ableitungen).

(b) Überprüfen Sie das 1. Gossen'sche Gesetz.

(c) Ermitteln Sie den Homogenitätsgrad von U.

(d) Bestimmen Sie die Funktionsgleichung $x_2(x_1)$ der Indifferenzkurve $U(x_1, x_2) = 100$.

Der Haushalt unterliege der Budgetbeschränkung $0.5x_1 + 4x_2 = 10$.

(a) Optimieren Sie den Nutzen unter der Budgetbeschränkung.

Wie hoch ist der Nutzen im Optimum?

Notieren Sie auch das 2. Gossen'sche Gesetz.

(b) Ermitteln Sie die Elastizität des Nutzens beider Güter.

Aufgabe 2.47

Es sei $f(x, y) = x^2 + xy + y^2$.

(a) Ermitteln Sie die partiellen Elastizitäten der Funktion.

(b) Berechnen Sie sie im Punkt $(10, 20)$.
Ist f bezüglich x in diesem Punkt elastisch oder unelastisch?

(c) Ermitteln Sie, wo die Funktion unter der Nebenbedingung
$0.5x + 4y = 10$ ihren niedrigsten Wert annimmt.

(d) Notieren Sie das 2. Gossen'sche Gesetz.

2.9   Lösungen

Lösung 2.34

Funktionsgleichung der Niveaulinie zum Niveau 20 für die Funktion
$f(x, y) = 4x^{0.4} \cdot y^{-0.1}$:

$$
\begin{aligned}
4x^{0.4} \cdot y^{-0.1} &= 20 \\
x^{0.4} \cdot y^{-0.1} &= 5 \\
x^{0.4} &= 5y^{0.1} \\
x^4 &= 5^{10} \cdot y \\
y &= \tfrac{1}{5^{10}} \cdot x^4
\end{aligned}
$$

Lösung 2.35

Bestimmung, ob die folgenden Funktionen homogen sind, und gegebenenfalls Ermittlung des Homogenitätsgrads:

(a)
$$
\begin{aligned}
U(x_1, x_2) &= 5 \cdot x_1^{0.2} \cdot x_2^{0.8} \\
U(\lambda \cdot x_1, \lambda \cdot x_2) &= 5 \cdot \lambda^{0.2} \cdot x_1^{0.2} \cdot \lambda^{0.8} \cdot x_2^{0.8} \\
&= \lambda^1 \cdot U(x_1, x_2)
\end{aligned}
$$

U ist homogen vom Grad 1.

(b)
$$
\begin{aligned}
f(x_1, x_2, x_3) &= 4 \cdot x_2^2 \cdot x_3 - 5 \cdot \sqrt{x_1^3 \cdot x_2^2 \cdot x_3} \\
f(\lambda \cdot x_1, \lambda \cdot x_2, \lambda \cdot x_3) &= 4 \cdot \lambda^2 x_2^2 \cdot \lambda x_3 - 5 \cdot \sqrt{\lambda^3 x_1^3 \cdot \lambda^2 x_2^2 \cdot \lambda x_3} \\
&= \lambda^3 \cdot 4 \cdot x_2^2 \cdot x_3 + \lambda^{\frac{6}{2}} \cdot (-5) \cdot \sqrt{x_1^3 \cdot x_2^2 \cdot x_3} \\
&= \lambda^3 \cdot f(x)
\end{aligned}
$$

f ist homogen vom Grad 3.

(c)
$$
\begin{aligned}
f_0(x_1, x_2) &= 2 \cdot x_1 + 5 \cdot x_2 \\
f_0(\lambda \cdot x_1, \lambda \cdot x_2) &= 2 \cdot \lambda \cdot x_1 + 5 \cdot \lambda \cdot x_2 \\
&= \lambda \cdot (2 \cdot x_1 + 5 \cdot x_2) \\
&= \lambda \cdot f(x_1, x_2)
\end{aligned}
$$

f_0 ist homogen vom Grad 1.

(d)
$$
\begin{aligned}
f(x_1, x_2) &= x_1^2 + 2 \cdot x_2 \\
f(\lambda \cdot x_1, \lambda \cdot x_2) &= \lambda^2 \cdot x_1^2 + 2 \cdot \lambda \cdot x_2
\end{aligned}
$$
f ist nicht homogen.

Lösung 2.36
$$f(x) = 5x_1^{-0.2} \cdot x_2^{0.4} \cdot x_3^{0.1} - 3x_1^{0.5} \cdot x_2^{0.4} \cdot x_3^{-0.6}$$
Bestimmung, ob die Funktion homogen ist, und gegebenenfalls Ermittlung des Homogenitätsgrads:

$$f(\lambda \cdot x_1, \lambda \cdot x_2, \lambda \cdot x_3) \qquad\qquad =$$
$$5 \cdot (\lambda x_1)^{-0.2} \cdot (\lambda x_2)^{0.4} \cdot (\lambda x_3)^{0.1} - 3(\lambda x_1)^{0.5} \cdot (\lambda x_2)^{0.4} \cdot (\lambda x_3)^{-0.6} \qquad =$$
$$\lambda^{-0.2+0.4+0.1} \cdot 5x_1^{-0.2} \cdot x_2^{0.4} \cdot x_3^{0.1} - \lambda^{0.5+0.4-0.6} \cdot 3x_1^{0.5} \cdot x_2^{0.4} \cdot x_3^{-0.6} \qquad =$$
$$\lambda^{0.3} \cdot f(x_1, x_2, x_3)$$

f ist homogen vom Grad 0.3.

Lösung 2.37
Partielle Ableitungen von Funktionen:

(a) $f(x, y) = 5x + 2y \quad \Rightarrow \quad \frac{\partial f}{\partial x}(x, y) = 5$

  $f(x, y) = 5x + 2y \quad \Rightarrow \quad \frac{\partial f}{\partial y}(x, y) = 2$

(b) $f(x, y) = x^2 + 3y^2 \quad \Rightarrow \quad \frac{\partial f}{\partial x}(x, y) = 2x$

  $f(x, y) = x^2 + 3y^2 \quad \Rightarrow \quad \frac{\partial f}{\partial y}(x, y) = 6y$

(c) $f(x, y, z) = 2x^3 - y^2 + xyz \quad \Rightarrow \quad \frac{\partial f}{\partial x}(x, y, z) = 6x^2 + yz$

  $f(x, y, z) = 2x^3 - y^2 + xyz \quad \Rightarrow \quad \frac{\partial f}{\partial y}(x, y, z) = -2y + xz$

  $f(x, y, z) = 2x^3 - y^2 + xyz \quad \Rightarrow \quad \frac{\partial f}{\partial z}(x, y, z) = xy$

(d) $f(x, y) = \frac{1}{x^2+3y^2+xy} \quad \Rightarrow \quad \frac{\partial f}{\partial x}(x, y) = -\frac{2x+y}{(x^2+3y^2+xy)^2}$

  $f(x, y) = \frac{1}{x^2+3y^2+xy} \quad \Rightarrow \quad \frac{\partial f}{\partial y}(x, y) = -\frac{6y+x}{(x^2+3y^2+xy)^2}$

Lösung 2.38
$$f(x, y) = 2x^2 + y$$
(a) Niveaulinie $f(x, y) = 4$:
  $$2x^2 + y = 4$$
  $$y = 4 - 2x^2$$

(b) Tangente an diese Höhenlinie in $x = 1$:
  $$y'(x) = -4x$$
  $$y'(1) = -4$$

  Tangente an diese Höhenlinie in $x = 1$ ist die Gerade
  $$t(x) = 6 - 4x$$

(c) Der Gradient von f in $(1, 2)$ ist $\begin{pmatrix} 4 \\ 1 \end{pmatrix}$.

Bemerkung:
Das Steigungsdreieck von $t(x)$ ergibt:

Der Pfeil mit Koordinaten $\begin{pmatrix} 1 \\ -4 \end{pmatrix}$ ist parallel zu $t(x)$.

Der Gradient steht senkrecht auf der Richtung der Tangente.

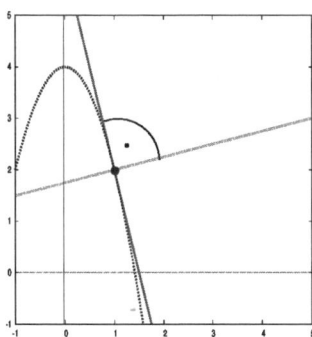

Niveaulinie, Gradient und senkrechte Richtung

Lösung 2.39
$f(x, y) = 2x^3 - 4xy + y^2$

(a)   Gradient im Punkt $(1, 3)$:

$$\nabla f = \begin{pmatrix} 6x^2 - 4y \\ -4x + 2y \end{pmatrix}$$

$$\nabla f(1, 3) = \begin{pmatrix} 6 - 12 \\ -4 + 6 \end{pmatrix} = \begin{pmatrix} -6 \\ 2 \end{pmatrix}$$

(b)   Homogenität:

$$\begin{aligned} f(\lambda \cdot x, \lambda \cdot y) &= 2(\lambda \cdot x)^3 - 4(\lambda \cdot x)(\lambda \cdot y) + (\lambda \cdot y)^2 \\ &= \lambda^3 \cdot 2x^3 - \lambda^2 \cdot 4xy + \lambda^2 \cdot y^2 \end{aligned}$$

f ist nicht homogen.

(c)   Elastizität der Funktion bezüglich x im Punkte $(1, 3)$:

$$\begin{aligned} \epsilon_{f,x} &= (6x^2 - 4y) \cdot \frac{x}{2x^3 - 4xy + y^2} \\ \epsilon_{f,x}(1, 3) &= (6 - 12) \cdot \frac{1}{2 - 12 + 9} \\ &= 6 \end{aligned}$$

Lösung 2.40

Lokale Extrema der Funktion

$$f(x, y) = x^3 - 3x^2 \cdot y + 3x \cdot y^2 + y^3 - 3x - 21y:$$

Skizze des Graphen von f:

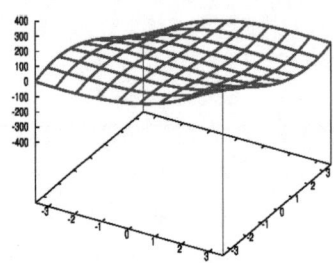

$$\frac{\partial f}{\partial x} = 3x^2 - 6xy + 3y^2 - 3 = 0 \quad \Leftrightarrow$$
$$x^2 - 2xy + (y^2 - 1) = 0$$
$$x_{1/2} = y \pm \sqrt{y^2 - (y^2 - 1)}$$
$$= y \pm 1$$

$$\frac{\partial f}{\partial y} = -3x^2 + 6xy + 3y^2 - 21 = 0 \quad \Leftrightarrow$$
$$x^2 - 2xy - y^2 + 7 = 0 \quad \Leftrightarrow$$
$$x_{1/2} = y \pm \sqrt{y^2 - (-y^2 + 7)}$$
$$= y \pm \sqrt{2y^2 - 7}$$

Gleichsetzen:

$$y \pm 1 = y \pm \sqrt{2y^2 - 7}$$
$$1 = \pm \sqrt{2y^2 - 7}$$
$$1 = 2y^2 - 7$$
$$8 = 2y^2$$
$$y = \pm 2$$
$$x = y \pm 1$$

Das ergibt folgende Kandidaten für lokale Extrema:

$$y = 2, \quad x = 1$$
$$y = 2, \quad x = 3$$
$$y = -2, \quad x = -3$$
$$y = -2, \quad x = -1$$

Hessematrix:

$$H_f = \begin{pmatrix} 6x - 6y & -6x + 6y \\ -6x + 6y & 6x + 6y \end{pmatrix}$$

$$H(-3, -2) = \begin{pmatrix} -6 & 6 \\ 6 & -30 \end{pmatrix} = \begin{pmatrix} a & b \\ c & d \end{pmatrix}$$

$$a \cdot d - b \cdot c = 180 - 36 > 0$$

$(-3, -2)$ ist lokales Extremum.

$\frac{\partial^2 f}{\partial x^2}(-3, -2) = -6 < 0$:

$(-3, -2)$ ist lokales Maximum.

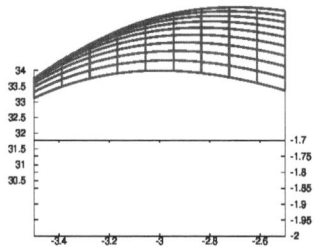

$$H(-1, -2) = \begin{pmatrix} 6 & -6 \\ -6 & -18 \end{pmatrix} = \begin{pmatrix} a & b \\ c & d \end{pmatrix}$$

$$a \cdot d - b \cdot c = -108 - 36 < 0$$

$(-1, -2)$ ist Sattelpunkt.

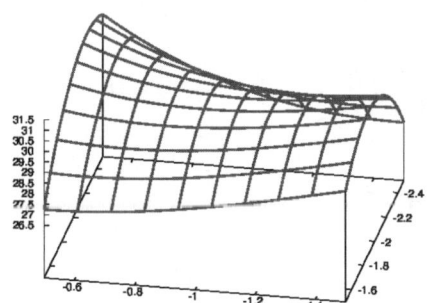

$$H(1,2) \quad = \quad \begin{pmatrix} -6 & 6 \\ 6 & 18 \end{pmatrix} = \begin{pmatrix} a & b \\ c & d \end{pmatrix}$$

$$a \cdot d - b \cdot c \quad = \quad -108 - 36 < 0$$

$(1,2)$ ist Sattelpunkt.

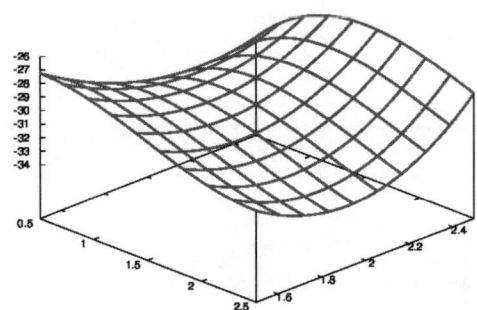

$$H(3,2) \quad = \quad \begin{pmatrix} 6 & -6 \\ -6 & 30 \end{pmatrix} = \begin{pmatrix} a & b \\ c & d \end{pmatrix}$$

$$a \cdot d - b \cdot c \quad = \quad 180 - 36 > 0$$

$(3,2)$ ist lokales Extremum.

$\frac{\partial^2 f}{\partial x^2}(3,2) = 6 > 0$:

$(3,2)$ ist lokales Minimum.

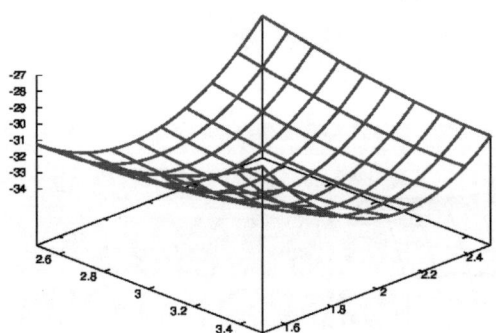

Lösung 2.41

$f(x, y) = x^2 + x \cdot y + y^2$

(a)   Punkte, in denen die partiellen Ableitungen null sind:

$$
\begin{aligned}
f(x, y) &= x^2 + x \cdot y + y^2 \\
\frac{\partial f}{\partial x} &= 2x + y \\
\frac{\partial f}{\partial y} &= x + 2y \\
2x + y = 0 \quad &\Leftrightarrow \quad y = -2x \\
x + 2y = 0 \quad &\Leftrightarrow \quad y = -\frac{x}{2}
\end{aligned}
$$

Beides gemeinsam erfordert:

$x = 0$

$y = 0$

(b)   Lokale Extrema:

$$
H_f = \begin{pmatrix} 2 & 1 \\ 1 & 2 \end{pmatrix} = H_f(0, 0) = \begin{pmatrix} a & b \\ c & d \end{pmatrix}
$$

Da $\det(H_f(0, 0)) = a \cdot d - b \cdot c > 0$ ist, ist der Nullpunkt ein lokales Extremum.

Da $\frac{\partial^2 f}{\partial x^2} > 0$, ist's ein lokales Minimum.

$f(0, 0) = 0$

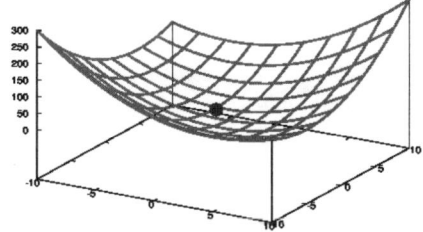

Lösung 2.42

$f(x, y) = x^2 y - x \cdot y + y^3$

(a)   Punkte, in denen die partiellen Ableitungen null sind:

$$\frac{\partial f}{\partial x} = 2xy - y$$
$$\frac{\partial f}{\partial y} = x^2 - x + 3y^2$$

$$2xy - y = 0 \qquad \Leftrightarrow \quad y \cdot (2x - 1) = 0$$
$$\Leftrightarrow \quad y = 0 \text{ oder } x = \tfrac{1}{2}$$

$$x^2 - x + 3y^2 = 0 \quad \Leftrightarrow \quad x_{1/2} = \tfrac{1}{2} \pm \sqrt{\tfrac{1}{4} - 3y^2}$$

Das heißt:

$$y = 0, \quad \Rightarrow \quad x = \tfrac{1}{2} \pm \sqrt{\tfrac{1}{4}}$$

oder

$$x = \tfrac{1}{2}, \quad \Rightarrow \quad \tfrac{1}{2} - \tfrac{1}{2} = \pm\sqrt{\tfrac{1}{4} - 3y^2}$$
$$3y^2 = \tfrac{1}{4}$$
$$y = \pm\sqrt{\tfrac{1}{12}}$$

Punkte, in denen die partiellen Ableitungen Null sind:

$$(0,0)(1,0) \left(\tfrac{1}{2}, -\sqrt{\tfrac{1}{12}}\right) \left(\tfrac{1}{2}, \sqrt{\tfrac{1}{12}}\right)$$

(b)   Lokale Extrema:

$$H_f = \begin{pmatrix} 2y & 2x - 1 \\ 2x - 1 & 6y \end{pmatrix}$$

$$H_f(0,0) = \begin{pmatrix} 0 & -1 \\ -1 & 0 \end{pmatrix} = \begin{pmatrix} a & b \\ c & d \end{pmatrix} \quad (0,0) \text{ ist ein Sattelpunkt.}$$

$$\det\left(H_f(0,0)\right) = a \cdot d - b \cdot d = -1 \quad < 0$$

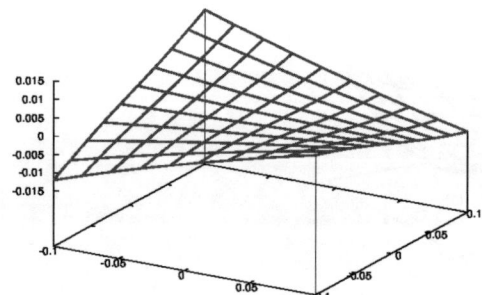

$$H_f(1,0) \quad = \quad \begin{pmatrix} 0 & 1 \\ 1 & 0 \end{pmatrix} \quad = \quad \begin{pmatrix} a & b \\ c & d \end{pmatrix}$$

$$\det\big(H_f(1,0)\big) \quad = \quad a \cdot d - b \cdot d = -1 \quad < 0$$

$(1,0)$ ist ein Sattelpunkt.

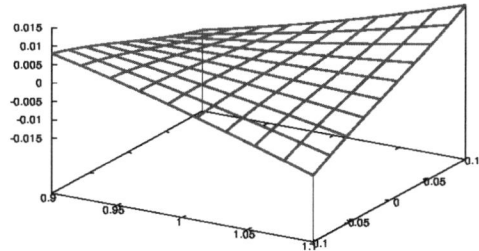

$$H_f\left(\tfrac{1}{2}, -\sqrt{\tfrac{1}{12}}\right) \quad = \quad \begin{pmatrix} -2\sqrt{\tfrac{1}{12}} & 0 \\ 0 & -6\sqrt{\tfrac{1}{12}} \end{pmatrix} \quad = \quad \begin{pmatrix} a & b \\ c & d \end{pmatrix}$$

$$\det\left(H_f\left(\tfrac{1}{2}, -\sqrt{\tfrac{1}{12}}\right)\right) \quad = \quad a \cdot d - b \cdot d \quad = 12 \cdot \tfrac{1}{12} \quad > 0$$

$\left(\tfrac{1}{2}, -\sqrt{\tfrac{1}{12}}\right)$ ist ein lokales Extremum.

$$\frac{\partial^2 f}{\partial x^2}\left(\tfrac{1}{2}, -\sqrt{\tfrac{1}{12}}\right) \quad < \quad 0$$

$\left(\tfrac{1}{2}, -\sqrt{\tfrac{1}{12}}\right)$ ist ein lokales Maximum.

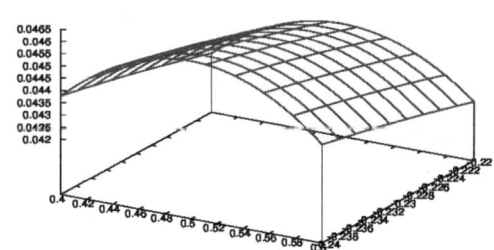

$$H_f\left(\tfrac{1}{2}, \sqrt{\tfrac{1}{12}}\right) = \begin{pmatrix} 2\sqrt{\tfrac{1}{12}} & 0 \\ 0 & 6\sqrt{\tfrac{1}{12}} \end{pmatrix} = \begin{pmatrix} a & b \\ c & d \end{pmatrix}$$

$$\det\left(H_f\left(\tfrac{1}{2}, \sqrt{\tfrac{1}{12}}\right)\right) = a \cdot d - b \cdot d = 12 \cdot \tfrac{1}{12} > 0$$

$\left(\tfrac{1}{2}, \sqrt{\tfrac{1}{12}}\right)$ ist ein lokales Extremum.

$$\frac{\partial^2 f}{\partial x^2}\left(\tfrac{1}{2}, \sqrt{\tfrac{1}{12}}\right) > 0$$

$\left(\tfrac{1}{2}, \sqrt{\tfrac{1}{12}}\right)$ ist ein lokales Minimum.

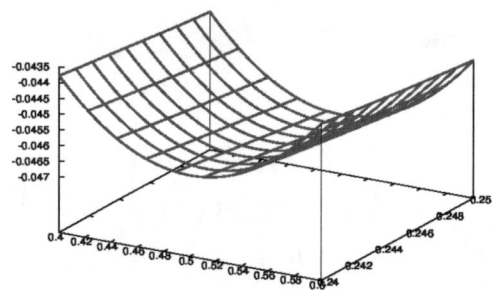

Lösung 2.43

$U(x_1, x_2) = 5 \cdot x_1^{1.4} \cdot x_2^{0.6}$

Partielle Elastizitäten:

$$\epsilon_{U,x_1} = 5 \cdot 1.4 \cdot x_1^{0.4} \cdot x_2^{0.6} \cdot \frac{x_1}{5 \cdot x_1^{1.4} \cdot x_2^{0.6}}$$

$$= 1.4 \cdot x_1^{0.4+1-1.4} \cdot x_2^{0.6-0.6} = 1.4$$

$$\epsilon_{U,x_2} = 5 \cdot 0.6 \cdot x_1^{1.4} \cdot x_2^{-0.4} \cdot \frac{x_2}{5 \cdot x_1^{1.4} \cdot x_2^{0.6}}$$

$$= 0.6 \cdot x_1^{1.4-1.4} \cdot x_2^{-0.4+1-0.6} = 0.6$$

Die Elastizitäten einer Cobb-Douglas-Funktion sind *konstant*.
Die Nutzenfunktion $U(x_1, x_2) = 5 \cdot x_1^{1.4} \cdot x_2^{0.6}$ ist

- elastisch bezüglich der Variable x_1,
- unelastisch bezüglich der Variable x_2.

Lösung 2.44

$f(x, y) = 3x^{0.4} \cdot y^{0.8} - 4x^3 \cdot y^{-1.6}$

(a) Bestimmung, ob f homogen ist:

$$\begin{aligned} f(\lambda \cdot x, \lambda \cdot y) &= 3(\lambda \cdot x)^{0.4} \cdot (\lambda \cdot y)^{0.8} - 4(\lambda \cdot x)^3 \cdot (\lambda \cdot y)^{-1.6} \\ &= \lambda^{1.2} \cdot 3x^{0.4} \cdot y^{0.8} - \lambda^{1.4} \cdot 4x^3 \cdot y^{-1.6} \end{aligned}$$

f ist nicht homogen.

(b) Elastizität von f bezüglich x im Punkt $(2, 4)$:

$$\begin{aligned} \frac{\partial f}{\partial x} &= 1.2x^{-0.6} \cdot y^{0.8} - 12x^2 \cdot y^{-1.6} \\ \epsilon_{f,x} &= \frac{\partial f}{\partial x} \cdot \frac{x}{f(x,y)} \\ &= (1.2x^{-0.6} \cdot y^{0.8} - 12x^2 \cdot y^{-1.6}) \cdot \frac{x}{3x^{0.4} \cdot y^{0.8} - 4x^3 \cdot y^{-1.6}} \\ &= \frac{1.2x^{0.4} \cdot y^{0.8} - 12x^3 \cdot y^{-1.6}}{3x^{0.4} \cdot y^{0.8} - 4x^3 \cdot y^{-1.6}} \\ \\ \epsilon_{f,x}(2, 4) &= \frac{1.2 \cdot 2^{0.4} \cdot 4^{0.8} - 12 \cdot 2^3 \cdot 4^{-1.6}}{3 \cdot 2^{0.4} \cdot 4^{0.8} - 4 \cdot 2^3 \cdot 4^{-1.6}} \\ &= -0.6629 \end{aligned}$$

Lösung 2.45

$U(x_1, x_2) = x_1^{0.25} \cdot x_2^{0.75}$

$P(x_1, x_2) = p_1 \cdot x_1 + p_2 \cdot x_2 = 10 \cdot x_1 + 15 \cdot x_2$

Maximierung des Nutzens unter der Nebenbedingung, dass
$g(x_1, x_2) = 100 - 10x_1 - 15x_2 = 0$ ist:

Lagrangefunktion:

$$\begin{aligned} \mathcal{L}(x_1, x_2, \lambda) &= x_1^{0.25} \cdot x_2^{0.75} + \lambda \cdot (100 - 10x_1 - 15x_2) \\ \frac{\partial \mathcal{L}}{\partial x_1} &= 0.25 \cdot x_1^{-0.75} \cdot x_2^{0.75} - \lambda \cdot 10 \\ \frac{\partial \mathcal{L}}{\partial x_2} &= 0.75 \cdot x_1^{0.25} \cdot x_2^{-0.25} - \lambda \cdot 15 \\ \frac{\partial \mathcal{L}}{\partial \lambda} &= g(x_1, x_2) = 100 - 10x_1 - 15x_2 \end{aligned}$$

Die partielle Ableitung nach λ ist gleich 0, wenn die Nebenbedingung erfüllt ist. Nullsetzen der partiellen Ableitungen nach x_1 und x_2, Auflösen nach λ und Gleichsetzen ergibt:

$$\begin{aligned} \lambda &= \frac{0.25}{10} x_1^{-0.75} x_2^{0.75} \\ &= \frac{0.75}{15} \cdot x_1^{0.25} x_2^{-0.25} \qquad \Big| \cdot \left(\frac{x_2}{x_1}\right)^{0.25} \\ \frac{0.25}{10} \cdot \frac{x_2}{x_1} &= \frac{0.75}{15} \\ x_2 &= \frac{10}{15} \cdot \frac{0.75}{0.25} \cdot x_1 \end{aligned}$$

Zusammen mit der Nebenbedingung heißt das:

$10x_1 \left(1 + \frac{0.75}{0.25}\right) = 100$, $x_1 = 100 \cdot \frac{0.25}{10} = 2.5$, $x_2 = \frac{10}{15} \frac{0.75}{0.25} \cdot 100 \cdot \frac{0.25}{10} = 100 \cdot \frac{0.75}{15} = 5$ $U(2.5, 5) = 4.2$

Die Gleichung $\frac{0.25}{10} x_1^{-0.75} x_2^{0.75} = \frac{0.75}{15} \cdot x_1^{0.25} x_2^{-0.25}$

entspricht dem 2. Gossen'schen Gesetz:

$$\frac{1}{10} \cdot 0.25 x_1^{-0.75} x_2^{0.75} = \frac{1}{15} \cdot 0.75 \cdot x_1^{0.25} x_2^{-0.25}$$

$$\frac{0.25 x_1^{-0.75} x_2^{0.75}}{0.75 \cdot x_1^{0.25} x_2^{-0.25}} = \frac{10}{15}$$

$$\frac{\frac{\partial U}{\partial x_1}}{\frac{\partial U}{\partial x_2}} = \frac{p_1}{p_2}$$

Nicht gefragt:

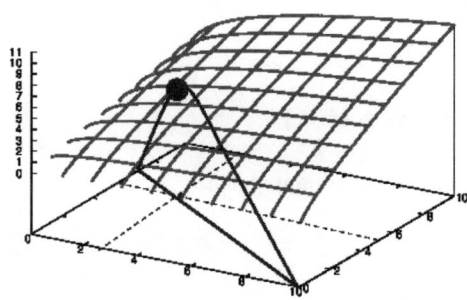

Budgetbeschränkung: $x_2 = 6.67 + 0.67 \cdot x_1$

Niveaulinien und *Budgetgerade*:

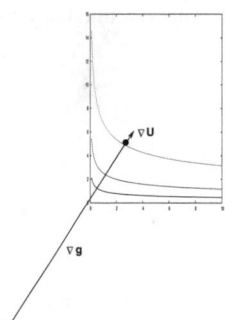

Niveaulinien zu Niveaus
$U = 1, U = 2$ und $U = 4.2$,
Nebenbedingung,
Gradienten

Lösung 2.46

$U(x_1, x_2) = 5x_1^{0.2} \cdot x_2^{0.8}$

(a) Grenznutzen:

$$\frac{\partial U}{\partial x_1} = 5 \cdot 0.2 \cdot x_1^{-0.8} \cdot x_2^{0.8} = x_1^{-0.8} \cdot x_2^{0.8}$$

$$\frac{\partial U}{\partial x_2} = 5 \cdot 0.8 \cdot x_1^{0.2} \cdot x_2^{-0.2} = 4 \cdot x_1^{0.2} \cdot x_2^{-0.2}$$

(b) 1. Gossen'sches Gesetz:

$$\frac{\partial U}{\partial x_1} = 5 \cdot 0.2 \cdot x_1^{-0.8} \cdot x_2^{0.8} \quad > 0 \,,$$

$$\frac{\partial U}{\partial x_2} = 4 \cdot x_1^{0.2} \cdot x_2^{-0.2} \quad > 0 \text{ für Mengen}$$

$$x_1, x_2 \quad > 0$$

$$\frac{\partial^2 U}{\partial x_1^2} = -0.8 \cdot x_1^{-1.8} \cdot x_2^{0.8} \quad < 0$$

$$\frac{\partial^2 U}{\partial x_2^2} = -0.8 \cdot x_1^{0.2} \cdot x_2^{-1.2} \quad < 0 \text{ für Mengen}$$

$$x_1, x_2 \quad > 0$$

(c) Homogenitätsgrad:

$$U(\lambda \cdot x_1, \lambda \cdot x_2) = 5 (\lambda \cdot x_1)^{0.2} \cdot (\lambda \cdot x_2)^{0.8}$$
$$= \lambda \cdot 5x_1^{0.2} \cdot x_2^{0.8}$$

Der Homogenitätsgrad ist = 1.

(d) Funktionsgleichung $x_2(x_1)$ der Indifferenzkurve $U(x_1, x_2) = 100$:

$$U(x_1, x_2) = 100$$

$$5x_1^{0.2} \cdot x_2^{0.8} = 100$$

$$x_2^{0.8} = \frac{100}{5} \cdot x_1^{-0.2}$$
$$= 20 \cdot x_1^{-0.2}$$

$$x_2 = 20^{\frac{10}{8}} \cdot x_1^{-\frac{2}{10} \cdot \frac{10}{8}}$$
$$= 20^{\frac{5}{4}} \cdot x_1^{-\frac{1}{4}}$$

(e) Optimierung unter der Budgetbeschränkung $0.5x_1 + 4x_2 = 10$:

Lagrange-Ansatz

(1.) $\mathcal{L}(x_1, x_2, \lambda) = U(x_1, x_2) + \lambda \cdot (C - p_1 x_1 - p_2 x_2)$
$$= 5x_1^{0.2} \cdot x_2^{0.8} + \lambda \cdot (10 - 0.5x_1 - 4x_2)$$

$$\frac{\partial \mathcal{L}}{\partial x_1} = x_1^{-0.8} \cdot x_2^{0.8} - 0.5\lambda$$

$$\frac{\partial \mathcal{L}}{\partial x_2} = 4 \cdot x_1^{0.2} \cdot x_2^{-0.2} - 4\lambda$$

$$\frac{\partial \mathcal{L}}{\partial \lambda} = 10 - 0.5x_1 - 4x_2$$

(2.) $\frac{1}{0.5} \cdot \left(x_1^{-0.8} \cdot x_2^{0.8} \right) \quad = \quad \lambda$

$\frac{1}{4} \cdot \left(4 \cdot x_1^{0.2} \cdot x_2^{-0.2} \right) \quad = \quad \lambda$

$\left. \frac{1}{0.5} \cdot \left(x_1^{-0.8} \cdot x_2^{0.8} \right) \quad = \quad \frac{1}{4} \cdot \left(4 \cdot x_1^{0.2} \cdot x_2^{-0.2} \right) \right| \begin{array}{l} \cdot 0.5 \cdot x_1^{0.8} \\ \cdot x_2^{0.2} \end{array}$

$\left(\frac{1}{p_1} \cdot \frac{\partial U}{\partial x_1} \right) \quad = \quad \left(\frac{1}{p_2} \cdot \frac{\partial U}{\partial x_2} \right) \quad$ (2. Gossen'sches Gesetz)

$x_2 = 0.5 \cdot x_1$

(3.) Einsetzen in Nebenbedingung:

$10 \quad = \quad 0.5x_1 + 4x_2$

$= \quad 0.5x_1 + 4 \cdot 0.5 \cdot x_1 = 2.5 \cdot x_1$

$x_1 \quad = \quad 4$

$x_2 \quad = \quad 2$

$U(4,2) \quad = \quad 5x_1^{0.2} \cdot x_2^{0.8} \quad = \quad 5 \cdot 4^{0.2} \cdot 2^{0.8}$

$= \quad 5 \cdot 2^{0.4+0.8} \quad = \quad 11.4870$

(4.) $\epsilon_{U,x_1} \quad = \quad \frac{\partial U}{\partial x_1} \cdot \frac{x_1}{U(x_1,x_2)}$

$= \quad x_1^{-0.8} \cdot x_2^{0.8} \cdot \frac{x_1}{5x_1^{0.2} \cdot x_2^{0.8}} \quad = \quad \frac{1}{5}$

$\epsilon_{U,x_2} \quad = \quad \frac{\partial U}{\partial x_2} \cdot \frac{x_2}{U(x_1,x_2)}$

$= \quad 4 \cdot x_1^{0.2} \cdot x_2^{-0.2} \cdot \frac{x_2}{5x_1^{0.2} \cdot x_2^{0.8}} \quad = \quad \frac{4}{5}$

Beide Elastizitäten sind konstant.
(Bezüglich beider Waren ist der Nutzen unelastisch.)

Lösung 2.47

$f(x,y) = x^2 + xy + y^2$

(a) Partielle Elastizitäten:

$\epsilon_{f,x} \quad = \quad (2x + y) \cdot \frac{x}{x^2+xy+y^2}$

$\epsilon_{f,y} \quad = \quad (x + 2y) \cdot \frac{y}{x^2+xy+y^2}$

(b) Partielle Elastizitäten im Punkt $(10, 20)$:

$\epsilon_{f,x}(10, 20) \quad = \quad 0.571$

$\epsilon_{f,y}(10, 20) \quad = \quad 1.429$

f ist bezüglich x in diesem Punkt unelastisch, da $\left| \epsilon_{f,x}(10, 20) \right| < 1$.

(c) Minimum unter der Nebenbedingung $0.5x + 4y = 10$:

$\mathcal{L}(x, y, \lambda) \quad = \quad x^2 + xy + y^2 + \lambda \cdot (10 - 0.5x - 4y)$

$\frac{\partial \mathcal{L}}{\partial x} \quad = \quad 2x + y - 0.5\lambda = 0$

$\frac{\partial \mathcal{L}}{\partial y} \quad = \quad x + 2y - 4\lambda = 0$

$\frac{\partial \mathcal{L}}{\partial \lambda} \quad = \quad 10 - 0.5x - 4y = 0$

$$2x + y = 0.5\lambda$$
$$x + 2y = 4\lambda$$
$$4x + 2y = \lambda$$
$$0.25x + 0.5y = \lambda$$
$$4x + 2y = 0.25x + 0.5y$$
$$1.5y = -3.75x$$
$$y = -2.5x$$

$$0.5x - 4 \cdot 2.5x = 10$$
$$x = -1.0526$$
$$y = 2.6316$$
$$f(-1.0526, 2.6316) = 5.2632$$

Bemerkung:
Dass dies der niedrigste Punkt von f auf dem Weg $y = 2.5 - 0.125 \cdot x$ ist, können Sie erkennen, wenn Sie statt des Lagrange-Ansatzes die Nebenbedingung nach y auflösen und in die Funktion einsetzen:

$$0.5x + 4y = 10$$
$$y = 2.5 - 0.125x$$
$$\tilde{f}(x) = x^2 + x \cdot (2.5 - 0.125x) + (2.5 - 0.125x)^2$$
$$= 0.890625x^2 + 1.875x + 6.25$$
$$\tilde{f}'(x) = 1.78125x + 1.875 = 0 \Leftrightarrow$$
$$x = -1.0526 \Rightarrow$$
$$y = 2.6316$$
$$\tilde{f}''(x) = 1.78125 > 0$$

Dieser Punkt ist ein lokales Minimum der Funktion
$\tilde{f}(x) = f(x, 2.5 - 0.125 \cdot x)$.

Auf dem Pfad $y = 2.5 - 0.125 \cdot x$ nimmt f in $x = -1.0526$, $y = 2.6316$ den niedrigsten Punkt an.

(d) 2. Gossen'sches Gesetz:
$$2 \cdot (2x + y) = \tfrac{1}{4} \cdot (x + 2y)$$

$$\left(\frac{1}{p_1} \cdot \frac{\partial u}{\partial x_1} \right) = \left(\frac{1}{p_2} \cdot \frac{\partial u}{\partial x_2} \right)$$

2.10   Bezug zu weiterführenden Anwendungen

Anwendungsbeispiele aus der VWL

Nutzenfunktionen

Die Haushaltstheorie (ein Teilbereich der Mikroökonomie) beschäftigt sich mit dem Verhalten von Konsumenten. Es wird davon ausgegangen, dass Konsumenten Präferenzen bezüglich ihres Konsums haben, d.h. sie sind in der Lage, für alle möglichen Güter eine Aussage zu treffen, welches Gut sie lieber konsumieren als ein anderes (beispielsweise lieber Kaffee als Tee, lieber T-Shirts als Hemden, lieber Kinobesuche als Kochkurse, etc.). Diese Präferenzen können mathematisch anhand einer Nutzenfunktion dargestellt werden, die üblicherweise die Form einer **Cobb-Douglas-Funktion** hat.

Wenn man nun sowohl die Nutzenfunktion und das Einkommen eines Konsumenten als auch die Preise der relevanten Güter kennt, stellt sich die Frage: Welche Menge an Gütern sollte ein Konsument konsumieren, um möglichst zufrieden zu werden (Ökonomen sprechen in diesem Zusammenhang von der **Nutzenmaximierung**)? Der **Lagrange-Ansatz** stellt den üblichen Lösungsweg dar, um eine Antwort auf diese Frage zu finden.

Homogenität

Der Homogenitätsgrad von Funktionen ist in der Unternehmenstheorie relevant. Ausgehend von den zwei Produktionsfaktoren Arbeit und Kapital wird die **Produktionsfunktion** von Unternehmen üblicherweise als **Cobb-Douglas-Funktion** dargestellt. Berechnet man den Homogenitätsgrad einer Produktionsfunktion, so lassen sich Aussagen darüber treffen, welche Outputsteigerung zu erwarten ist, wenn man den Input um einen bestimmten Betrag steigert.

Ein Beispiel:

Angenommen, die Regierung eines aufstrebenden Schwellenlandes möchte die Wertschöpfung der lokalen IT-Branche verdoppeln, um die Position des Landes im globalen Wettbewerb zu stärken. Die Regierung ergreift Fördermaßnahmen, bestehend aus Stipendien für Studierende und vergünstigten Kredite für IT-Unternehmen, es wird also sowohl der Arbeits- als auch der Kapitaleinsatz in der IT-Branche erhöht. Fraglich ist nun, um wie viel Prozent der Arbeitskräfte- und Kapitaleinsatz in dem Land erhöht werden muss, um das Ziel einer Verdoppelung des Outputs zu erreichen. Hierüber kann die Homogenität der Produktionsfunktion in der IT-Branche Auskunft geben. Folgende drei Fälle sind möglich:

- Der Homogenitätsgrad der Produktionsfunktion beträgt 1.
  - Es liegen konstante Skalenerträge vor.
  - Die Inputfaktoren müssten auch verdoppelt werden, um den Output zu verdoppeln

- Der Homogenitätsgrad der Produktionsfunktion ist kleiner 1.
  - Es liegen sinkende Skalenerträge vor.
  - Die Inputfaktoren müssten mehr als verdoppelt werden, um den Output zu verdoppeln, die staatlichen Fördermaßnahmen müssten also sehr großzügig ausfallen.
- Der Homogenitätsgrad der Produktionsfunktion ist größer 1.
  - Es liegen steigende Skalenerträge vor.
  - Mit weniger als einer Verdoppelung der Inputfaktoren würde eine Verdoppelung des Outputs erreicht. Mit einem vergleichsweise kleinen Umfang staatlicher Fördermaßnahmen könnte also eine verhältnismäßig große Wirkung erzielt werden.

3   Lineare Algebra

Die lineare Algebra behandelt mathematische Themen, die durch lineare Zusammenhänge gegeben sind und mittels eines algebraischen Kalküls dargestellt werden können. Ein Hauptthema ist das Lösen linearer Gleichungssysteme in mehreren Veränderlichen; man kann direkt mit den Gleichungen arbeiten oder solche Systeme abstrakter mittels Matrizen und Spaltenvektoren darstellen, um so systematische Lösungswege zu finden.

3.1   Lineare Gleichungssysteme

Beispiel:
Zwei Produkte werden mittels zweier Maschinen hergstellt.

Die Beanspruchung der Maschinen in Stunden pro Tonne ist in folgender Tabelle zusammengefasst:

	Produkt$_1$	Produkt$_2$
Maschine$_1$	2 Stunden	4 Stunden
Maschine$_2$	3 Stunden	1 Stunde

Die erste Maschine kann täglich 12 Stunden betrieben werden, die zweite täglich 10 Stunden.

Um herauszufinden, wie viele Tonnen x, y der Produkte unter diesen Produktionsbedingungen hergestellt werden können, wird die Situation in Form eines linearen Gleichungssystems für die Maschinenlaufzeiten dargestellt:

$$2 \cdot x + 4 \cdot y = 12$$
$$3 \cdot x + 1 \cdot y = 10$$

3.1.1   2 × 2-Systeme

Allgemeine Formulierung

$$a \cdot x + b \cdot y = e$$
$$c \cdot x + d \cdot y = f$$

Systematische Lösung

1. Wenn alle Koeffizienten $a, b, c, d = 0$ sind, ist's lösbar genau, wenn $e = f = 0$.
    Dann ist das Gleichungssystem trivial (zwei Gleichungen $0 \cdot x + 0 \cdot y = 0$), jedes Zahlenpaar $(x, y) \in \mathbb{R}^2$ ist eine Lösung.

2. Jede Gleichung, bei der mindestens einer der Koeffizienten der linken Seite ungleich 0 ist, definiert – durch Auflösen nach einer der Variablen – eine Gerade. Die Lösungsmenge L ist die Schnittmenge.

Am Beispiel:
$$y = 3 - \tfrac{1}{2} \cdot x$$
$$y = 10 - 3 \cdot x$$

Entweder kann man Vielfache der Gleichungen so zueinander addieren oder voneinander abziehen, dass genau eine der Variablen herausfällt. Dann lässt sich die entstehende Gleichung nach der anderen Variablen auflösen, die anschließend in eine der beiden ursprünglichen Gleichungen eingesetzt werden kann, um die andere Variable zu ermitteln. Das Gleichungssystem ist eindeutig lösbar.

Es ist auch möglich, dass keine auflösbare neue Gleichung entsteht: Entweder fallen beide Variablen heraus, so dass letztlich nur eine Gleichung zur Bestimmung zweier Variabler übrigbleibt; dann gibt es unendlich viele Lösungen, die eine Geraden bilden. Oder es entsteht eine Gleichung, die einen Widerspruch enthält; dann ist das Gleichungssystem nicht lösbar.

Am Beispiel:
Der Übersicht halber werden die Gleichungen mit römischen Ziffern nummeriert:

$$
\begin{array}{rclll}
2 \cdot x + 4 \cdot y & = & 12 & \text{I} & | \cdot 3 \\
3 \cdot x + 1 \cdot y & = & 10 & \text{II} & | \cdot 2 \\
\hline
6 \cdot x + 12 \cdot y & = & 36 & \text{I} & \\
-)\quad 6 \cdot x + 2 \cdot y & = & 20 & \text{II} & \\
\hline
(12 - 2) \cdot y & = & (36 - 20) & & \\
y & = & 1.6 & & \\
x & = & \frac{12 - 4 \cdot 1.6}{2} & & \\
& = & 2.8 & &
\end{array}
$$

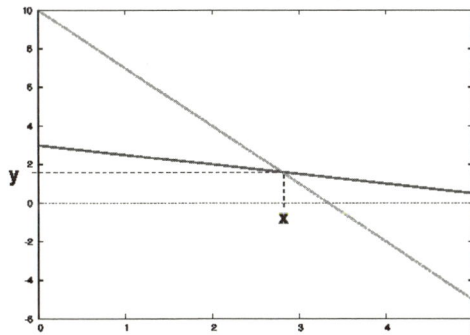

In allgemeiner Form, etwa für $a \neq 0, c \neq 0$:

$$
\begin{array}{llll}
a \cdot x + b \cdot y & = e & \text{I} & | \cdot c \\
c \cdot x + d \cdot y & = f & \text{II} & | \cdot a \\
\hline
ac \cdot x + bc \cdot y & = ec & \text{I} & \\
-) \quad ac \cdot x + ad \cdot y & = af & \text{II} & \\
\hline
(bc - ad) \cdot y & = (ec - af) & & | \cdot (-1) \\
(ad - bc) \cdot y & = (af - ec) & &
\end{array}
$$

Die Koeffizienten der linken Seite werden in einer *Matrix* $\mathbf{A} = \begin{pmatrix} a & b \\ c & d \end{pmatrix}$ gesammelt.

Die Lösbarkeit eines 2×2-Gleichungssystems hängt von der *Determinante* der Koeffizientenmatrix

$$
\det(\mathbf{A}) = \det \begin{pmatrix} a & b \\ c & d \end{pmatrix} = \begin{vmatrix} a & b \\ c & d \end{vmatrix} = ad - bc
$$

und zusätzlich von den gemischten Ausdrücken

$$
\det \begin{pmatrix} e & b \\ f & d \end{pmatrix} = \begin{vmatrix} e & b \\ f & d \end{vmatrix} \text{ und } \det \begin{pmatrix} a & e \\ c & f \end{pmatrix} = \begin{vmatrix} a & e \\ c & f \end{vmatrix} \text{ ab:}
$$

Wenn $\det(\mathbf{A}) \neq 0$ ist, ist das Gleichungssystem eindeutig lösbar.

Cramer'sche Regel:

$$x = \frac{de-bf}{ad-bc} = \frac{\begin{vmatrix} e & b \\ f & d \end{vmatrix}}{\begin{vmatrix} a & b \\ c & d \end{vmatrix}}$$

$$y = \frac{af-ec}{ad-bc} = \frac{\begin{vmatrix} a & e \\ c & f \end{vmatrix}}{\begin{vmatrix} a & b \\ c & d \end{vmatrix}}$$

Wenn $\det(\mathbf{A}) = 0$ ist und $\begin{vmatrix} a & e \\ c & f \end{vmatrix} = 0$ und $\begin{vmatrix} e & b \\ f & d \end{vmatrix} = 0$ sind, ist das Gleichungssystem lösbar, aber nicht eindeutig. (Jede Zahl y erfüllt die Gleichung $(bc - ad) \cdot y = (ec - af)$.)

Eine der Variablen, x oder y, kann beliebig gewählt werden, die andere liegt dann fest.

Wenn $\det(\mathbf{A}) = 0$ und $\begin{vmatrix} a & e \\ c & f \end{vmatrix} \neq 0$ oder $\begin{vmatrix} e & b \\ f & d \end{vmatrix} \neq 0$, ist das Gleichungssystem widersprüchlich und damit nicht lösbar.

Geometrische Interpretation im Fall zweier Geraden:

Drei Fälle sind möglich:

(a)   Die beiden Geraden sind nicht parallel.

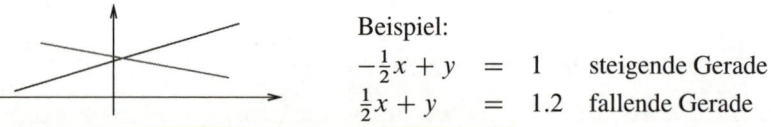

Beispiel:

$$-\tfrac{1}{2}x + y = 1 \quad \text{steigende Gerade}$$
$$\tfrac{1}{2}x + y = 1.2 \quad \text{fallende Gerade}$$

(b)   Die beiden Geraden sind parallel und verschieden.

Beispiel:

$$-\tfrac{1}{2}x + y = 1 \quad \text{obere Gerade}$$
$$-\tfrac{1}{2}x + y = \tfrac{1}{2} \quad \text{untere Gerade}$$

(c)   Die beiden Geraden sind identisch.

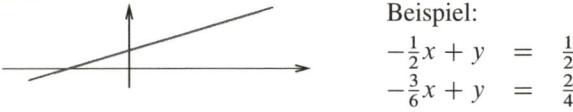

Beispiel:

$$-\tfrac{1}{2}x + y = \tfrac{1}{2}$$
$$-\tfrac{3}{6}x + y = \tfrac{2}{4}$$

Weitere Anwendung (Rechnungswesen I):

Beispiel:
Der Kostenstellenplan eines Betriebs weist zwei Hilfskostenstellen und zwei Hauptkostenstellen aus.

Hilfskostenstellen haben mit dem Endprodukt nur mittelbar zu tun, Hauptkostenstellen dagegen unmittelbar.

Hilfskostenstellen können etwa Kantine und Energie, Hauptkostenstellen Material und Fertigung sein.

Folgende Tabelle zeigt die Leistungsverflechtung sowie die primären Gemeinkosten der Kostenstellen in Euro:

Primäre		Abgebende Kostenstelle			
Gemein-		Hiko I	Hiko II	Material	Fertigung
kosten		500	400	300	800
Emp-	Hiko I	–	0.3		
fangende	Hiko II	0.2	–		
Kosten-	Material	0.5	0.4		
stelle	Fertigung	0.3	0.3		

Das heißt, dass bei Hilfskostenstelle I 500 Geldeinheiten Kosten entstehen, die zu 20 % auf Hilfskostenstelle II, zu 50 % auf die Abteilung Material und zu 30 % auf die Abteilung Fertigung umgewälzt werden. Bei Hilfskostenstelle II entstehen 400 Geldeinheiten Kosten, von denen 30 % auf Hilfskostenstelle I, 40 % auf Material und 30 % auf Fertigung verteilt werden. Bei Material entstehen 300 Geldeinheiten Kosten, bei Fertigung 800 Geldeinheiten Kosten, die aber jeweils dieser Abteilung zugeschrieben werden.

Ermitteln Sie die Gesamtkosten jeder Kostenstelle.

Lösung:
Für jede Kostenstelle ist zu lösen:

Gesamtkosten der Kostenstelle =
in der Abteilung anfallende primäre Kosten +
Kosten erhaltener Leistungen aus anderen Abteilungen

$$
\begin{aligned}
K_1 &= 500 + 0.3 \cdot K_2 \\
K_2 &= 400 + 0.2 \cdot K_1 \\
K_3 &= 300 + 0.5 \cdot K_1 + 0.4 \cdot K_2 \\
K_4 &= 800 + 0.3 \cdot K_1 + 0.3 \cdot K_2
\end{aligned}
$$

Dies ist ein lineares Gleichungssystem mit 4 Gleichungen und 4 Unbekannten, aber man kann es in zwei Systeme à 2 Gleichungen in 2 Unbekannten unterteilen:

1. Man kann zunächst das System der oberen beiden Gleichungen lösen:

$$
\begin{aligned}
K_1 &= 500 + 0.3 \cdot K_2 \\
K_2 &= 400 + 0.2 \cdot K_1
\end{aligned}
$$

(I) Direkte Lösung des 2×2-Gleichungssystems:

$$
\begin{aligned}
K_1 &= 500 + 0.3 K_2 \\
K_2 &= 400 + 0.2 \cdot (500 + 0.3 K_2) \\
&= 500 + 0.06 K_2 \\
0.94 K_2 &= 500 \\
K_2 &= 531.91 \\
K_1 &= 500 + 0.3 \cdot 531.91 \\
&= 659.57
\end{aligned}
$$

(II) Lösung mittels der Koeffizientenmatrix:

$$
\begin{aligned}
K_1 - 0.3 \cdot K_2 &= 500 \\
K_2 - 0.2 \cdot K_1 &= 400
\end{aligned}
$$

$$
A = \begin{pmatrix} 1 & -0.3 \\ -0.2 & 1 \end{pmatrix}
$$

$\det(A) = 1 - 0.06 = 0.94 \neq 0$: Das Gleichungssystem ist eindeutig lösbar.

$$
K_1 = \frac{\begin{vmatrix} 500 & -0.3 \\ 400 & 1 \end{vmatrix}}{0.94} = \frac{500 + 0.3 \cdot 400}{0.94} = 659.57
$$

$$
K_2 = \frac{\begin{vmatrix} 1 & 500 \\ -0.2 & 400 \end{vmatrix}}{0.94} = \frac{400 + 0.2 \cdot 500}{0.94} = 531.91
$$

2. Daraus ergeben sich K_3 und K_4:

$$
\begin{aligned}
K_3 &= 300 + 0.5 \cdot 659.57 + 0.4 \cdot 531.91 = 842.55 \\
K_4 &= 800 + 0.3 \cdot 659.57 + 0.3 \cdot 531.91 = 1157.44
\end{aligned}
$$

3.1.2 Allgemeine lineare Gleichungssysteme

Ein lineares Gleichungssystem von m Gleichungen in n Variablen wird allgemein mit Koeffizienten notiert, die durch Zeilen- und Spaltenindex gekennzeichnet sind:

$$
\begin{aligned}
a_{11}x_1 + a_{12}x_2 + \cdots + a_{1n}x_n &= b_1 \\
a_{21}x_1 + a_{22}x_2 + \cdots + a_{2n}x_n &= b_2 \\
&\ \ \vdots \\
a_{m1}x_1 + a_{m2}x_2 + \cdots + a_{mn}x_n &= b_m
\end{aligned}
$$

Beispiel:

$$
\begin{aligned}
3x_1 + 4x_2 - 2x_3 &= 5 \\
2x_1 + 3x_2 + x_3 &= 1 \\
4x_1 - 6x_2 + 2x_3 &= 2
\end{aligned}
$$

3.2 Vektorrechnung und Matrizen

3.2.1 Gleichungssysteme und Matrizen

Ein lineares Gleichungssystem von m Gleichungen mit n Unbekannten lässt sich mit der zugehörigen $m \times n$-Matrix $\mathbf{A}$ und der Spalte $\vec{b}$ schematisch darstellen in der Form

$$
\overset{\mathbf{A}}{
\begin{pmatrix}
a_{11} & a_{12} & \dots & a_{1n} \\
a_{21} & a_{22} & \dots & a_{2n} \\
\vdots & & & \vdots \\
a_{m1} & a_{m2} & \dots & a_{mn}
\end{pmatrix}}
\cdot
\overset{\vec{x}}{
\begin{pmatrix}
x_1 \\
\vdots \\
x_n
\end{pmatrix}}
\overset{=}{}
\overset{\vec{b}}{
\begin{pmatrix}
b_1 \\
\vdots \\
b_m
\end{pmatrix}}
$$

Die Multiplikation einer Matrix mit einer Spalte geschieht zeilenweise:

$$
\begin{pmatrix} a_{11} & \dots & a_{1n} \end{pmatrix}
\cdot
\begin{pmatrix} x_1 \\ \vdots \\ x_n \end{pmatrix}
=
\begin{pmatrix} a_{11} \cdot x_1 + \cdots + a_{1n} \cdot x_n \end{pmatrix}
$$

Beispiel:

$$
\begin{aligned}
3x_1 + 4x_2 - 2x_3 &= 5 \\
2x_1 + 3x_2 + x_3 &= 1 \\
4x_1 - 6x_2 + 2x_3 &= 2
\end{aligned}
$$

Schematische Darstellung mittels Koeffizientenmatrix:

$$\begin{pmatrix} 3 & 4 & -2 \\ 2 & 3 & 1 \\ 4 & -6 & 2 \end{pmatrix} \cdot \begin{pmatrix} x_1 \\ x_2 \\ x_3 \end{pmatrix} = \begin{pmatrix} 5 \\ 1 \\ 2 \end{pmatrix}$$

Multiplikation:

$$\begin{pmatrix} 3 & 4 & -2 \\ 2 & 3 & 1 \\ 4 & -6 & 2 \end{pmatrix} \cdot \begin{pmatrix} x_1 \\ x_2 \\ x_3 \end{pmatrix} = \begin{pmatrix} 3x_1 + 4x_2 - 2x_3 \\ 2x_1 + 3x_2 + x_3 \\ 4x_1 - 6x_2 + 2x_3 \end{pmatrix}$$
$$\mathbf{A} \qquad \cdot \qquad \vec{x} \quad = \qquad \vec{b}$$

Im Folgenden werden wir uns mit dem algebraischen Kalkül von Spalten und Matrizen befassen. Es ist wichtig, im Kopf zu behalten, dass man wie im obigen Beispiel lineare Beziehungen zwischen Größen gleichwertig durch ein lineares Gleichungssystem oder durch Matrizen und Spalten darstellen kann. Typischerweise wechselt man zwischen beiden Darstellungen hin und her, je nach dem, welche gerade besser handhabbar ist.

3.2.2 Vektorräume

Zunächst befassen wir uns mit den Spalten, die zur formalen Darstellung eines linearen Gleichungssystems genutzt werden können.

Die Spalten, mit denen hier gearbeitet wird, werden auch Vektoren genannt. Hierzu zunächst die formale Definition, was Vektoren mathematisch sind:

Definition

Ein *reeller Vektorraum V* ist eine Menge, deren Elemente addiert und mit Zahlen multipliziert werden können, so dass für Elemente $\vec{x}, \vec{y}$ von V und reelle Zahlen a, b die üblichen Rechengesetze gelten:

$$a \cdot \vec{x} \in V$$

Das Produkt aus Zahl und Vektor ist wieder ein Vektor.

$$a \cdot (\vec{x} + \vec{y}) = a \cdot \vec{x} + a \cdot \vec{y}$$
Zahl · (Summe zweier Vektoren) =
Zahl · erstem Vektor + Zahl · zweitem Vektor

$(a + b) \cdot \vec{x} = a \cdot \vec{x} + b \cdot \vec{x}$
(Summe zweier Zahlen) $\cdot$ Vektor =
erste Zahl $\cdot$ Vektor + zweite Zahl $\cdot$ Vektor

$(a \cdot b) \cdot \vec{x} = a \cdot (b \cdot \vec{x})$
(Produkt zweier Zahlen) $\cdot$ Vektor =
erste Zahl $\cdot$ (Produkt aus zweiter Zahl und Vektor)

$1 \cdot \vec{x} = \vec{x}$
$1 \cdot$ Vektor = selber Vektor

Die Spalten einer gegebenen Länge m können mit Zahlen multipliziert und sie können addiert werden, so dass diese Rechenregeln gelten. Sie bilden daher einen Vektorraum, der mit $\mathbb{R}^m$ bezeichnet wird.

Beispiele:
für den $\mathbb{R}^3$:

$$3 \cdot \begin{pmatrix} 1 \\ -2 \\ 3 \end{pmatrix} = \begin{pmatrix} 3 \\ -6 \\ 9 \end{pmatrix}$$

$$\begin{pmatrix} 1 \\ 2 \\ 3 \end{pmatrix} + \begin{pmatrix} 4 \\ 5 \\ -6 \end{pmatrix} = \begin{pmatrix} 5 \\ 7 \\ -3 \end{pmatrix}$$

3.2.3 Matrixoperationen

Nun befassen wir uns mit den Matrizen, die zur formalen Darstellung eines linearen Gleichungssystems genutzt werden können:

Eine Matrix kann *mit einer Zahl multipliziert* werden:

Beispiel 1ex:

$$5 \cdot \begin{pmatrix} 3 & 2 & 1 \\ 4 & 1 & 3 \end{pmatrix} = \begin{pmatrix} 15 & 10 & 5 \\ 20 & 5 & 15 \end{pmatrix}$$

Matrizen derselben Größe, d. h. derselben Länge und Breite, lassen sich elementweise *addieren*:

Beispiel 1ex:

$$\begin{pmatrix} 3 & 2 & 1 \\ 4 & 1 & 3 \end{pmatrix} + \begin{pmatrix} 5 & 2 & 4 \\ 1 & 3 & 2 \end{pmatrix} = \begin{pmatrix} 8 & 4 & 5 \\ 5 & 4 & 5 \end{pmatrix} = C$$

Auch die $m \times n$-Matrizen bilden einen Vektorraum, $\mathbb{R}^{m \times n}$.

Eine Matrix kann zeilenweise *mit einem Vektor multipliziert* werden, dessen Länge gleich der Breite der Matrix ist:

Beispiel:

$$\begin{pmatrix} 4 & 2 & 1 \\ 6 & 3 & 2 \end{pmatrix} \cdot \begin{pmatrix} 5 \\ 2 \\ 3 \end{pmatrix} = \begin{pmatrix} 4 \cdot 5 & + & 2 \cdot 2 & + & 1 \cdot 3 \\ 6 \cdot 5 & + & 3 \cdot 2 & + & 2 \cdot 3 \end{pmatrix}$$

$$= \begin{pmatrix} 27 \\ 42 \end{pmatrix}$$

Zwei Matrizen können *miteinander multipliziert* werden, wenn die Breite der ersten gleich der Länge der zweiten ist:

Beispiel:

$$\begin{pmatrix} 4 & 2 & 1 \\ 6 & 3 & 2 \end{pmatrix} \cdot \begin{pmatrix} 2 & 3 & 0 & 1 \\ 1 & 5 & 0 & 0 \\ 3 & 4 & 1 & 0 \end{pmatrix} = \begin{pmatrix} 13 & 26 & 1 & 4 \\ 21 & 41 & 2 & 6 \end{pmatrix}$$

Die erste Matrix wird sukzessive mit den Spalten der zweiten Matrix multipliziert.

Zu beachten: Im Allgemeinen ist $A \cdot B \neq B \cdot A$.

Erinnerung:
Beispiel:
Der Kostenstellenplan eines Betriebs weist zwei Hilfskostenstellen und zwei Hauptkostenstellen aus.

Folgende Tabelle zeigt die Leistungsverflechtung sowie die primären Gemeinkosten der Kostenstellen in Euro:

Primäre		Abgebende Kostenstelle			
Gemein-		Hiko I	Hiko II	Material	Fertigung
kosten		500	400	300	800
Emp-	Hiko I	–	0.3		
fangende	Hiko II	0.2	–		
Kosten-	Material	0.5	0.4		
stelle	Fertigung	0.3	0.3		

Ermitteln Sie die Gesamtkosten jeder Kostenstelle.

Die Bedingung an die Kosten:

Gesamtkosten der Kostenstelle =
in der Abteilung anfallende primäre Kosten +
Kosten erhaltener Leistungen aus anderen Abteilungen

lässt sich mit Hilfe der Matrixschreibweise notieren in der Form

$$
\begin{pmatrix} K_1 \\ K_2 \\ K_3 \\ K_4 \end{pmatrix} = \begin{pmatrix} 500 \\ 400 \\ 300 \\ 800 \end{pmatrix} + \begin{pmatrix} 0 & 0.3 & 0 & 0 \\ 0.2 & 0 & 0 & 0 \\ 0.5 & 0.4 & 0 & 0 \\ 0.3 & 0.3 & 0 & 0 \end{pmatrix} \cdot \begin{pmatrix} K_1 \\ K_2 \\ K_3 \\ K_4 \end{pmatrix}
$$

Das *Transponieren einer Matrix* entspricht dem Vertauschen von Zeilen mit Spalten in derselben Reihenfolge wie vorher.

Beispiel:
Produktionskoeffizienten (Std./Mengeneinheit):

	$Produkt_1$	$Produkt_2$	$Produkt_3$
$Maschine_1$	2	3	4
$Maschine_2$	1	5	2

entspricht $\begin{pmatrix} 2 & 3 & 4 \\ 1 & 5 & 2 \end{pmatrix}$

Dagegen

	$Maschine_1$	$Maschine_2$
$Produkt_1$	2	1
$Produkt_2$	3	5
$Produkt_2$	4	2

entspricht $\begin{pmatrix} 2 & 1 \\ 3 & 5 \\ 4 & 2 \end{pmatrix} = \begin{pmatrix} 2 & 3 & 4 \\ 1 & 5 & 2 \end{pmatrix}^T$

Das Transponieren eines Spaltenvektors ergibt einen »Zeilenvektor«.

Beispiel:

$$
\begin{pmatrix} -1 \\ 2 \\ 3 \end{pmatrix}^T = \begin{pmatrix} -1 & 2 & 3 \end{pmatrix}
$$

3.2.4 Die Einheitsmatrix

$$
\mathbf{E} = \begin{pmatrix}
1 & 0 & 0 & \ldots & 0 \\
0 & 1 & 0 & \ldots & 0 \\
0 & 0 & 1 & \ldots & 0 \\
\vdots & & & & \vdots \\
0 & 0 & 0 & \ldots & 1
\end{pmatrix}
$$

Die $n \times n$-Einheitsmatrix wird auch $\mathbf{E}_n$ genannt.

Eigenschaften:

- Die Einheitsmatrix beschreibt eine 1:1-Umsetzung
  (Maschinen - Produkte, Bauelemente - Erzeugnisse)
- Multiplikation mit der Einheitsmatrix bewirkt keine Veränderung:
  $\mathbf{E} \cdot \vec{x} \quad = \vec{x}$ für jeden Spaltenvektor $\vec{x}$
  $\mathbf{E} \cdot \mathbf{B} \quad = \mathbf{B} \cdot \mathbf{E} = \mathbf{B}$ für jede Matrix $\mathbf{B}$
- $\mathbf{E}^T \quad = \mathbf{E}$

3.2.5 Quadratische Systeme, Determinanten

Ein lineares Gleichungssystem $\mathbf{A} \cdot \vec{x} = \vec{b}$ kann nur dann eindeutig lösbar sein, wenn es genauso viele unabhängige Bedingungen wie Unbekannte enthält.

Wenn es zu einer quadratischen Matrix $\mathbf{A}$ die sogenannte *inverse Matrix* $\mathbf{A}^{-1}$ gibt mit

$$\mathbf{A} \cdot \mathbf{A}^{-1} = \mathbf{A}^{-1} \cdot \mathbf{A} = \mathbf{E},$$

dann ist für jeden Vektor $\vec{b}$ das Gleichungssystem $\mathbf{A} \cdot \vec{x} = \vec{b}$ eindeutig lösbar, denn Multiplikation dieser Gleichung von links mit $\mathbf{A}^{-1}$ ergibt:

$$\vec{x} \quad = \quad \mathbf{A}^{-1} \cdot \vec{b}$$

Umgekehrt gilt auch:

Wenn zu *jedem* Vektor $\vec{b}$ der rechten Seite eine eindeutige Lösung $\vec{x}$ existiert, dann ist die Matrix $\mathbf{A}$

invertierbar:
Es gibt die inverse Matrix $\mathbf{A}^{-1}$ mit $\mathbf{A} \cdot \mathbf{A}^{-1} = \mathbf{A}^{-1} \cdot \mathbf{A} = \mathbf{E}$

Dieser Umgang mit Matrizen, der recht abstrakt erscheint, orientiert sich daran, wie man mit Zahlen umgehen kann:

Beispiel:

Zahlen	Matrizen
$4 \cdot 4^{-1} \; - \; 1$	$\begin{pmatrix} 4 & 0 \\ 0 & 4 \end{pmatrix} \cdot \begin{pmatrix} 0.25 & 0 \\ 0 & 0.25 \end{pmatrix} = \begin{pmatrix} 1 & 0 \\ 0 & 1 \end{pmatrix}$

Gleichung mit Zahlen	Gleichung mit einer Matrix
$4 \cdot x \;=\; 8 \quad \mid \cdot 4^{-1}$	$\mathbf{A} \quad \cdot \quad \vec{x} \;=\; \vec{b} \quad \mid \cdot \mathbf{A}^{-1}$
	$\begin{pmatrix} 4 & 0 \\ 0 & 4 \end{pmatrix} \cdot \begin{pmatrix} x_1 \\ x_2 \end{pmatrix} \;=\; \begin{pmatrix} 8 \\ 5 \end{pmatrix}$
$x \;=\; 4^{-1} \cdot 8$	$\vec{x} \;=\; \mathbf{A}^{-1} \cdot \vec{b}$
	$\begin{pmatrix} x_1 \\ x_2 \end{pmatrix} \;=\; \begin{pmatrix} 0.25 & 0 \\ 0 & 0.25 \end{pmatrix} \cdot \begin{pmatrix} 8 \\ 5 \end{pmatrix}$
$x \;=\; 2$	$\;=\; \begin{pmatrix} 2 \\ 1.25 \end{pmatrix}$

Beispiel 1ex:

$$\begin{pmatrix} 0 & 0 & 1 \\ 0 & 1 & 0 \\ 1 & -2 & -1 \end{pmatrix} \cdot \begin{pmatrix} 1 & 2 & 1 \\ 0 & 1 & 0 \\ 1 & 0 & 0 \end{pmatrix} = \begin{pmatrix} 1 & 0 & 0 \\ 0 & 1 & 0 \\ 0 & 0 & 1 \end{pmatrix}$$
$$\mathbf{A}^{-1} \quad\quad \cdot \quad\quad \mathbf{A} \quad\quad = \quad\quad \mathbf{E}$$

Dann ist die Lösung der Gleichung

$$\mathbf{A} \quad\quad \cdot \quad \vec{x} \;=\; \vec{b}$$
$$\begin{pmatrix} 1 & 2 & 1 \\ 0 & 1 & 0 \\ 1 & 0 & 0 \end{pmatrix} \cdot \begin{pmatrix} x_1 \\ x_2 \\ x_3 \end{pmatrix} \;=\; \begin{pmatrix} 1 \\ 2 \\ 3 \end{pmatrix}$$

gerade der Vektor $\vec{x}$, der sich ergibt aus

$$\mathbf{A}^{-1} \quad\quad \cdot \quad \vec{b} \;=\; \vec{x}$$
$$\begin{pmatrix} 0 & 0 & 1 \\ 0 & 1 & 0 \\ 1 & -2 & -1 \end{pmatrix} \cdot \begin{pmatrix} 1 \\ 2 \\ 3 \end{pmatrix} \;=\; \begin{pmatrix} 3 \\ 2 \\ -6 \end{pmatrix}$$

Test:

$$\begin{pmatrix} 1 & 2 & 1 \\ 0 & 1 & 0 \\ 1 & 0 & 0 \end{pmatrix} \cdot \begin{pmatrix} 3 \\ 2 \\ -6 \end{pmatrix} = \begin{pmatrix} 1 \\ 2 \\ 3 \end{pmatrix}$$

2×2–Matrizen

Eine 2×2–Matrix ist invertierbar genau dann, wenn ihre Determinante ungleich 0 ist.

Dann liefert die Cramer'sche Regel die inverse Matrix:

$$\begin{pmatrix} a & b \\ c & d \end{pmatrix}^{-1} = \frac{1}{\begin{vmatrix} a & b \\ c & d \end{vmatrix}} \cdot \begin{pmatrix} d & -b \\ -c & a \end{pmatrix}$$

Begründung:
$$\begin{matrix} a \cdot x + b \cdot y &= e \\ c \cdot x + d \cdot y &= f \end{matrix} \quad \text{entsprechend} \quad \mathbf{A} \cdot \vec{x} = \vec{b}$$

wird nach der Cramer'schen Regel gelöst von dem Vektor

$$\vec{x} = \begin{pmatrix} x \\ y \end{pmatrix} = \begin{pmatrix} \dfrac{\begin{vmatrix} e & b \\ f & d \end{vmatrix}}{\begin{vmatrix} a & b \\ c & d \end{vmatrix}} \\[4ex] \dfrac{\begin{vmatrix} a & e \\ c & f \end{vmatrix}}{\begin{vmatrix} a & b \\ c & d \end{vmatrix}} \end{pmatrix} = \frac{1}{\det \mathbf{A}} \begin{pmatrix} d & -b \\ -c & a \end{pmatrix} \cdot \begin{pmatrix} e \\ f \end{pmatrix}$$

$$= \underbrace{\frac{1}{\det \mathbf{A}} \begin{pmatrix} d & -b \\ -c & a \end{pmatrix}} \cdot \vec{b}$$

Da $\vec{x} = \mathbf{A}^{-1} \cdot \vec{b}$ ist, ist also $\mathbf{A}^{-1} = \frac{1}{\det \mathbf{A}} \begin{pmatrix} d & -b \\ -c & a \end{pmatrix}$

Beispiel:

$3 \cdot x + 5 \cdot y = 2$
$2 \cdot x + 1 \cdot y = 1$ wird gelöst von

$$\begin{pmatrix} x \\ y \end{pmatrix} = \frac{1}{\begin{vmatrix} 3 & 5 \\ 2 & 1 \end{vmatrix}} \cdot \begin{pmatrix} 1 & -5 \\ -2 & 3 \end{pmatrix} \begin{pmatrix} 2 \\ 1 \end{pmatrix}$$

$$= -\tfrac{1}{7} \cdot \begin{pmatrix} 2-5 \\ -4+3 \end{pmatrix} \qquad = \begin{pmatrix} \tfrac{3}{7} \\ \tfrac{1}{7} \end{pmatrix}$$

Test:

$3 \cdot \tfrac{3}{7} + 5 \cdot \tfrac{1}{7} = 2$

$2 \cdot \tfrac{3}{7} + 1 \cdot \tfrac{1}{7} = 1$

Erinnerung:
Beispiel:
Der Kostenstellenplan eines Betriebs weist zwei Hilfskostenstellen und zwei Hauptkostenstellen aus.

Folgende Tabelle zeigt die Leistungsverflechtung sowie die primären Gemeinkosten der Kostenstellen in Euro:

Primäre		Abgebende Kostenstelle			
Gemein-		Hiko I	Hiko II	Material	Fertigung
kosten		500	400	300	800
Emp-	Hiko I	–	0.3		
fangende	Hiko II	0.2	–		
Kosten-	Material	0.5	0.4		
stelle	Fertigung	0.3	0.3		

Ermitteln Sie die Gesamtkosten jeder Kostenstelle.

Lösung:
Die Bedingung an die Kosten:

Gesamtkosten der Kostenstelle =
in der Abteilung anfallende primäre Kosten +
Kosten erhaltener Leistungen aus anderen Abteilungen

lässt sich mit Hilfe der Matrixschreibweise notieren in der Form

$$\begin{pmatrix} K_1 \\ K_2 \\ K_3 \\ K_4 \end{pmatrix} = \begin{pmatrix} 500 \\ 400 \\ 300 \\ 800 \end{pmatrix} + \begin{pmatrix} 0 & 0.3 & 0 & 0 \\ 0.2 & 0 & 0 & 0 \\ 0.5 & 0.4 & 0 & 0 \\ 0.3 & 0.3 & 0 & 0 \end{pmatrix} \cdot \begin{pmatrix} K_1 \\ K_2 \\ K_3 \\ K_4 \end{pmatrix}$$

Man kann zunächst das 2×2–System

$$\begin{pmatrix} K_1 \\ K_2 \end{pmatrix} = \begin{pmatrix} 500 \\ 400 \end{pmatrix} + \begin{pmatrix} 0 & 0.3 \\ 0.2 & 0 \end{pmatrix} \cdot \begin{pmatrix} K_1 \\ K_2 \end{pmatrix}$$

lösen:

$$\begin{pmatrix} K_1 \\ K_2 \end{pmatrix} - \begin{pmatrix} 0 & 0.3 \\ 0.2 & 0 \end{pmatrix} \cdot \begin{pmatrix} K_1 \\ K_2 \end{pmatrix} = \begin{pmatrix} 500 \\ 400 \end{pmatrix}$$

$$\begin{pmatrix} 1 & 0 \\ 0 & 1 \end{pmatrix} \cdot \begin{pmatrix} K_1 \\ K_2 \end{pmatrix} - \begin{pmatrix} 0 & 0.3 \\ 0.2 & 0 \end{pmatrix} \cdot \begin{pmatrix} K_1 \\ K_2 \end{pmatrix} = \begin{pmatrix} 500 \\ 400 \end{pmatrix}$$

$$\begin{pmatrix} 1 & -0.3 \\ -0.2 & 1 \end{pmatrix} \cdot \begin{pmatrix} K_1 \\ K_2 \end{pmatrix} = \begin{pmatrix} 500 \\ 400 \end{pmatrix}$$

$$\begin{pmatrix} K_1 \\ K_2 \end{pmatrix} = \frac{1}{0.94} \cdot \begin{pmatrix} 1 & 0.3 \\ 0.2 & 1 \end{pmatrix} \cdot \begin{pmatrix} 500 \\ 400 \end{pmatrix}$$

$$= \begin{pmatrix} 659.57 \\ 531.91 \end{pmatrix}$$

Damit ergibt sich für die Kosten der beiden Hauptkostenstellen Material und Fertigung:

$$\begin{pmatrix} K_3 \\ K_4 \end{pmatrix} = \begin{pmatrix} 300 \\ 800 \end{pmatrix} + \begin{pmatrix} 0.5 & 0.4 \\ 0.3 & 0.3 \end{pmatrix} \cdot \begin{pmatrix} 659.57 \\ 531.91 \end{pmatrix}$$

$$= \begin{pmatrix} 842.55 \\ 1157.44 \end{pmatrix}$$

Existenz der inversen Matrix $\mathbf{A}^{-1}$ bei beliebiger Matrixgröße:
Eine $n \times n$-Matrix $\mathbf{A}$ ist invertierbar genau dann, wenn ihre Determinante $\det(\mathbf{A}) \neq 0$ ist.

Determinanten
Die Determinante einer 2×2–Matrix errechnet sich als

$$\det \begin{pmatrix} a & b \\ c & d \end{pmatrix} = a \cdot d - b \cdot c.$$

Die Determinante einer 3×3–Matrix kann hierauf zurückgeführt werden:

$$\det \begin{pmatrix} m_{11} & m_{12} & m_{13} \\ m_{21} & m_{22} & m_{23} \\ m_{31} & m_{32} & m_{33} \end{pmatrix} =$$

$$m_{11} \cdot \begin{vmatrix} m_{22} & m_{23} \\ m_{32} & m_{33} \end{vmatrix} - m_{21} \cdot \begin{vmatrix} m_{12} & m_{13} \\ m_{32} & m_{33} \end{vmatrix} + m_{31} \cdot \begin{vmatrix} m_{12} & m_{13} \\ m_{22} & m_{23} \end{vmatrix} =$$

$m_{11} \cdot$ (Determinante der Restmatrix ohne 1. Spalte und 1. Zeile) $\quad -$
$m_{21} \cdot$ (Determinante der Restmatrix ohne 1. Spalte und 2. Zeile) $\quad +$
$m_{31} \cdot$ (Determinante der Restmatrix ohne 1. Spalte und 3. Zeile)

Die Determinante $\det(\mathbf{A})$ einer $n \times n$-Matrix $\mathbf{A}$ kann man berechnen, indem man mit wechselndem Vorzeichen die Elemente der ersten Spalte von $\mathbf{A}$ mit der Determinante der Matrix multipliziert, die entsteht, wenn man die erste Spalte und die jeweilige Zeile weglässt. Diese Determinanten kleinerer Matrizen werden dann weiter sukzessive zurückgeführt auf Determinanten von 2×2–Matrizen. »Wechselndes Vorzeichen« der Elemente der ersten Spalte heißt hierbei, dass die Elemente aus Zeilen ungerader Zeilennummer ihr Vorzeichen behalten, die Elemente aus Zeilen gerader Nummer wechseln ihr Vorzeichen.

Beispiel 1ex:

$$\det \begin{pmatrix} 1 & 2 & 3 \\ 4 & 5 & 6 \\ 7 & 8 & 9 \end{pmatrix} = 1 \cdot (5 \cdot 9 - 8 \cdot 6) - 4 \cdot (2 \cdot 9 - 8 \cdot 3) + 7 \cdot (2 \cdot 6 - 5 \cdot 3)$$

$$= 0$$

Diese Matrix ist nicht invertierbar.

Bemerkungen:
Man kann eine Determinante ebensogut nach der ersten Zeile wie nach der ersten Spalte entwickeln.

Man kann sie auch nach einer beliebigen anderen i-ten Zeile oder Spalte entwickeln, muss dann aber mit dem Faktor $(-1)^{i-1}$ multiplizieren.

Auch für beliebig große lineare $n \times n$-Gleichungssysteme gilt stets:

Ein lineares Gleichungssystem $\mathbf{A} \cdot \vec{x} = \vec{b}$ aus n Gleichungen in n Unbekannten ist eindeutig lösbar genau dann, wenn die Determinante der Koeffizientenmatrix $\det(\mathbf{A}) \neq 0$ ist.

Erinnerung:

Beispiel:

Der Kostenstellenplan eines Betriebs weist zwei Hilfskostenstellen und zwei Hauptkostenstellen aus.

Folgende Tabelle zeigt die Leistungsverflechtung sowie die primären Gemeinkosten der Kostenstellen in Euro:

Primäre Gemein- kosten		Abgebende Kostenstelle			
		Hiko I	Hiko II	Material	Fertigung
		500	400	300	800
Emp- fangende Kosten- stelle	Hiko I	–	0.3		
	Hiko II	0.2	–		
	Material	0.5	0.4		
	Fertigung	0.3	0.3		

Ermitteln Sie die Gesamtkosten jeder Kostenstelle.

Die Bedingung an die Kosten:

Gesamtkosten der Kostenstelle =
in der Abteilung anfallende primäre Kosten +
Kosten erhaltener Leistungen aus anderen Abteilungen

lässt sich mit Hilfe der Matrixschreibweise notieren in der Form

$$\begin{pmatrix} K_1 \\ K_2 \\ K_3 \\ K_4 \end{pmatrix} = \begin{pmatrix} 500 \\ 400 \\ 300 \\ 800 \end{pmatrix} + \begin{pmatrix} 0 & 0.3 & 0 & 0 \\ 0.2 & 0 & 0 & 0 \\ 0.5 & 0.4 & 0 & 0 \\ 0.3 & 0.3 & 0 & 0 \end{pmatrix} \cdot \begin{pmatrix} K_1 \\ K_2 \\ K_3 \\ K_4 \end{pmatrix}$$

oder

$$\begin{pmatrix} 1 & -0.3 & 0 & 0 \\ -0.2 & 1 & 0 & 0 \\ -0.5 & -0.4 & 1 & 0 \\ -0.3 & -0.3 & 0 & 1 \end{pmatrix} \cdot \begin{pmatrix} K_1 \\ K_2 \\ K_3 \\ K_4 \end{pmatrix} = \begin{pmatrix} 500 \\ 400 \\ 300 \\ 800 \end{pmatrix}$$

Dieses System ist eindeutig lösbar, denn

$$\begin{vmatrix} 1 & -0.3 & 0 & 0 \\ -0.2 & 1 & 0 & 0 \\ -0.5 & -0.4 & 1 & 0 \\ -0.3 & -0.3 & 0 & 1 \end{vmatrix}$$

$$= \quad 1 \cdot \begin{vmatrix} 1 & 0 & 0 \\ -0.4 & 1 & 0 \\ -0.3 & 0 & 1 \end{vmatrix} + 0.2 \cdot \begin{vmatrix} -0.3 & 0 & 0 \\ -0.4 & 1 & 0 \\ -0.3 & 0 & 1 \end{vmatrix}$$

$$- 0.5 \cdot \begin{vmatrix} -0.3 & 0 & 0 \\ 1 & 0 & 0 \\ -0.3 & 0 & 1 \end{vmatrix} + 0.3 \cdot \begin{vmatrix} -0.3 & 0 & 0 \\ 1 & 0 & 0 \\ -0.4 & 1 & 0 \end{vmatrix}$$

$$= \quad 1 \cdot \left(1 \cdot \begin{vmatrix} 1 & 0 \\ 0 & 1 \end{vmatrix} + 0.4 \cdot \begin{vmatrix} 0 & 0 \\ 0 & 1 \end{vmatrix} - 0.3 \cdot \begin{vmatrix} 0 & 0 \\ 1 & 0 \end{vmatrix} \right)$$

$$+ 0.2 \cdot \left(-0.3 \cdot \begin{vmatrix} 1 & 0 \\ 0 & 1 \end{vmatrix} + 0.4 \cdot \begin{vmatrix} 0 & 0 \\ 0 & 1 \end{vmatrix} - 0.3 \cdot \begin{vmatrix} 0 & 0 \\ 1 & 0 \end{vmatrix} \right)$$

$$- 0.5 \cdot \left(-0.3 \cdot \begin{vmatrix} 0 & 0 \\ 0 & 1 \end{vmatrix} - 1 \cdot \begin{vmatrix} 0 & 0 \\ 0 & 1 \end{vmatrix} - 0.3 \cdot \begin{vmatrix} 0 & 0 \\ 0 & 0 \end{vmatrix} \right)$$

$$+ 0.3 \cdot \left(-0.3 \cdot \begin{vmatrix} 0 & 0 \\ 1 & 0 \end{vmatrix} - 1 \cdot \begin{vmatrix} 0 & 0 \\ 1 & 0 \end{vmatrix} - 0.4 \cdot \begin{vmatrix} 0 & 0 \\ 0 & 0 \end{vmatrix} \right) = 0.94$$

3.2.6 Skalarprodukt

Das *Skalarprodukt* zweier gleich langer Vektoren

$$\vec{v} = \begin{pmatrix} v_1 \\ \vdots \\ v_n) \end{pmatrix} \text{ und } \vec{w} = \begin{pmatrix} w_1 \\ \vdots \\ w_n \end{pmatrix} \text{ des } \mathbb{R}^n$$

ist definiert als das Produkt des einen transportierten Vektors mit dem anderen Vektor. Es wird mit spitzen Klammern $< .,. >$ bezeichnet:

$$\vec{v}^{\mathrm{T}} \cdot \vec{w} \quad = < \vec{v}, \vec{w} > \quad = \sum_{i=1}^{n} v_i \cdot w_i$$

Beispiel:

Eine Unternehmung produziert fünf Güter. Die Verkaufspreise in Euro und Verkaufsmengen der letzten beiden Wochen in Tsd. sind in folgender Tabelle zusammengestellt:

Gut	Packungspreis	Verkaufsmenge vorletzte Woche	Verkaufsmenge letzte Woche
Milch	1.00	10	9
Käse	4.00	8	8
Quark	0.50	5	5
Joghurt	0.40	6	6
Sahne	1.00	2	

(a)   Welches war der Umsatz der vorletzten Woche?

(b)   Bei welcher verkauften Menge an Sahne der letzten Woche würde derselbe Umsatz erzielt?

Lösung:

(a)   Offenbar kann man den Umsatz der vorletzten Woche als Summe der Produkte der Preise und Verkaufsmengen berechnen. Dies kann man auch formal mit Hilfe des Skalarprodukts tun:
Es seien

$$\vec{p} = \begin{pmatrix} 1 \\ 4 \\ 0.5 \\ 0.4 \\ 1 \end{pmatrix} \quad \text{der Vektor der Preise}$$

$$\vec{x} = \begin{pmatrix} 10 \\ 8 \\ 5 \\ 6 \\ 2 \end{pmatrix} \quad \text{der Vektor der Mengen der vorletzten Woche.}$$

Dann ist der Umsatz der vorletzten Woche

$$\begin{aligned} U &= <\vec{p}, \vec{x}> = 1 \cdot 10 + 4 \cdot 8 + 0.5 \cdot 5 + 0.4 \cdot 6 + 1 \cdot 2 \\ &= 48.9 \end{aligned}$$

(b)   Es sei

$$\vec{x} = \begin{pmatrix} 9 \\ 8 \\ 5 \\ 6 \\ x \end{pmatrix}$$ der Vektor der Mengen der letzten Woche.

Derselbe Umsatz wird erzielt, wenn gilt:

$$\begin{pmatrix} 1 \\ 4 \\ 0.5 \\ 0.4 \\ 1 \end{pmatrix}^T \cdot \begin{pmatrix} 10-9 \\ 8-8 \\ 5-5 \\ 6-6 \\ 2-x \end{pmatrix} = 1 + (2-x) = 0 \Leftrightarrow x = 3$$

Bei einer verkauften Sahnemenge von 3 Tsd. Einheiten wäre der Umsatz unverändert.

Beispiel:
Wenn Karl Sport treibt, muss er regelmässig zwischendurch etwas trinken: Wenn er joggt, benötigt er ca. 0.2 l pro Stunde; beim Fahrradfahren sind es sogar 0.3 l pro Stunde.

(a)   Wie viel Flüssigkeit benötigt Karl für 0.5 Stunden Joggen und 1.5 Stunden Fahrradfahren?

(b)   Welche zeitlichen Kombinationen dieser Sportarten kann Karl mit 0.55 l Flüssigkeit ausüben?

(c)   Wie lange kann er mit 0.5 l Flüssigkeit Sport treiben?

Skizzieren Sie die Situation.

Lösung:

(a)   Sei $\vec{f} = \begin{pmatrix} 0.2 \\ 0.3 \end{pmatrix}$ der Vektor des Flüssigkeitsbedarfs von Karl für je eine Stunde Sport.

Mit dem Vektor $\vec{s} = \begin{pmatrix} 0.5 \\ 1.5 \end{pmatrix}$ der Stundenzahlen, die Karl Sport treibt, ist sein Flüssigkeitsbedarf

$$< \vec{f}, \vec{s} > = 0.2 \cdot 0.5 + 0.3 \cdot 1.5 = 0.55 \, l.$$

(b)   Wenn $< \vec{f}, \vec{s} > = 0.2 \cdot s_1 + 0.3 \cdot s_2 = 0.55$ l ist, muss gelten $s_2 = \frac{0.55}{0.3} - \frac{0.2}{0.3} \cdot s_1 = 1.8\bar{3} - 0.\bar{6} \cdot s_1$. Alle zeitlichen Kombinationen, bei denen s_2 kleinergleich $1.8\bar{3} - 0.\bar{6}s_1$ ist, sind Karl mit 0.55 l Wasser möglich.

(c)   Wenn $< \vec{f}, \vec{s} > = 0.2 \cdot s_1 + 0.3 \cdot s_2 = 0.5$ l ist, muss gelten $s_2 = \frac{0.5}{0.3} - \frac{0.2}{0.3} \cdot s_1 = 1.\bar{6} - 0.\bar{6} \cdot s_1$. Alle zeitlichen Kombinationen, bei denen s_2 kleinergleich $1.\bar{6} - 0.\bar{6}s_1$ ist, sind Karl mit 0.5 l Wasser möglich.

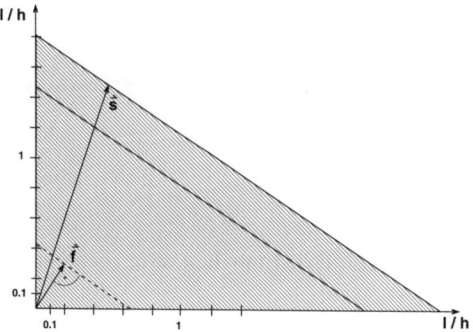

Karl kann im schraffierten Bereich mit 0.55 Litern Flüssigkeit auskommen.

Die Grenzlinie $s_2 = 1.8\bar{3} - 0.\bar{6}s_1$ verläuft senkrecht zum kurzen Vektor $\vec{f}$.

Die zweite Gerade von oben begrenzt den Stundenbereich, in dem Karl mit 0.5 Litern Flüssigkeit auskommt.

Auf jeder Linie senkrecht zu $\vec{f}$ ist der Flüssigkeitsbedarf konstant.

Beispiel:
Eine Unternehmung stellt zwei Gewürzmischungen her: Provencekräuter und italienische Kräuter. Beide werden lose verkauft.

Provencekräuter kosten 3.00 € pro 100 g, italienische Kräuter kosten 2.50 € pro 100 g.

Welche Mengenkombinationen kann man mit 10 € erwerben?

Skizzieren Sie die Situation.

Lösung:
Mit 10 € kann man alle Mengenkombinationen m_1, m_2 erwerben, für die $3 \cdot m_1 + 2.5 \cdot m_2 \leq 10$ ist, also alle Mengenkombinationen bis zu der Geraden $m_2 = 4 - 1.2 \cdot m_1$.

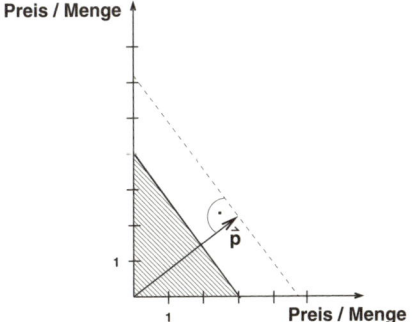

3.2.7   Das Lösungsverfahren von Gauß

Systematische Lösung: das Prinzip

Um die Lösungsmenge eines linearen Gleichungssystems $\mathbf{A} \cdot \vec{x} = \vec{b}$ mit n Unbekannten und m Gleichungen systematisch zu ermitteln, kann man es durch Zeilenoperationen in ein leichter lösbares umformen.

Notwendig ist, dass ein Vektor $\vec{x}$ genau dann das ursprüngliche System löst, wenn $\vec{x}$ eine Lösung des umgeformten Systems ist.

Um diese Umformungen kürzer darstellen zu können, wird folgendes *Tableau* eingeführt:

x_1	x_2	$\ldots$	x_4	$\vec{b}$
a_{11}	a_{12}	$\ldots$	a_{1n}	b_1
a_{21}	a_{22}	$\ldots$	a_{2n}	b_2
$\vdots$			$\vdots$	$\vdots$
a_{n1}	a_{n2}	$\ldots$	a_{nn}	b_n

Beispiel:

$$
\begin{array}{rrrrcr}
x_1 & -x_2 & +2x_3 & -3x_4 & = & 7 \\
4x_1 & & +3x_3 & +x_4 & = & 9 \\
2x_1 & -5x_2 & +x_3 & & = & -2 \\
3x_1 & -x_2 & -x_3 & +2x_4 & = & -2
\end{array}
$$

Tableau:

x_1	x_2	x_3	x_4	$\vec{b}$
1	−1	2	−3	7
4	0	3	1	9
2	−5	1	0	−2
3	−1	−1	2	−2

Elementare Umformungen des Tableaus:

I   Vertauschung zweier Zeilen

II   Multiplikation einer Zeile mit einer Zahl $\neq 0$

III Addition eines Vielfachen einer Zeile zu einer anderen

IV   Vertauschungen unter den ersten n Spalten

Das Ziel ist, durch solche Umformungen ein Tableau in *oberer Dreiecksgestalt* zu erhalten, d. h. dass unterhalb der Diagonalelemente nur Nullen stehen.

Entweder kann man das vereinfachte Gleichungssystem von unten nach oben lösen, oder man erkennt, dass das Gleichungssystem nicht lösbar ist:

Angenommen, das Tableau hat obere Dreiecksgestalt. Sei r die Zeilennummer, ab der die weiteren Zeilen links des senkrechten Strichs gleich 0 sind.

a)   Ist $r = n$, so ist das System eindeutig lösbar.

Beispiel:

Entstandenes Schema	Zugehöriges Gleichungssystem

x_1	x_2	x_3	$\vec{b}$	
2	1	3	4	$2x_1 + 1x_2 + 3x_3 = 4$
0	1	2	3	$0x_1 + 1x_2 + 2x_3 = 3$
0	0	3	1	$0x_1 + 0x_2 + 3x_3 = 1$

Lösen von unten nach oben:

$$3x_3 = 1, \quad x_3 = \tfrac{1}{3}$$
$$x_2 + 2x_3 = 3, \quad x_2 = 3 - \tfrac{2}{3} = \tfrac{7}{3}$$
$$2x_1 + x_2 + 3x_3 = 4, \quad x_1 = \tfrac{1}{2}\left(4 - 1 - \tfrac{7}{3}\right) = \tfrac{1}{3}$$

b)   Ist $r < n$ und ist einer der Koeffizienten der letzten Spalte ab Zeile $r + 1$ ungleich 0, so ist die Lösungsmenge leer.

Beispiel:

Entstandenes Schema	Zugehöriges Gleichungssystem

x_1	x_2	x_3	$\vec{b}$	
2	1	3	4	$2x_1 + 1x_2 + 3x_3 \ = \ 4$
0	1	2	3	$0x_1 + 1x_2 + 2x_3 \ = \ 3$
0	0	0	2	$0x_1 + 0x_2 + 0x_3 \ = \ 2$

Die Gleichung $0 \cdot x_1 + 0 \cdot x_2 + 0 \cdot x_3 \ = \ 2$ ist nicht lösbar.

c) Ist $r < n$ und sind alle Koeffizienten der letzten Spalte ab Zeile $r + 1$ gleich 0, so hat das System unendlich viele Lösungen.
Die Variablen $x_{r+1}, \ldots, x_n$ sind *freie Variaben*: Zur Bestimmung einer beliebigen Lösung können sie frei gewählt werden.
Die Variablen $x_1, \ldots, x_r$ sind *gebundene Variablen*: Sie ergeben sich nach Wahl der freien Variablen eindeutig.

Beispiel:

Entstandenes Schema	Zugehöriges Gleichungssystem

x_1	x_2	x_3	$\vec{b}$	
2	1	3	4	$2x_1 + 1x_2 + 3x_3 \ = \ 4$
0	1	2	3	$0x_1 + 1x_2 + 2x_3 \ = \ 3$
0	0	0	0	$0x_1 + 0x_2 + 0x_3 \ = \ 0$

$$x_2 + 2x_3 \ = 3, \quad x_2 \ = 3 - 2x_3$$
$$2x_1 + x_2 + 3x_3 \ = 4, \quad x_1 \ = \tfrac{1}{2}(4 - (3 - 2x_3) - 3x_3)$$
$$= \tfrac{1}{2} - \tfrac{1}{2}x_3$$

Lösungsmenge:

$$L \ = \{x \in \mathbb{R}^3 \,|\, x_1 = \tfrac{1}{2} - \tfrac{1}{2}x_3, x_2 = 3 - 2x_3\}$$

Eine spezielle Lösung erhält man, indem man die freie Variable x_3 beliebig festlegt, z. B. $x_3 = 0$.
Dann folgt: $x_2 = 3 - 2 \cdot 0 = 3, \quad x_1 = \tfrac{1}{2} - \tfrac{1}{2} \cdot 0 = \tfrac{1}{2}$

Der Punkt $\vec{x} = \begin{pmatrix} \tfrac{1}{2} \\ 3 \\ 0 \end{pmatrix}$ liegt also in der Lösungsmenge.

Umformung in obere Dreiecksgestalt

Falls **A** die Nullmatrix ist, so hat **A** schon obere Dreiecksgestalt (mit $r = 0$).

Sonst sorgt man, wenn es nötig ist, durch Zeilen- oder Spaltenvertauschungen dafür, dass das Diagonalelement der ersten Zeile $\neq 0$ ist. Anschließend addiert man Vielfache der ersten Zeile zu den weiteren Zeilen oder subtrahiert sie von diesen so, dass in der ersten Spalte unterhalb der Diagonalen Nullen entstehen.

Beispiel:

x_1	x_2	x_3	x_4	$\vec{b}$	
0	2	1	1	3	I
2	0	1	2	1	II
1	0	2	1	4	III
3	3	1	4	2	IV

Vertauschen der ersten beiden Zeilen:

x_1	x_2	x_3	x_4	$\vec{b}$	
2	0	1	2	1	I
0	2	1	1	3	II
1	0	2	1	4	III $- \frac{1}{2} \cdot$ I
3	3	1	4	2	IV $- \frac{3}{2} \cdot$ I

Ergebnis:

x_1	x_2	x_3	x_4	$\vec{b}$	
2	0	1	2	1	I
0	2	1	1	3	II
0	0	$\frac{3}{2}$	0	$\frac{7}{2}$	III
0	3	$-\frac{1}{2}$	1	$\frac{1}{2}$	IV $- \frac{3}{2} \cdot$ II

Man arbeitet nun sukzessive mit der zweiten bis vorletzten Zeile, um jeweils in den darunterliegenden Zeilen in der Spalte, deren Index gleich dem Index der benutzten Zeile ist, Nullen zu erzeugen:

Man sorgt, falls nötig, durch Zeilen- oder Spaltenvertauschungen dafür, dass das Diagonalelement der zweiten Zeile $\neq 0$ ist. Anschließend addiert man Vielfache der ersten Zeile zu den weiteren Zeilen oder subtrahiert sie von diesen so, dass in der zweiten Spalte unterhalb der Diagonalen Nullen entstehen.

Man verfährt mit den restlichen Zeilen und Spalten bis zur vorletzten einschließlich in Analogie.

Am Beispiel:

x_1	x_2	x_3	x_4	$\vec{b}$	
2	0	1	2	1	I
0	2	1	1	3	II
0	0	$\frac{3}{2}$	0	$\frac{7}{2}$	III
0	0	-2	$-\frac{1}{2}$	-4	IV $+\frac{4}{3}\cdot$ III

Ergebnis:

x_1	x_2	x_3	x_4	$\vec{b}$	
2	0	1	2	1	I
0	2	1	1	3	II
0	0	$\frac{3}{2}$	0	$\frac{7}{2}$	III
0	0	0	$-\frac{1}{2}$	$\frac{2}{3}$	IV

Gesamtes Vorgehen zur Lösung

1. Man formt das Tableau in obere Dreiecksgestalt um.
2. Zur Ermittlung der Lösungsmenge bleiben die freien Variablen ohne Wertzuweisung. Die gebundenen Variablen werden sukzessive, abhängig von den freien und bis dahin bestimmten gebundenen Variablen, bestimmt.
3. Zur Bestimmung einer speziellen Lösung wählt man Werte für die freien Variablen $x_{r+1}, \ldots, x_n$ und berechnet anschließend sukzessive die gebundenen Variablen $x_1, \ldots, x_r$ (in der Praxis in der Reihenfolge $x_r, x_{r-1}, \ldots, x_1$).

Am Beispiel:
Es gibt keine freien Variablen. Lösung von unten nach oben:

$$-\tfrac{1}{2}x_4 = \tfrac{2}{3}$$
$$x_4 = -\tfrac{4}{3}$$

$$\tfrac{3}{2}x_3 = \tfrac{7}{2}$$
$$x_3 = \tfrac{7}{3}$$

$$2x_2 + x_3 + x_4 = 3$$
$$x_2 = \tfrac{3}{2} - \tfrac{7}{6} + \tfrac{4}{6} = 1$$

$$2x_1 + x_3 + 2x_4 = 1$$
$$x_1 = \tfrac{1}{2} - \tfrac{7}{6} + \tfrac{4}{3} = \tfrac{2}{3}$$

Beispiel:
Die Zahlungsreihen dreier Projektarten sind gegeben:

A : -40 30 50

B : -20 10 20

C : -5 5 10

Zum Zeitpunkt $t = 0$ verfügt der Investor über 295 Geldeinheiten (GE). Zum Zeitpunkt $t = 1$ möchte er aus den Projekten genau 205 Geldeinheiten zurückerhalten, zum Zeitpunkt $t = 2$ sollen es 360 Geldeinheiten sein.

Wie häufig sollte er welche Projektart durchführen, um sein Ziel zu erreichen?

Lösung:
Wir bezeichnen mit x_1, x_2, x_3 die Anzahlen, mit denen die drei Projektarten durchgeführt werden sollen.

Dann müssen diese Variablen folgendem Gleichungssystem genügen:
$$-40x_1 - 20x_2 - 5x_3 = -295 \quad \text{(Zeitpunkt 0)}$$
$$30x_1 + 10x_2 + 5x_3 = 205 \quad \text{(Zeitpunkt 1)}$$
$$50x_1 + 20x_2 + 10x_3 = 360 \quad \text{(Zeitpunkt 2)}$$

x_1	x_2	x_3	$\vec{b}$	
-40	-20	-5	-295	I
30	10	5	205	II $\cdot 4 +$ I $\cdot 3$
50	20	10	360	III $\cdot 4 +$ I $\cdot 5$
-40	-20	-5	-295	I
0	-20	5	-65	II
0	-20	15	-35	III $-$ II
-40	-20	-5	-295	I
0	-20	5	-65	II
0	0	10	30	III

$$x_3 = \frac{30}{10} = 3$$
$$x_2 = \frac{-65 - 5 \cdot 3}{-20} = 4$$
$$x_1 = \frac{-295 + 5 \cdot 3 + 20 \cdot 4}{-40} = 5$$

Projektart A sollte 5-mal durchgeführt werden, Projektart B 4-mal und Projektart C 3-mal.

3.2.8   Quadratische lineare Gleichungssysteme

Ein lineares Gleichungssystem mit gleich vielen Gleichungen wie Unbekannten besitzt genau eine Lösung, wenn der Gauß-Algorithmus eine obere Dreiecksmatrix ergibt, bei der alle Diagonalelemente $\neq 0$ sind.

Dann ist die zugehörige Koeffizientenmatrix der linken Seite $\mathbf{A}$ invertierbar, und die Gleichung $\mathbf{A} \cdot \vec{x} = \vec{b}$ wird gelöst von $\vec{x} = \mathbf{A}^{-1} \cdot \vec{b}$.

Ermittlung der inversen Matrix $\mathbf{A}^{-1}$:

Für $n = 1$:

$$\mathbf{A} = (a), \quad \mathbf{A}^{-1} = \left(\tfrac{1}{a}\right)$$

Für $n = 2$:

$$\mathbf{A} = \begin{pmatrix} a & b \\ c & d \end{pmatrix}, \quad \mathbf{A}^{-1} = \frac{1}{\det \mathbf{A}} \begin{pmatrix} d & -b \\ -c & a \end{pmatrix}$$

Für $n \geq 3$:

Mittels *Gauß-Jordan-Algorithmus*:

Man erstellt ein Tableau, in dem auf der linken Seite die Matrix $\mathbf{A}$ und auf der rechten die Einheitsmatrix $\mathbf{E}$ stehen:

$\mathbf{A}$	$\mathbf{E}$
$a_{11} \ldots a_{1n}$	$1\ 0 \ldots 0$
$\vdots \qquad \vdots$	$\vdots \qquad \vdots$
$a_{n1} \ldots a_{nn}$	$0\ 0 \ldots 1$

Man beginnt mit dem Gauß-Algorithmus, setzt ihn aber so lange fort, bis auf der linken Seite die Einheitsmatrix steht:

Die erste Zeile wird benutzt, um in der ersten Spalte unterhalb des Diagonalelements Nullen zu erzeugen.

Die zweite Zeile wird benutzt, um in der zweiten Spalte unterhalb des Diagonalelements Nullen zu erzeugen.

$\vdots$

Die vorletzte Zeile wird benutzt, um in der vorletzten Spalte unterhalb des Diagonalelements Nullen zu erzeugen.

Anschließend benutzt man die letzte Zeile, um in der letzten Spalte <u>oberhalb</u> des Diagonalelements Nullen zu erzeugen.

Dann benutzt man die vorletzte Zeile, um in der vorletzten Spalte <u>oberhalb</u> des Diagonalelements Nullen zu erzeugen.

$\vdots$

Zum Schluss benutzt man die zweite Zeile, um in der ersten Zeile, zweiten Spalte eine Null zu erzeugen.

Abschließend teilt man jede Zeile durch das Diagonalelement.

Die Matrix, die dabei auf der rechten Seite entstanden ist, ist die Inverse von **A**.

Beispiel:
Die Zahlungsreihen dreier Projektarten sind gegeben:

$A:$ -40 30 50
$B:$ -20 10 20
$C:$ -5 5 10

Der Investor möchte in der Lage sein, zu beliebiger Vorgabe von Investitionssumme und Rückzahlungen zu ermitteln, wie häufig er welche Projektart durchführen sollte.

Dazu bietet es sich an, die zu dieser Situation gehörige Matrix zu invertieren.

A			E			
-40	-20	-5	1	0	0	I
30	10	5	0	1	0	$II \cdot 4 + I \cdot 3$
50	20	10	0	0	1	$III \cdot 4 + I \cdot 5$
-40	-20	-5	1	0	0	I
0	-20	5	3	4	0	II
0	-20	15	5	0	4	$III - II$
-40	-20	-5	1	0	0	$I \cdot 2 + III$
0	-20	5	3	4	0	$II \cdot 2 - III$
0	0	10	2	-4	4	III
-80	-40	0	4	-4	4	$I - II$
0	-40	0	4	12	-4	II
0	0	10	2	-4	4	III
-80	0	0	0	-16	8	$I : (-80)$
0	-40	0	4	12	-4	$II : (-40)$
0	0	10	2	-4	4	$III : 10$

$$\begin{array}{ccc|ccc}
1 & 0 & 0 & 0 & 0.2 & -0.1 \\
0 & 1 & 0 & -0.1 & -0.3 & 0.1 \\
0 & 0 & 1 & 0.2 & -0.4 & 0.4
\end{array}$$

$$\qquad \underbrace{}_{\mathbf{E}} \qquad\qquad \underbrace{}_{\mathbf{A}^{-1}}$$

Probe:

$$\begin{pmatrix} -40 & -20 & -5 \\ 30 & 10 & 5 \\ 50 & 20 & 10 \end{pmatrix} \cdot \begin{pmatrix} 0 & 0.2 & -0.1 \\ -0.1 & -0.3 & 0.1 \\ 0.2 & -0.4 & 0.4 \end{pmatrix} = \begin{pmatrix} 1 & 0 & 0 \\ 0 & 1 & 0 \\ 0 & 0 & 1 \end{pmatrix}$$

Wenn der Investor etwa zu Beginn 95 GE investieren und nach einem Jahr 65, nach zwei Jahren 120 GE zurückerhalten möchte, sollte er Folgendes tun:

$$\begin{pmatrix} 0 & 0.2 & -0.1 \\ -0.1 & -0.3 & 0.1 \\ 0.2 & -0.4 & 0.4 \end{pmatrix} \cdot \begin{pmatrix} -95.0 \\ 65.0 \\ 120.0 \end{pmatrix} = \begin{pmatrix} 1 \\ 2 \\ 3 \end{pmatrix}$$

Er sollte Projektart 1 einmal, Projektart 2 zweimal und Projektart 3 dreimal durchführen.

Bemerkung:
Dieses Vorgehen für das Tableau des Gauß-Algorithmus

$$\begin{array}{ccc|c}
x_1 & x_2 & x_3 & \vec{b} \\ \hline
a_{11} & \cdots & a_{1n} & b_1 \\
\vdots & & \vdots & \vdots \\
a_{n1} & \cdots & a_{nn} & b_n
\end{array} \quad \rightarrow \quad
\begin{array}{ccc|c}
x_1 & x_2 & x_3 & \vec{b} \\ \hline
1 & \cdots & 0 & c_1 \\
\vdots & & \vdots & \vdots \\
0 & \cdots & 1 & c_n
\end{array}$$

ergibt auf der rechten Seite den Lösungsvektor:

$$\begin{pmatrix} c_1 \\ \vdots \\ c_n \end{pmatrix} \text{ löst das Gleichungssystem } \mathbf{A} \cdot \begin{pmatrix} c_1 \\ \vdots \\ c_n \end{pmatrix} = \begin{pmatrix} b_1 \\ \vdots \\ b_n \end{pmatrix}.$$

Am Beispiel 3.2.7, S. 170:

$$\mathbf{A} = \begin{pmatrix} -40 & -20 & -5 \\ 30 & 10 & 5 \\ 50 & 20 & 10 \end{pmatrix}, \quad \vec{b} = \begin{pmatrix} -295 \\ 205 \\ 360 \end{pmatrix}$$

Fortsetzung des Gauß-Algorithmus:

x_1	x_2	x_3	$\vec{b}$	
-40	-20	-5	-295	$I \cdot 2 + III$
0	-20	5	-65	$II \cdot 2 - III$
0	0	10	30	III
-80	-40	0	-560	$I - II$
0	-40	0	-160	II
0	0	10	30	III

x_1	x_2	x_3	$\vec{b}$	
-80	0	0	-400	$I : (-80)$
0	-40	0	-160	$II : (-40)$
0	0	10	30	$III : 10$
1	0	0	5	
0	1	0	4	
0	0	1	3	

$$\uparrow$$
Lösungsvektor

3.3   Lineare Optimierung

Gegeben ist eine lineare Zielfunktion, die optimiert werden soll, aber einigen Beschränkungen unterliegt, die durch lineare Gleichungen oder Ungleichungen gegeben sind. Beispiele sind etwa die Maximierung eines Deckungsbeitrags bei der Produktion mehrerer Waren unter gewissen Produktionsbedingungen oder etwa die Minimierung der Ausgaben bei hinreichender Kalorien- oder Nährstoffzufuhr. Einschränkungen können ökonomischer Natur, Auswahlkriterien oder Gütekriterien sein.

Falls die Zielfunktion nur von zwei Variablen abhängt, steht ein grafischer Lösungsweg zur Verfügung.

Allgemein ist das Problem (alternativ) durch einen rechnerischen Lösungsweg behandelbar, den *Simplexalgorithmus*. Dieser Name basiert darauf, dass die Beschränkungen einen Bereich definieren, der in der Sprache der Mathematik als Simplex bezeichnet wird. Er wird auch häufig *zulässiger Bereich* genannt, da er die zulässigen Rahmenbedingungen widerspiegelt.

Beispiel:

Produktionsplanung

Zwei Kunststoffprodukte werden aus Granulat hergestellt.

Die zur Herstellung nötigen Vorgänge sind Warmpressen, Spritzguss und Verpacken. Angestrebt ist, die hergestellten Produktmengen so einzustellen, dass die Summe der Deckungsbeiträge (jeweils Erlös minus variable Kosten) maximiert wird. Die Rahmenbedingungen sind in der folgenden Tabelle zusammengestellt:

	Produkt 1	Produkt 2	maximale Tageskapazität
Pressen	1 h/t	-	10 h
Spritzen	-	1 h/t	6 h
Verpacken	2 h/t	4 h/t	32 h
Stückdeckungsbeitrag	30 €/t	20 €/t	

Die Zielfunktion in Abhängigkeit von den hergestellten Mengen x_1 und x_2 ist die Summe der Deckungsbeiträge = Summe der Produkte aus Stückdeckungsbeiträgen und hergestellten Mengen:

$$Z(x_1, x_2) \quad = 30 \cdot x_1 + 20 \cdot x_2$$

Die durch die Produktion gegebenen Nebenbedingungen lassen sich mathematisch darstellen in der Form

$$
\begin{aligned}
x_1 & & \leq & \quad 10 \\
& x_2 & \leq & \quad 6 \\
2x_1 & +4x_2 & \leq & \quad 32 \\
x_1, & x_2 & \geq & \quad 0
\end{aligned}
$$

Das Gleichheitszeichen gilt bei denjenigen Restriktionen, bei denen die zur Verfügung stehenden Kapazitäten ausgeschöpft werden.

3.3.1 Grafischer Lösungsweg

nachy auflösen

- Man zeichnet die Geraden, die den Nebenbedingungen entsprechen. Der Bereich, der von diesen Geraden begrenzt wird, ist der zulässige Bereich.
- Man zeichnet eine beliebige Niveaulinie der Zielfunktion.
- Man verschiebt die gezeichnete Zielfunktions-Niveaulinie so, dass der Zielfunktionswert verbessert wird, soweit es möglich ist; der optimale Punkt innerhalb des zulässigen Bereichs wird dann ein Eckpunkt sein.
- Man berechnet diesen Punkt als Schnittpunkt der zugehörigen Randgeraden.

Am Beispiel:

Für jede begrenzende Bedingung wird die zugehörige Gerade gezeichnet, auf der Gleichheit gilt:

Bedingung	zu zeichnende Gerade
$x_1 \quad \leq \quad 10$	$x_1 \quad = \quad 10$
$x_2 \quad \leq \quad 6$	$x_2 \quad = \quad 6$
$2x_1 + 4x_2 \quad \leq \quad 32$	$x_2 \quad = \quad 8 - \frac{1}{2}x_1$
$x_1 \quad \geq \quad 0$	$x_1 \quad = \quad 0$
$x_2 \quad \geq \quad 0$	$x_2 \quad = \quad 0$
$z \quad = 30x_1 + 20x_2$	$x_2 \quad = \frac{z}{20} - \frac{3}{2}x_1$

Als Zielfunktions-Niveau für die zu zeichnende Niveaulinie wird das Niveau $z = 200$ ausgewählt.

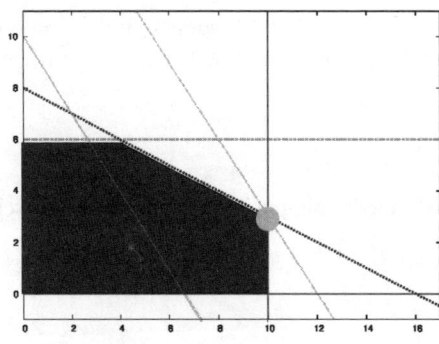

Randlinien des zulässigen Bereichs:

$x_1 = 10$

$x_2 = 6$

$x_2 = 8 - 0.5x_1$

$x_1 = 0$

$x_2 = 0$

Zielfunktions-Niveaulinien:

Niveaus

$Z = 200$ und $Z = 360$

Die Zielfunktions-Niveaulinie wird so verschoben, dass der Achsenabschnitt $\frac{z}{20}$ auf der senkrechten Achse möglichst hoch ist, die Niveaulinie aber den zulässigen Bereich noch berührt:

Der optimale Punkt ist der Schnittpunkt zweier Randgeraden, hier bei $x_1 = 10$ und $x_2 = 8 - \frac{1}{2}x_1 = 3$.

Der zugehörige Deckungsbeitrag ist

$z = 30 \cdot 10 + 20 \cdot 3 = 360.$

3.3.2   Rechnerischer Lösungsweg: das Simplexverfahren

Betrachtet wird hier nur der wichtige Fall, dass die Zielfunktion maximiert werden soll und der Nullpunkt zum zulässigen Bereich gehört.

Das Simplexverfahren macht sich zu Nutze, dass der gesuchte optimale Punkt einer der Eckpunkte des zulässigen Bereichs ist: Man startet in einem Eckpunkt – die hier vorgestellte Variante startet im Nullpunkt – und springt von dort aus so lange zu einer Nachbarecke mit höherem Zielfunktionswert, bis der optimale Punkt erreicht ist.

Um diese Eckpunkte genau bestimmen zu können, wird jede Ungleichung, die das gegebene mathematische System enthält, in eine Gleichung umgeformt; da die einfache Ersetzung eines Ungleichungszeichens durch ein Gleichzeichen falsch wäre, müssen hierfür zusätzliche Variablen eingeführt werden. Der Preis für die einfachere Struktur ist eine höhere Dimension:

1.   Aus jeder Ungleichung wird eine Gleichung erstellt, indem man eine zusätzliche Variable, genannt *Schlupfvariable*, hinzunimmt.

2.   Die Zielfunktion wird negativ genommen, um ein gutes Abbruchkriterium für den Algorithmus zu erhalten.

3.   Das Tableau dieses linearen Systems wird links durch eine Spalte ergänzt, in der diejenigen Variablen aufgeführt sind, die in diesem Punkt ungleich Null sind; diese Variablen werden *Basisvariablen* genannt.

4.   Man führt einen Algorithmus ähnlich dem Gauß-Algorithmus durch.

Modifizierungen:
(a)   Es werden keine Zeilen- oder Spaltenvertauschungen vorgenommen.

(b)   In jedem Schritt wird zunächst die Spalte mit niedrigstem negativen Zielfunktionskoeffizienten ausgewählt; in ihr sollen eine Eins und ansonsten Nullen entstehen.

(c)   In jedem Schritt wird die Zeile ausgewählt, in der in der ausgewählten Spalte eine Eins erzeugt wird:
Man teilt in jeder Zeile den Wert der $\vec{b}$-Spalte durch den Wert in der ausgewählten Spalte; die kleinste positive unter diesen Zahlen definiert die auszuwählende Zeile.

(d)   Wie beim Gauß-Algorithmus wird die ausgewählte Zeile benutzt, um in der ausgewählten Spalte in allen anderen Zeilen Nullen zu erzeugen. Wie beim Gauß-Algorithmus wird die ausgewählte Zeile durch die Zahl im Kreuzungspunkt mit der ausgewählten Spalte geteilt, sodass eine Spalte mit einer 1 und sonst Nullen entsteht.

5. Der Algorithmus ist beendet, wenn die negative Zielfunktionszeile keine negativen Koeffizienten mehr enthält.

6. Der optimale Punkt und sein Zielfunktionswert können aus der $\vec{b}$–Spalte abgelesen werden.

Am Beispiel:
Zunächst werden aus den Ungleichungen mit Hilfe von Schlupfvariablen Gleichungen erstellt. Außerdem wird die Zielfunktion negativ genommen:

Ursprüngliches System:

$$\begin{aligned} x_1 &\leq 10 \\ x_2 &\leq 6 \\ 2x_1 + 4x_2 &\leq 32 \\ z &= 30x_1 + 20x_2 \\ x_1, x_2 &\geq 0 \end{aligned}$$

Erweitertes System:

$$\begin{aligned} x_1 + y_1 &= 10 \\ x_2 + y_2 &= 6 \\ 2x_1 + 4x_2 + y_3 &= 32 \\ -z &= -30x_1 - 20x_2 \\ x_1, x_2, y_1, y_2, y_3 &\geq 0 \end{aligned}$$

(I) Erster Schritt:
Erstes Tableau:

Bedeutung der linken Spalte:

	x_1	x_2	y_1	y_2	y_3	$\vec{b}$
y_1	1	0	1	0	0	10
y_2	0	1	0	1	0	6
y_3	2	4	0	0	1	32
z	−30	−20	0	0	0	0

$$x_1 = x_2 = 0$$
$$\left.\begin{aligned} y_1 &= 10 \\ y_2 &= 6 \\ y_3 &= 32 \end{aligned}\right\} \textit{»Basis«}$$
$$z = 0$$

Der Start des Simplexverfahrens im Nullpunkt bedeutet bei unserem Beispiel, dass nichts produziert wird. Der Deckungsbeitrag beträgt dann 0, die Schlupfvariablen haben als Werte die maximalen Tageskapazitäten, die in der Spalte $\vec{b}$ notiert sind.

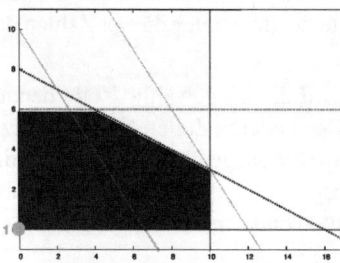

(II) Zweiter Schritt:

Erweitertes erstes Tableau:

	x_1	x_2	y_1	y_2	y_3	$\vec{b}$	$\frac{b_i}{a_{ij}}$	
y_1	1	0	1	0	0	10	10	I
y_2	0	1	0	1	0	6	/	II
y_3	2	4	0	0	1	32	16	III $- 2 \cdot$ I
z	-30	-20	0	0	0	0		IV $+ 30 \cdot$ I

Von 0 aus wächst der Deckungsbeitrag am stärksten, wenn Produkt 1 produziert wird; daher wird x_1 in die Basis aufgenommen.

Die Zahl $\frac{b_i}{a_{ij}}$ gibt an, welche Menge von Produkt 2 bei dem Vorgang, der der jeweiligen Zeile entspricht, maximal hergestellt werden kann. Gewählt wird diejenige Zeile, die den Engpass darstellt, also Zeile I. Mit Hilfe von Zeile I werden wie beim Gauß-Verfahren die übrigen Koeffizienten in der x_1-Spalte auf den Wert null gebracht. Zeile I bleibt unverändert, weil der Koeffizient dort bereits gleich 1 ist.

Zweites Tableau: Bedeutung

der linken Spalte:

	x_1	x_2	y_1	y_2	y_3	$\vec{b}$	$x_2 = y_1 = 0$
x_1	1	0	1	0	0	10	$x_1 = 10$
y_2	0	1	0	1	0	6	$y_2 = 6$
y_3	0	4	-2	0	1	12	$y_3 = 12$
z	0	20	30	0	0	300	$z = 300$

Spaltenwahl: Kleinster negativer Zielfunktionskoeffizient
Zeilenwahl: Ergibt den kleinsten positiven Wert $\frac{b_i}{a_{ik}}$
Der Zielfunktionskoeffizient ist $-20 < 0$, die Lösung kann weiter optimiert werden.

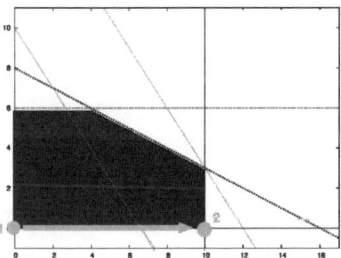

(III) Dritter Schritt:

Erweitertes zweites Tableau:

	x_1	x_2	y_1	y_2	y_3	$\vec{b}$		$\frac{b_i}{a_{ij}}$	I
x_1	1	0	1	0	0	10		/	II
y_2	0	1	0	1	0	6		6	$II - \frac{1}{4} \cdot III$
y_3	0	4	-2	0	1	12		3	$III : 4$
z	0	-20	30	0	0	300			$IV + 5 \cdot III$

Die Basisvariablen haben als Werte die maximalen Restkapazitäten in Spalte $\vec{b}$, wenn von Produkt 1 10 Einheiten hergestellt werden.

Dann wächst der Deckungsbeitrag am stärksten, wenn auch Produkt 2 produziert wird; x_2 wird in die Basis aufgenommen.

Beim Spritzen sind maximal 6 Mengeneinheiten von Produkt 2 herstellbar, beim Packen sind es maximal 3 Mengeneinheiten. Gewählt wird diejenige Zeile, die den Engpass darstellt, also Zeile III. Mit Hilfe von Zeile III werden die übrigen Koeffizienten in der x_2-Spalte auf null gebracht. In Zeile III selbst wird der KIoeffizient auf 1 gebracht.

Drittes Tableau: Bedeutung
                                                der linken Spalte:

	x_1	x_2	y_1	y_2	y_3	$\vec{b}$
x_1	1	0	1	0	0	10
y_2	0	0	$\frac{1}{2}$	1	$-\frac{1}{4}$	3
x_2	0	1	$-\frac{1}{2}$	0	$\frac{1}{4}$	3
z	0	0	20	0	5	360

$y_1 = y_3 = 0$

$x_1 = 10$

$y_2 = 3$

$x_2 = 3$

$z = 360$

Spaltenwahl: Kleinster negativer Zielfunktionskoeffizient

Zeilenwahl: Ergibt den kleinsten positiven Wert $\frac{b_i}{a_{ik}}$

Alle Zielfunktionskoeffizient sind ≥ 0, die Lösung kann nicht weiter optimiert werden.

Die optimale Lösung liegt bei $x_1 = 10, x_2 = 3$, der maximal erreichbare Deckungsbeitrag ist $z = 360$ €.

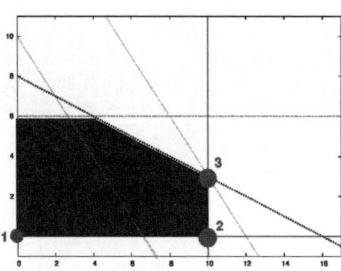

Bezeichnungen:

Zielfunktion
ist diejenige Funktion, die optimiert werden soll.

Restriktionen
sind die Nebenbedingungen.

Nichtnegativitätsbedingungen
sind die Bedingungen $x_i \geq 0$.

Zulässiger Bereich
ist der Bereich der Variablen x_i, die alle Nebenbedingungen erfüllen.

Schlupfvariablen
sind die zusätzliche Variablen y_j, mit deren Hilfe aus den Ungleichungen Gleichungen formuliert werden

Pivotelement
ist das Element des Tableaus, das benutzt wird, um in der ausgewählten Spalte Nullen zu erzeugen (französisch: Pivot = Dreh- und Angelpunkt)

Pivotspalte
ist die Spalte, in der das Pivotelement steht

Pivotzeile
ist die Zeile, in der das Pivotelement steht

Basisvariablen
sind diejenigen der Variablen x_i, y_j, die $\neq 0$ sind (»*aktive*« Variablen)

Engpassbedingung
ist die Zulässigkeitsbedingung, die der Pivotzeile entspricht

Beispiel grafischer Lösungsweg:
Carla kauft ihren Kaffee bei einer kleinen Kaffeerösterei, bei der man beliebige Mengen erwerben kann.

Sie möchte die Kosten, die ihr durch den Kauf von Kaffee entstehen, trotzdem minimieren, hat aber bestimmte Ansprüche:

Sie mag gern Expresso, der 3 € pro 100 g kostet, und Bio-Waldkaffee zu 2.20 € pro 100 g.

Sie benötigt mindestens 200 g Bio-Waldkaffee, höchstens 120 g weniger Expresso als Bio-Waldkaffee und insgesamt mindestens 330 g von beidem pro Woche.

Welche Mengen sollte Carla kaufen?

Lösung:

$$x_2 \geq 200$$
$$x_2 - x_1 \leq 120$$
$$x_1 + x_2 \geq 330$$

$$Z = 3x_1 + 2.2x_2 \text{ (in Cent, auf g Kaffee bezogen)}$$

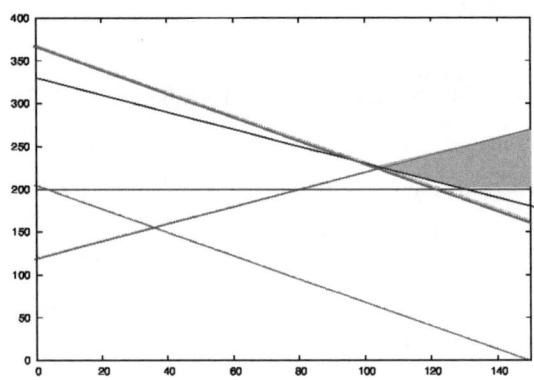

Menge Bio Waldkaffee = 200 g: Waagerechte Linie mit $x_2 = 200$

Mengen Bio-Waldkaffee = 120 g + Expresso: Steigende Gerade von $(x_1, x_2) = (0, 120)$ ausgehend

Mengen Bio-Waldkaffee + Expresso = 330 g: Fallende Gerade von $(x_1, x_2) = (0, 330)$ ausgehend

Zielfunktions-Niveaulinie, hier zum Niveau $Z = 450$ Cent: Fallende Gerade von $(x_1, x_2) = (0, \frac{450}{2.2}) = (0, 204.54)$ ausgehend

Zielfunktions-Niveaulinie zum minimal möglichen Niveau: dazu parallele Gerade mit höchstem Schnittpunkt mit der x_2-Achse

Optimaler Punkt = Schnittpunkt der Randgeraden $x_2 = 330 - x_1$ und der Randgeraden $x_2 = 120 + x_1$.

Damit ist $330 - x_1 = 120 + x_1$, also $2x_1 = 210$, $x_1 = 105$, $x_2 = 330 - 105 = 225$.

Dann ist $Z = 3 \cdot 105 + 2.2 \cdot 225 = 810$ Cent.

Beispiel rechnerischer Lösungsweg:
Wir betrachten ein Beispiel aus der Investitionsrechnung (zu den Begriffen der Zahlungsreihe und des Kapitalwerts vgl. z. B. »Prüfungstraining Finanzmathematik«.)
Die Zahlungsreihen dreier Projektarten sind gegeben:

$A:$ $\quad -40 \quad 30 \quad 50$

$B:$ $\quad -20 \quad 10 \quad 20$

$C:$ $\quad -5 \quad 5 \quad 10$

Für alle Transaktionen gilt ein Zinssatz von 25 %.

Zum Zeitpunkt $t = 0$ verfügt der Investor über 295 Geldeinheiten (GE). Zu Zeitpunkten $t = 1$ und $t = 2$ möchte er aus den Projekten jeweils keinen Verlust erwirtschaften.

Wie häufig sollte er welche Projektart durchführen, um die Summe der Kapitalwerte zu maximieren?

Lösung:
Zielfunktion ist

$$
\begin{aligned}
Z &= \left(-40 + \tfrac{30}{1.25} + \tfrac{50}{1.25^2}\right) \cdot x_1 + \\
&\quad \left(-20 + \tfrac{10}{1.25} + \tfrac{20}{1.25^2}\right) \cdot x_2 + \left(-5 + \tfrac{5}{1.25} + \tfrac{10}{1.25^2}\right) \cdot x_3 \\
&= 16x_1 + 0.8x_2 + 5.4x_3
\end{aligned}
$$

Die zu erfüllenden Nebenbedingungen sind

$$
\begin{aligned}
-40x_1 - 20x_2 - 5x_3 &\geq -295 \\
30x_1 + 10x_2 + 5x_3 &\geq 0 \\
50x_1 + 20x_2 + 10x_3 &\geq 0 \\
x_1, x_2, x_3 &\geq 0
\end{aligned}
$$

Dieses System ist für eine grafische Lösung zu hochdimensional, der Simplexalgorithmus ist nötig.

Der Nullpunkt gehört zum zulässigen Bereich: Dies ist unser Startpunkt.

Um die Bedingungen als obere Grenzen zu formulieren, nehmen wir sie negativ.

Das Starttableau ist also

	x_1	x_2	x_3	y_1	y_2	y_3	$\vec{b}$	$\frac{b_i}{a_{ij}}$	
y_1	40	20	5	1	0	0	295	7.375	I : 40
y_2	−30	−10	−5	0	1	0	0	0	II $+\frac{3}{4}\cdot$ I
y_3	−50	−20	−10	0	0	1	0	0	III $+\frac{5}{4}\cdot$ I
z	-16	−0.8	−5.4	0	0	0	0		IV $+ 0.4\cdot$ I

	x_1	x_2	x_3	y_1	y_2	y_3	$\vec{b}$	$\frac{b_i}{a_{ij}}$	
x_1	1	0.5	0.125	0.025	0	0	7.375	59	I $\cdot$ 8
y_2	0	5	−1.25	0.75	1	0	221.25	−−	II $+ 10\cdot$ I
y_3	0	5	−3.75	1.25	0	1	368.75	−−	III $+ 30\cdot$ I
z	0	7.2	-3.4	0.4	0	0	118		IV $+ 27.2\cdot$ I

Wenn Projektart A $x_1 = 7$-mal durchgeführt wird, und Projektarten B und C werden nicht durchgeführt, so ergibt sich eine Kapitalwertsumme von $7\cdot 16 = 112$ Geldeinheiten.

	x_1	x_2	x_3	y_1	y_2	y_3	$\vec{b}$
x_3	8	4	1	0.2	0	0	59
y_2	10	10	0	1	1	0	295
y_3	30	20	0	2	0	1	590
z	27.2	20.8	0	1.08	0	0	318.6

Der Investor sollte 59-mal Projektart C als einzige Projektart durchführen.

Dann wird die Summe der Kapitalwerte bei 318.6 Geldeinheiten liegen.

3.4   Leontief-Systeme

Wassily Leontief erhielt 1973 den Nobelpreis für die von ihm entwickelte Input-Output-Analyse.

Die hier vorgestellte lineare Input-Output-Analyse modelliert Situationen, in denen mehrere produzierende Sektoren aus Rohstoffen nach festgelegten Rezepturen Produkte herstellen. Diese Outputmengen können – auch wieder in festen Verhältnissen zueinander – jeweils in den eigenen Sektor zurückfließen, in andere Sektoren und in die Endnachfrage eingebracht werden.

3.4.1   Mehrstufige Produktionsverfahren

In einem mehrstufigen Produktionsprozess mögen entsprechend fester Rezepturen aus Rohstoffen Zwischenprodukten unterschiedlicher Stufen und aus diesen letztlich Outputmengen hergestellt werden.

Für jede Stufe werden die benötigten Inputmengen pro Output-Mengeneinheit in Form einer Matrix angegeben: In jeder solchen Matrix ist eine Rezeptur in einer Spalte zusammengestellt.

Die Produkte werden hier mit Großbuchstaben, ihre Mengen mit Kleinbuchstaben benannt.

Im Rahmen dieses Prüfungstrainers werden dreistufige Produktionsprozesse betrachtet:

Aus n_1 Rohstoffmengen $\vec{r} = \begin{pmatrix} r_1 \\ \vdots \\ r_{n_1} \end{pmatrix}$ entstehen n_2 Zwischenproduktmengen

$\vec{z} = \begin{pmatrix} z_1 \\ \vdots \\ z_{n_2} \end{pmatrix}$ und daraus n_3 Endproduktmengen $\vec{x} = \begin{pmatrix} x_1 \\ \vdots \\ x_{n_3} \end{pmatrix}$.

Rezepturen:

1. Für Rohstoffe und Zwischenprodukte:

1 ME von Zwischen-produkt$_1$ erfordert:	...	1 ME von Zwischen-produkt$_{n_2}$ erfordert:
b_{11} ME von Rohstoff$_1$	...	b_{1n_2} ME von Rohstoff$_1$
$\vdots$		$\vdots$
$b_{n_1 1}$ ME von Rohstoff$_{n_1}$	...	$b_{n_1 n_2}$ ME von Rohstoff$_{n_1}$

Mathematische Darstellung:

(I) Als direktes lineares Gleichungssystem:

Von Rohstoff$_1$ benötigt man für 1 ME des ersten Zwischenprodukts b_{11} ME, für 1 ME des zweiten Zwischenprodukts b_{12} ME, $\ldots$, für 1 ME des letzten Zwischenprodukts b_{1n_2} ME.

Daher hat man für die Rohstoffe folgende Gleichungen:

$$b_{11} z_1 + \cdots + b_{1n_2} z_{n_2} = r_1$$

$$\vdots$$

$$b_{n_1 1} z_1 + \cdots + b_{n_1 n_2} z_{n_2} = r_{n_1}$$

(II) Mittels Matrizen und Spaltenvektoren:

$$\begin{pmatrix} b_{11} & \cdots & b_{1n_2} \\ \vdots & & \vdots \\ b_{n_1 1} & \cdots & b_{n_1 n_2} \end{pmatrix} \cdot \begin{pmatrix} z_1 \\ \vdots \\ z_{n_2} \end{pmatrix} = \begin{pmatrix} r_1 \\ \vdots \\ r_{n_1} \end{pmatrix}$$

$$\mathbf{A} \quad\quad \cdot \quad\quad \vec{z} \quad = \quad \vec{r}$$

Spalte i der Matrix $\mathbf{A}$ enthält die Rezeptur bezüglich der Rohstoffe von Zwischenprodukt$_i$.

Da etwa von Rohstoff$_1$ für 1 ME Zwischenprodukt$_1$ b_{11} ME, für 1 ME Zwischenprodukt$_2$ b_{12} ME, ..., für 1 ME Zwischenprodukt$_{n_2}$ b_{1n_2} ME benötigt werden, ergibt sich Rohstoffmenge r_1 als $b_{11} \cdot z_1 + b_{12}z_2 + \cdots + b_{1n_2} \cdot z_{n_2}$.

2. Für Zwischenprodukte und Endprodukte:

1 ME von End- produkt$_1$ erfordert :	...	1 ME von End- produkt$_{n_3}$ erfordert :
a_{11} ME von Zwischenprodukt$_1$	...	a_{1n_3} ME von Zwischenprodukt$_1$
$\vdots$		$\vdots$
$a_{n_2 1}$ ME von Zwischenprodukt$_{n_1}$	...	$a_{n_2 n_3}$ ME von Zwischenprodukt$_{n_3}$

Mathematische Darstellung:

(I)   Als direktes lineares Gleichungssystem:

Von Zwischenprodukt$_1$ benötigt man für 1 ME des ersten Endprodukts a_{11} ME, ..., für 1 ME des letzten Endprodukts a_{1n_3} ME.

Daher hat man für die Zwischenprodukte folgende Gleichungen:

$$a_{11}x_1 + \cdots + a_{1n_3}x_{n_3} = z_1$$
$$\vdots$$
$$a_{n_2 1}x_1 + \cdots + a_{n_2 n_3}x_{n_3} = z_{n_2}$$

(II) Mittels Matrizen und Spaltenvektoren:

$$\begin{pmatrix} a_{11} & \cdots & a_{1n_3} \\ \vdots & & \vdots \\ a_{n_2 1} & \cdots & a_{n_2 n_3} \end{pmatrix} \cdot \begin{pmatrix} x_1 \\ \vdots \\ x_{n_3} \end{pmatrix} = \begin{pmatrix} z_1 \\ \vdots \\ z_{n_2} \end{pmatrix}$$
$$\quad\quad \mathbf{B} \quad\quad\quad\quad \cdot \quad \vec{x} \quad = \quad \vec{z}$$

Spalte j der Matrix $\mathbf{B}$ enthält die Rezeptur bezüglich der Zwischenprodukte von Endprodukt$_j$.

Da etwa von Zwischenprodukt$_1$ für 1 ME Endprodukt$_1$ a_{11} ME, für 1 ME Endprodukt$_2$ a_{12} ME, ..., für 1 ME Endprodukt$_{n_3}$ a_{1n_3} ME benötigt werden, ergibt sich Zwischenproduktmenge z_1 als $a_{11} \cdot x_1 + a_{12}x_2 + \cdots + a_{1n_3} \cdot x_{n_3}$.

3. Daraus ergibt sich für Rohstoffe und Endprodukte:

(I)   Als direktes lineares Gleichungssystem:

Zu gegebenen bestellten Endproduktmengen ergibt das zweite Gleichungssystem die Zwischenprodukt-Mengen.

Aus diesen können dann mit dem ersten Gleichungssystem die Rohstoffmengen berechnet werden.

(II)   Mittels Matrizen und Spaltenvektoren:

$$\underbrace{A \cdot B} \cdot \vec{x} = \vec{r}$$

$$R \quad \cdot \vec{x} = \vec{r} \quad \text{mit der Matrix } R \text{ der } Rohstoffverbrauchs\text{-}$$
$$koeffizienten$$

Spalte j der Matrix R enthält die Rezeptur bezüglich der Rohstoffe von
Endprodukt j.

(III)   Eine Möglichkeit, diese Situation grafisch darzustellen, ist der sogenannte
»Gozinto-Graph«:

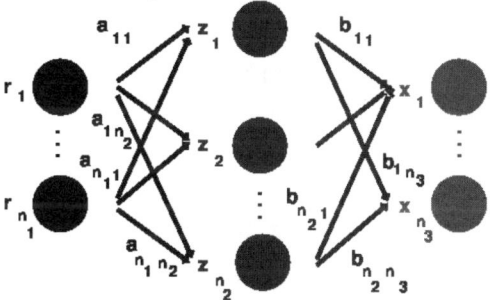

Von r_1 aus gehen Gewichte a_{11} bis a_{1n_2} (1. Zeile der Matrix A).

$\vdots$

Von r_{n_1} aus gehen Gewichte a_{n_11} bis $a_{n_1n_2}$ (letzte Zeile der Matrix A).
Von z_1 aus gehen Gewichte b_{11} bis b_{1n_3} (1. Zeile der Matrix B).

$\vdots$

Von z_{n_2} aus gehen Gewichte b_{n_21} bis $b_{n_2n_3}$ (letzte Zeile der Matrix B).
Zur Berechnung der Rohstoffmengen, um $x_1, \ldots, x_{n_3}$ Mengeneinheiten der
Endprodukte herzustellen, verfolgt man von den Endprodukt-Mengen rechts
im Diagramm jeden Pfeil, der möglich ist, zu den Rohstoffmengen links im
Diagramm zurück und addiert.
Die Bezeichung »Gozinto-Graph« wurde gewählt als Abkürzung der Phrase
»the part that goes into«.

Beispiel:
Bei einem zweistufigen Produktionsverfahren werden zunächst Rohstoffe R_1, R_2
in Halbfabrikate Z_1, Z_2, Z_3 umgewandelt. Anschließend werden daraus Endprodukte X_1, X_2 gefertigt.

Für eine Mengeneinheit (ME) von Z_1 werden 4 ME R_1 und 2 ME R_2 benötigt.
Eine ME von Z_2 entsteht aus 5 ME R_1 und 1 ME R_2.
Für eine ME Z_3 benötigt man 8 ME R_1 und 2 ME R_2.

Eine ME X_1 entsteht aus 4 ME Z_1, 2 ME Z_2 und 1 ME Z_3.
Eine ME X_2 erfordert 3 ME Z_1 und 2 ME Z_3.

Für die Endprodukte gibt es Bestellungen von 10 ME für X_1 und 15 ME für X_2.
Ermitteln Sie, wie viele Rohstoffe Sie brauchen.

Lösung:

(I)   Als direktes lineares Gleichungssystem:

Für eine Mengeneinheit (ME) von Z_1 werden 4 ME R_1 und 2 ME R_2 benötigt.
Eine ME von Z_2 entsteht aus 5 ME R_1 und 1 ME R_2.
Für eine ME Z_3 benötigt man 8 ME R_1 und 2 ME R_2.

$$r_1 = 4z_1 + 5z_2 + 8z_3$$
$$r_2 = 2z_1 + z_2 + 2z_3$$

Eine ME X_1 entsteht aus 4 ME Z_1, 2 ME Z_2 und 1 ME Z_3.
Eine ME X_2 erfordert 3 ME Z_1 und 2 ME Z_3.

$$z_1 = 4x_1 + 3x_2$$
$$z_2 = 2x_1$$
$$z_3 = x_1 + 2x_2$$

$$x_1 = 10$$
$$x_2 = 15$$

Zu lösen ist zunächst das Gleichungssystem, das die bestellten Mengen enthält:

$$x_1 = 10$$
$$x_2 = 15$$

$$z_1 = 4x_1 + 3x_2$$
$$= 85$$

$$z_2 = 2x_1$$
$$= 20$$

$$z_3 = x_1 + 2x_2$$
$$= 40$$

Anschließend setzt man diese Lösungen in das Gleichungssystem ein, das die Rohstoffe enthält:

$$
\begin{aligned}
r_1 &= 4z_1 + 5z_2 + 8z_3 \\
&= 4 \cdot 85 + 5 \cdot 20 + 8 \cdot 40 \\
&= 760
\end{aligned}
$$

$$
\begin{aligned}
r_2 &= 2z_1 + z_2 + 2z_3 \\
&= 2 \cdot 85 + 20 + 2 \cdot 40 \\
&= 270
\end{aligned}
$$

(II) Mittels Matrizen und Spaltenvektoren:

Eine ME Z_1 erfordert 4 ME R_1 und 2 ME R_2.
Eine ME Z_2 erfordert 5 ME R_1 und 1 ME R_2.
Eine ME Z_3 erfordert 8 ME R_1 und 2 ME R_2.

$$
\mathbf{A} \quad \cdot \quad \vec{z} \quad = \quad \vec{r}
$$

Output

$$
\text{Input} \;
\begin{matrix} r_1 \\ r_2 \end{matrix}
\underbrace{\begin{pmatrix} \overset{z_1}{4} & \overset{z_2}{5} & \overset{z_3}{8} \\ 2 & 1 & 2 \end{pmatrix}}_{\mathbf{A}}
\cdot
\begin{pmatrix} z_1 \\ z_2 \\ z_3 \end{pmatrix}
=
\begin{pmatrix} r_1 \\ r_2 \end{pmatrix}
$$

Eine ME X_1 erfordert 4 ME Z_1, 2 ME Z_2 und 1 ME Z_3.
Eine ME X_2 erfordert 3 ME Z_1, 0 ME Z_2 und 2 ME Z_3.

$$
\mathbf{B} \quad \cdot \quad \vec{x} \quad = \quad \vec{z}
$$

Output

$$
\text{Input} \;
\begin{matrix} z_1 \\ z_2 \\ z_3 \end{matrix}
\underbrace{\begin{pmatrix} \overset{x_1}{4} & \overset{x_2}{3} \\ 2 & 0 \\ 1 & 2 \end{pmatrix}}_{\mathbf{B}}
\cdot
\begin{pmatrix} x_1 \\ x_2 \end{pmatrix}
=
\begin{pmatrix} z_1 \\ z_2 \\ z_3 \end{pmatrix}
$$

Die Matrix des Rohstoffbedarfs für die Produktion der Endprodukte ist

$$
\begin{aligned}
\mathbf{R} &= \mathbf{A} \cdot \mathbf{B} \\
&= \begin{pmatrix} 4 & 5 & 8 \\ 2 & 1 & 2 \end{pmatrix} \cdot \begin{pmatrix} 4 & 3 \\ 2 & 0 \\ 1 & 2 \end{pmatrix} \\
&= \begin{pmatrix} 34 & 28 \\ 12 & 10 \end{pmatrix}
\end{aligned}
$$

Rohstoffbedarf für x_1 ME des ersten Endprodukts und x_2 ME des zweiten Endprodukts:

$$\mathbf{R} \cdot \vec{x} = \vec{r}$$

Rohstoffbedarf für 10 ME des ersten Endprodukts und 15 ME des zweiten Endprodukts:

$$\begin{pmatrix} 34 & 28 \\ 12 & 10 \end{pmatrix} \cdot \begin{pmatrix} 10 \\ 15 \end{pmatrix} = \begin{pmatrix} 760 \\ 270 \end{pmatrix}$$

(III)   Mittels Gozinto-Graph:

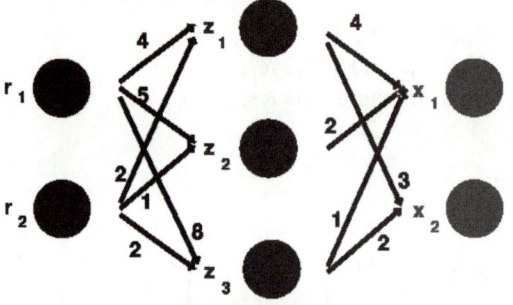

Zur Herstellung von $x_1 = 10$ ME des ersten und $x_2 = 15$ ME des zweiten Endprodukts benötigt man

$$\begin{aligned}
r_1 &= 10 \cdot (4 \cdot 4 + 2 \cdot 5 + 1 \cdot 8) + 15 \cdot (3 \cdot 4 + 2 \cdot 8) \\
&= 760
\end{aligned}$$

$$\begin{aligned}
r_2 &= 10 \cdot (4 \cdot 2 + 2 \cdot 1 + 1 \cdot 2) + 15 \cdot (3 \cdot 2 + 2 \cdot 2) \\
&= 270
\end{aligned}$$

3.4.2 Leistungsverflechtung

Von Leistungsverflechtung spricht man, wenn unterschiedliche Gruppierungen Leistungen füreinander erbringen. Ein typisches Beispiel sind verschiedene Abteilungen einer Unternehmung oder miteinander kooperierende Unternehmungen, aber auch eine Volkswirtschaft.

Zunächst wird der Fall behandelt, dass zwei Sektoren Waren produzieren, die einerseits jeweils für den Eigenverbrauch und für den Verbrauch des anderen Sektors, andererseits für die Endnachfrage produzieren.

(I)   Darstellung in Form von Gleichungssystemen:

Gegeben sind Anteile, zu denen jeder Sektor sich selbst und den anderen Sektor beliefert:

- a_{11} ist der Anteil der von Sektor$_1$ hergestellten Menge x_1, den Sektor$_1$ selbst verbraucht.
- a_{12} ist der Anteil der von Sektor$_2$ hergestellten Menge x_2, den Sektor$_1$ verbraucht.
- a_{21} ist der Anteil der von Sektor$_1$ hergestellten Menge x_1, den Sektor$_2$ verbraucht.
- a_{22} ist der Anteil der von Sektor$_2$ hergestellten Menge x_2, den Sektor$_2$ selbst verbraucht.

Dann entstehen die Eigenverbrauchsmengen e_1 und e_2 der beiden Sektoren als

$$e_1 = a_{11}x_1 + a_{12}x_2$$
$$e_2 = a_{21}x_1 + a_{22}x_2$$

Die Endnachfragemengen y_1 und y_2 sind diejenigen Mengen, die jeder Sektor mehr herstellt als er verbraucht:

$$y_1 = x_1 - e_1 = x_1 - (a_{11}x_1 + a_{12}x_2)$$
$$y_2 = x_2 - e_2 = x_2 - (a_{21}x_1 + a_{22}x_2)$$

(II)   Darstellung mittels Matrizen und Vektoren:

Die Vektoren $\vec{x} = \begin{pmatrix} x_1 \\ x_2 \end{pmatrix}$ der hergestellten Mengen, $\vec{e} = \begin{pmatrix} e_1 \\ e_2 \end{pmatrix}$ der Eigenverbrauchsmengen und $\vec{y} = \begin{pmatrix} y_1 \\ y_2 \end{pmatrix}$ der Endnachfragemengen sind über folgende Gleichungen miteinander verbunden:

$\boxed{\vec{e} = \mathbf{A} \cdot \vec{x}}$ enthält die Komponenten e_1 und e_2 der Eigenverbrauchsmengen der beiden Partner.

Sie entstehen aus den hergestellten Mengen x_1 und x_2 mittels der Matrix $\mathbf{A}$ der Eigenverbrauchsanteile.

$\boxed{\vec{y} = \vec{x} - \vec{e}}$ enthält in jeder Komponente diejenige Menge, die der betreffende Partner mehr herstellt als er verbraucht.

Diese Mengen sind also für die Endnachfrage bestimmt.

Mittels der Umformung $\vec{y} = \vec{x} - \vec{e} = \mathbf{E} \cdot \vec{x} - \mathbf{A} \cdot \vec{x} = (\mathbf{E} - \mathbf{A}) \cdot \vec{x}$ erhält man einen direkten Zusammenhang zwischen hergestellter Menge und Endnachfrage.

Typischerweise sind die Eigenverbrauchsanteile in Form der Matrix **A** und hergestellte Mengen, Eigenverbrauchsmengen oder Endnachfragemengen in passenden Mengeneinheiten (ME) gegeben, die anderen Mengen sind zu ermitteln.

Vorgehensweisen:
Wenn **A** und $\vec{x}$ gegeben sind:

$$\vec{e} = \mathbf{A} \cdot \vec{x}$$
$$\vec{y} = \vec{x} - \vec{e}$$

Wenn **A** und $\vec{e}$ gegeben sind:

$$\vec{x} = \mathbf{A}^{-1} \cdot \vec{e}$$

falls **A** invertierbar, also $\det(\mathbf{A}) \neq 0$ ist.

$$\vec{y} = \vec{x} - \vec{e}$$

Wenn **A** und $\vec{y}$ gegeben sind:

$$\vec{x} = (\mathbf{E} - \mathbf{A})^{-1} \cdot \vec{y}$$

falls $\mathbf{E} - \mathbf{A}$ invertierbar, also $\det(\mathbf{E} - \mathbf{A}) \neq 0$ ist.

$$\vec{e} = \vec{x} - \vec{y}$$

Beispiel:
Zwei Caterer haben ein Abkommen getroffen, einander für die jeweilige Personal-kantine zu beliefern.

Caterer 1 verbraucht 30 % der eigenen und 10 % der fremden Ware.
Caterer 2 verbraucht 20 % der fremden und 25 % der eigenen Ware.

Die Anteile, zu denen im Mittel hergestellte Ware nicht an Kunden, sondern ins eigene oder das Partnerunternehmen fließt, sind dann mathematisch folgendermaßen erfasst:

(I)   Darstellung in Form von Gleichungssystemen:

$$a_{11} = 0.3 \quad a_{12} = 0.1$$
$$a_{21} = 0.2 \quad a_{22} = 0.25$$

Damit ergibt sich:

$$e_1 = 0.3x_1 + 0.1x_2$$
$$e_2 = 0.2x_1 + 0.25x_2$$

$$y_1 = x_1 - e_1 = x_1 - (0.3x_1 + 0.1x_2)$$
$$y_2 = x_2 - e_2 = x_2 - (0.2x_1 + 0.25x_2)$$

(II)   Darstellung mittels Matrizen und Vektoren:

| Matrix der Eigenverbrauchs- anteile | hergestellte Mengen | Eigenverbrauchs- mengen |

$$\begin{pmatrix} 0.3 & 0.1 \\ 0.2 & 0.25 \end{pmatrix} \cdot \begin{pmatrix} x_1 \\ x_2 \end{pmatrix} = \begin{pmatrix} e_1 \\ e_2 \end{pmatrix}$$

$$\mathbf{A} \cdot \vec{x} = \vec{e}$$

(a)   Angenommen, Caterer 1 stellt 10 Mengeneinheiten her, Caterer 2 stellt 40 Mengeneinheiten her.
(1)   Wie viel bekommt jeder Caterer für den Eigenverbrauch?
(2)   Wie viele Mengeneinheiten stellt jeder Caterer mehr her (für die End-nachfrage) als er selbst verbraucht?

(b)   Angenommen, Caterer 1 bekommt 5 Mengeneinheiten für den Eigenver-brauch, Caterer 2 bekommt 6 Mengeneinheiten für den Eigenverbrauch. Wie viel hat jeder von beiden erzeugt?

(c)   Angenommen, jeder der beiden Caterer stellt 10 Mengeneinheiten mehr her als er verbraucht. Wie viel hat jeder von beiden erzeugt?

Lösung:

(a)   Bei gegebenen hergestellten Mengen:
(I)   Darstellung in Form von Gleichungssystemen:
(1)   Eigenverbrauchsmengen $\vec{e}$:
$$e_1 = 0.3 \cdot 10 + 0.1 \cdot 40 = 7$$
$$e_2 = 0.2 \cdot 10 + 0.25 \cdot 40 = 12$$

(2)   Endnachfragemengen $\vec{y}$:
$$y_1 = 10 - e_1 = 10 - (0.3 \cdot 10 + 0.1 \cdot 40)$$
$$= 3$$
$$y_2 = 40 - e_2 = 40 - (0.2 \cdot 10 + 0.25 \cdot 40)$$
$$= 28$$

(II)   Darstellung mittels Matrizen und Vektoren:
(1)   Eigenverbrauchsmengen $\vec{e}$:
$$\vec{e} = \mathbf{A} \cdot \vec{x}$$
$$= \begin{pmatrix} 0.3 & 0.1 \\ 0.2 & 0.25 \end{pmatrix} \cdot \begin{pmatrix} 10 \\ 40 \end{pmatrix}$$
$$= \begin{pmatrix} 0.3 \cdot 10 + 0.1 \cdot 40 \\ 0.2 \cdot 10 + 0.25 \cdot 40 \end{pmatrix} = \begin{pmatrix} 7 \\ 12 \end{pmatrix}$$

Caterer 1 erhält 7 ME für den Eigenverbrauch,
Caterer 2 erhält 12 ME für den Eigenverbrauch.

(2) Endnachfragemengen $\vec{y}$:

$$\vec{y} = \vec{x} - \vec{e}$$

$$= \begin{pmatrix} 10 \\ 40 \end{pmatrix} - \begin{pmatrix} 7 \\ 12 \end{pmatrix} = \begin{pmatrix} 3 \\ 28 \end{pmatrix}$$

Caterer 1 stellt 3 ME mehr her als er verbraucht,
Caterer 2 stellt 28 ME mehr her als er verbraucht.

(b) Bei gegebenen Eigenverbrauchsmengen:

(I) Darstellung in Form von Gleichungssystemen:

$$5 = 0.3x_1 + 0.1x_2$$
$$6 = 0.2x_1 + 0.25x_2$$
$$50 - 3x_1 = x_2$$
$$6 = 0.2x_1 + 0.25 \cdot (50 - 3x_1)$$
$$= 12.5 - 0.55x_1$$
$$x_1 = \frac{12.5 - 6}{0.55}$$
$$= 11.\overline{81}$$
$$x_2 = 50 - 3 \cdot 11.\overline{81}$$
$$= 14.\overline{54}$$

(II) Darstellung mittels Matrizen und Vektoren:
Hergestellte Mengen $\vec{x}$:

$$\vec{x} = \mathbf{A}^{-1} \cdot \vec{e}, \quad \textit{falls } \mathbf{A} \text{ invertierbar ist}$$

Da $\det \mathbf{A} = 0.075 - 0.02 = 0.055 \neq 0$ ist, ist $\mathbf{A}$ invertierbar mit

$$\mathbf{A}^{-1} = \frac{1}{0.055} \cdot \begin{pmatrix} 0.25 & -0.1 \\ -0.2 & 0.3 \end{pmatrix}$$

Damit erhält man

$$\vec{x} = \mathbf{A}^{-1} \cdot \vec{e}$$

$$= \frac{1}{0.055} \cdot \begin{pmatrix} 0.25 & -0.1 \\ -0.2 & 0.3 \end{pmatrix} \cdot \begin{pmatrix} 5 \\ 6 \end{pmatrix}$$

$$= \frac{1}{0.055} \cdot \begin{pmatrix} 0.65 \\ 0.8 \end{pmatrix} \qquad = \begin{pmatrix} 11.\overline{81} \\ 14.\overline{54} \end{pmatrix}$$

Caterer 1 stellt 11.82 ME her, Caterer 2 stellt 14.54 ME her.

(c)   Bei gegebenen Endnachfragemengen:
(I)   Darstellung in Form von Gleichungssystemen:

$$10 = x_1 - e_1$$
$$= x_1 - (0.3x_1 + 0.1x_2)$$
$$= 0.7x_1 - 0.1x_2$$
$$10 = x_2 - e_2$$
$$= x_2 - (0.2x_1 + 0.25x_2)$$
$$= -0.2x_1 + 0.75x_2$$
$$x_2 = -100 + 7x_1$$
$$10 = -0.2x_1 + 0.75 \cdot (-100 + 7x_1)$$
$$= -75 + 5.05x_1$$
$$x_1 = \frac{75 + 10}{5.05}$$
$$= 16.83$$
$$x_2 = -100 + 7 \cdot 16.83$$
$$= 17.82$$

(II)   Darstellung mittels Matrizen und Vektoren:
Hergestellte Mengen $\vec{x}$:
$\vec{x} = (\mathbf{E} - \mathbf{A})^{-1} \cdot \vec{y}$,
falls die Matrix $(\mathbf{E} - \mathbf{A})$ invertiert werden kann.
Da $\det(\mathbf{E} - \mathbf{A}) = 0.505 \neq 0$ ist, ist $\mathbf{A}$ invertierbar mit

$$(\mathbf{E} - \mathbf{A})^{-1} = \begin{pmatrix} 0.7 & -0.1 \\ -0.2 & 0.75 \end{pmatrix}^{-1}$$
$$= \frac{1}{\det(\mathbf{E}-\mathbf{A})} \cdot \begin{pmatrix} 0.75 & 0.1 \\ 0.2 & 0.7 \end{pmatrix}$$
$$= \frac{1}{0.505} \cdot \begin{pmatrix} 0.75 & 0.1 \\ 0.2 & 0.7 \end{pmatrix}$$
$$= \begin{pmatrix} 1.485 & 0.198 \\ 0.396 & 1.386 \end{pmatrix}$$

Damit erhält man
$\vec{x} = (\mathbf{E} - \mathbf{A})^{-1} \cdot \vec{y}$

$$= \begin{pmatrix} 1.485 & 0.198 \\ 0.396 & 1.386 \end{pmatrix} \cdot \begin{pmatrix} 10 \\ 10 \end{pmatrix}$$
$$= \begin{pmatrix} 16.83 \\ 17.82 \end{pmatrix}$$

Caterer 1 stellt 16.83 ME her, Caterer 2 stellt 17.82 ME her.

Erinnerung:
Beispiel:
Der Kostenstellenplan eines Betriebs weist zwei Hilfskostenstellen und zwei Hauptkostenstellen aus.

Folgende Tabelle zeigt die Leistungsverflechtung sowie die primären Gemeinkosten der Kostenstellen in Euro:

Primäre		Abgebende Kostenstelle			
Gemein-		Hiko I	Hiko II	Material	Fertigung
kosten		500	400	300	800
Emp-	Hiko I	–	0.3		
fangende	Hiko II	0.2	–		
Kosten-	Material	0.5	0.4		
stelle	Fertigung	0.3	0.3		

Ermitteln Sie die Gesamtkosten jeder Kostenstelle.

Direkt in Form linearer Gleichungssysteme wurde die Aufgabe schon in 3.1.1, S. 147, gelöst. Nun also noch einmal mittels Matrizen:

Die Bedingung an die Kosten:

Gesamtkosten der Kostenstelle =
in der Abteilung anfallende primäre Kosten +
Kosten erhaltener Leistungen aus anderen Abteilungen

lässt sich mit Hilfe der Matrixschreibweise notieren in der Form

$$
\begin{pmatrix} K_1 \\ K_2 \\ K_3 \\ K_4 \end{pmatrix} = \begin{pmatrix} 500 \\ 400 \\ 300 \\ 800 \end{pmatrix} + \begin{pmatrix} 0 & 0.3 & 0 & 0 \\ 0.2 & 0 & 0 & 0 \\ 0.5 & 0.4 & 0 & 0 \\ 0.3 & 0.3 & 0 & 0 \end{pmatrix} \cdot \begin{pmatrix} K_1 \\ K_2 \\ K_3 \\ K_4 \end{pmatrix}
$$

oder

$$
\begin{pmatrix} 1 & -0.3 & 0 & 0 \\ -0.2 & 1 & 0 & 0 \\ -0.5 & -0.4 & 1 & 0 \\ -0.3 & -0.3 & 0 & 1 \end{pmatrix} \cdot \begin{pmatrix} K_1 \\ K_2 \\ K_3 \\ K_4 \end{pmatrix} = \begin{pmatrix} 500 \\ 400 \\ 300 \\ 800 \end{pmatrix}
$$

$$
(\mathbf{E} - \mathbf{A}) \qquad \cdot \qquad \vec{K} \quad = \quad \vec{y}
$$

Dieses Mal wird das System nicht in zwei 2×2–Systeme zerlegt, sondern durch Invertieren der Matrix $\mathbf{E} - \mathbf{A}$ mittels des Gauß-Jordan-Algorithmus gelöst:

E-A				E					
1	-0.3	0	0	1	0	0	0	I	
-0.2	1	0	0	0	1	0	0	II	$+0.2 \cdot$ I
-0.5	-0.4	1	0	0	0	1	0	III	$+0.5 \cdot$ I
-0.3	-0.3	0	1	0	0	0	1	IV	$+0.3 \cdot$ I
1	-0.3	0	0	1	0	0	0	I	
0	0.94	0	0	0.2	1	0	0	II	$: 0.94$
0	-0.55	1	0	0.5	0	1	0	III	$+\frac{0.55}{0.94} \cdot$ II
0	-0.39	0	1	0.3	0	0	1	IV	$+\frac{0.39}{0.94} \cdot$ II
1	-0.3	0	0	1	0	0	0	I	$+0.3 \cdot$ II
0	1	0	0	$\frac{0.2}{0.94}$	$\frac{1}{0.94}$	0	0	II	
0	0	1	0	$\frac{0.58}{0.94}$	$\frac{0.55}{0.94}$	1	0	III	
0	0	0	1	$\frac{0.36}{0.94}$	$\frac{0.39}{0.94}$	0	1	IV	
1	0	0	0	$\frac{1}{0.94}$	$\frac{0.3}{0.94}$	0	0	I	
0	1	0	0	$\frac{0.2}{0.94}$	$\frac{1}{0.94}$	0	0	II	
0	0	1	0	$\frac{0.58}{0.94}$	$\frac{0.55}{0.94}$	1	0	III	
0	0	0	1	$\frac{0.36}{0.94}$	$\frac{0.39}{0.94}$	0	1	IV	

Damit ist

$$(\mathbf{E} - \mathbf{A})^{-1} = \begin{pmatrix} \frac{1}{0.94} & \frac{0.3}{0.94} & 0 & 0 \\ \frac{0.2}{0.94} & \frac{1}{0.94} & 0 & 0 \\ \frac{0.58}{0.94} & \frac{0.55}{0.94} & 1 & 0 \\ \frac{0.36}{0.94} & \frac{0.39}{0.94} & 0 & 1 \end{pmatrix}$$

Es ergibt sich:

$$\begin{pmatrix} K_1 \\ K_2 \\ K_3 \\ K_4 \end{pmatrix} = \begin{pmatrix} \frac{1}{0.94} & \frac{0.3}{0.94} & 0 & 0 \\ \frac{0.2}{0.94} & \frac{1}{0.94} & 0 & 0 \\ \frac{0.58}{0.94} & \frac{0.55}{0.94} & 1 & 0 \\ \frac{0.36}{0.94} & \frac{0.39}{0.94} & 0 & 1 \end{pmatrix} \cdot \begin{pmatrix} 500 \\ 400 \\ 300 \\ 800 \end{pmatrix}$$

$$= \begin{pmatrix} 659.5745 \\ 531.9149 \\ 842.5532 \\ 1157.4468 \end{pmatrix}$$

3.5   Rezeptartige Lösungswege

Aufgabe: Lösen eines linearen Gleichungssystems aus 2 Gleichungen mit 2 Unbekannten

Gegeben: Lineares Gleichungssystem

$$a \cdot x + b \cdot y \ = e$$
$$c \cdot x + d \cdot y \ = f$$

mit Zahlen a, b, c, d, e, f
Gesucht: Lösungsmenge

Lösungsweg:

(I)   Direkt mit den Gleichungssystemen:
Man arbeitet direkt mit den Gleichungen und versucht Folgendes:

    (a)   Man löst eine Gleichung nach einer Variablen auf und setzt diese in die andere Gleichung ein; das ergibt zunächst den Wert für die zweite Variable, den man dann benutzt, um auch die erste Variable zu berechnen. Oder:

    (b)   Man addiert oder subtrahiert Vielfache der Gleichungen voneinander, so dass eine Variable herausfällt. Die zweite kann man dann berechnen und verwenden, um auch die erste zu ermitteln.

Es ist allerdings möglich, dass man auf diese Weise widersprüchliche Gleichungen bekommt, was bedeutet, dass das Gleichungssystem nicht lösbar ist, oder dass man keine Zahlenwerte für die Variablen erhält, sondern lediglich eine Gleichung, die beide verbindet.

(II)   Mittels Matrizen und Spaltenvektoren:
Formeln 3 in Formelsammlung
Die Koeffizienten der linken Seite werden zusammengefasst in einer Matrix

$$\mathbf{A} \ = \begin{pmatrix} a & b \\ c & d \end{pmatrix}$$

Die Koeffizienten der rechten Seite werden zusammengefasst in einem Vektor

$$\vec{b} \ = \begin{pmatrix} e \\ f \end{pmatrix}$$

Die Unbekannten werden zusammengefasst in einem Vektor

$$\vec{x} \ = \begin{pmatrix} x \\ y \end{pmatrix}$$

Das Gleichungssystem lässt sich so schreiben in der Gestalt

$$\mathbf{A} \cdot \vec{x} \ = \vec{b}.$$

Man berechnet die Determinante der Matrix **A**:

$$\det(\mathbf{A}) \quad = \begin{vmatrix} a & b \\ c & d \end{vmatrix} \quad = a \cdot d - b \cdot c$$

Das Gleichungssystem ist eindeutig lösbar, wenn $\det(\mathbf{A}) \neq 0$ ist.

Dann gilt (Cramer'sche Regel):

$$x = \frac{\begin{vmatrix} e & b \\ f & d \end{vmatrix}}{\begin{vmatrix} a & b \\ c & d \end{vmatrix}}, \quad y = \frac{\begin{vmatrix} a & e \\ c & f \end{vmatrix}}{\begin{vmatrix} a & b \\ c & d \end{vmatrix}} \qquad \text{vgl. Formel 3(1)}$$

Das Gleichungssystem besitzt unendlich viele Lösungen, falls gilt:

$$\det(\mathbf{A}) \quad = \begin{vmatrix} e & b \\ f & d \end{vmatrix} = \begin{vmatrix} a & e \\ c & f \end{vmatrix} = 0 \qquad \text{Formel 3(3)}$$

Falls $a = b = c = d = 0$ ist, ist ganz $\mathbb{R}^2$ die Lösungsmenge.
Sonst liegen die Lösungen auf einer Geraden.
Das Gleichungssystem ist nicht lösbar, falls gilt:

$$\det(\mathbf{A}) \quad = 0 \quad \text{und}$$

$$\begin{vmatrix} e & b \\ f & d \end{vmatrix} \neq 0 \quad \text{oder} \quad \begin{vmatrix} a & e \\ c & f \end{vmatrix} \neq 0 \qquad \text{Formel 3(2)}$$

(III)   Grafische Darstellung:
Jede der beiden Gleichungen definiert eine Gerade.
Falls es sich um zwei nicht-parallele Geraden handelt, schneiden sie sich in genau einem Punkt, der Lösung des Gleichungssystems.
Falls es sich um zwei identische Geraden handelt, ist die Lösungsmenge diese Gerade.
Falls es sich um zwei nicht-identische parallele Geraden handelt, schneiden sich diese nicht: Die Lösungsmenge ist leer.

s. Aufgabe 3.1, S. 208

s. Aufgabe 3.2, S. 208

s. Aufgabe 3.3, S. 208

Aufgabe: Bestimmen, ob ein lineares Gleichungssystem eindeutig lösbar ist/Bestimmen, ob eine Matrix invertierbar ist
Gegeben: Lineares Gleichungssystem $A \cdot x = b$ bzw. Matrix A
Gesucht: Entscheidung, ob das System eindeutig lösbar ist, bzw. Entscheidung, ob die Matrix invertierbar ist

Lösungsweg:

(a) Man berechne die Determinante der Matrix:

2×2–*System:*
Formel 3(1) in Formelsammlung

$n \times n$-System mit $n \geq 3$:
det(**A**) kann berechnet werden, indem man mit wechselndem Vorzeichen die Elemente der ersten Spalte von **A** mit der Determinante der Matrix multipliziert, die entsteht, wenn man die erste Spalte und die jeweilige Zeile weglässt.

(b) Falls die Determinante ungleich 0 ist, ist das Gleichungssystem eindeutig lösbar bzw. die Matrix invertierbar.

s. Aufgabe 3.3, S. 208

s. Aufgabe 3.14, S. 211

s. Aufgabe 3.15, S. 211

Aufgabe: Bestimmen, unter welchen Bedingungen Matrizen addiert oder multipliziert werden können – und es gegebenenfalls tun
Gegeben: Zwei Matrizen A und B
Gesucht: Kriterien für Addierbarkeit und Multiplizierbarkeit
Lösungsweg:

(a) Zwei Matrizen können addiert werden, wenn sie gleich viele Zeilen und Spalten haben.
Dann werden sie elementweise addiert.

(b) Zwei Matrizen können multipliziert werden, wenn die Anzahl der Spalten der ersten mit der Anzahl der Zeilen der zweiten Matrix übereinstimmt.
Die Multiplikation geschieht dann, indem für jede Zeile der ersten und jede Spalte der zweiten Matrix das Skalarprodukt gebildet wird. (Skalarprodukt s. S. 202)

s. Aufgabe 3.7, S. 209

s. Aufgabe 3.8, S. 210

Aufgabe: Lösen eines linearen 2 × 2–Gleichungssystems mit invertierbarer Matrix

Gegeben: 2 × 2-System

$$a \cdot x + b \cdot y = e$$
$$c \cdot x + d \cdot y = f$$

mit $\begin{vmatrix} a & b \\ c & d \end{vmatrix} \neq 0$

Gesucht: Lösungsmenge

Lösungsweg:

Berechnung der Lösung mit Cramerscher Regel Formel 3(1) in Formelsammlung

s. Aufgabe 3.3, S. 208

Aufgabe: Lösen eines beliebigen linearen Gleichungssystems

Gegeben: Lineares Gleichungssystem $\mathbf{A} \cdot \vec{x} = \vec{b}$

Gesucht: Lösungsmenge

Lösungsweg:

Gauß-Algorithmus

Das Starttableau besteht aus der Koeffizientenmatrix $\mathbf{A}$ und daneben stehend den Koeffizienten des Vektors $\vec{b}$.

Mittels Zeilenoperationen wird dieses Tableau in obere Dreiecksgestalt umgeformt: Sukzessive wird die erste, zweite, ... Zeile genutzt, um in der ersten, zweiten, ... Spalte unterhalb des Diagonalelements Nullen zu erzeugen. Falls das Diagonalelement derjenigen Zeile, die gerade benutzt werden soll, gleich null ist, wird zunächst die Zeile oder Spalte, in der dieses Diagonalelement steht, mit einer anderen vertauscht.

Aus dem Tableau in oberer Dreiecksgestalt lässt sich die Lösungsmenge ablesen: Sind alle Diagonalelemente $\neq 0$, so lässt sich das Gleichungssystem von unten nach oben eindeutig lösen.

Sind Diagonalelemente $= 0$, so ist das System nicht eindeutig lösbar; entweder ist das System nicht lösbar, oder es gibt unendlich viele Lösungen, die Lösungsmenge bildet eine Gerade, Ebene oder Hyperebene. Auch in diesem Fall erhält man die Lösungsmenge, indem man von unten nach oben vorgeht.

Als freie Variablen bezeichnet man dann diejenigen, die bei der Bestimmung einer beliebigen Lösung frei gewählt werden können.

Gebundene Variablen sind solche, die sich nach Wahl der freien Variablen eindeutig ergeben.

s. Aufgabe 3.14, S. 211

s. Aufgabe 3.15, S. 211

Aufgabe: Invertieren einer 2 × 2–Matrix

Gegeben: Invertierbare 2 × 2–Matrix (also mit $\det(\mathbf{A}) \neq 0$)
Gesucht: Inverse Matrix dazu
Lösungsweg:
Mit Formel 3(1) in Formelsammlung:

$$\mathbf{A}^{-1} = \frac{1}{\det \mathbf{A}} \begin{pmatrix} d & -b \\ -c & a \end{pmatrix}$$

s. Aufgabe 3.16, S. 212

Aufgabe: Invertieren einer quadratischen Matrix beliebiger Größe

Gegeben: Invertierbare $n \times n$-Matrix $\mathbf{A}$ (also mit $\det(\mathbf{A}) \neq 0$)
Gesucht: Inverse Matrix
Lösungsweg:
Gauß-Jordan-Algorithmus
Das Starttableau besteht aus der Koeffizientenmatrix $\mathbf{A}$ und danebenstehend der Einheitsmatrix $\mathbf{E}$ derselben Größe.
Zunächst wird dieses Tableau mittels Zeilenoperationen analog des Gauß-Algorithmus in obere Dreiecksgestalt gebracht. Anschließend werden die letzte, vorletzte, ... Zeile benutzt, um jeweils oberhalb des Diagonalelements Nullen zu erzeugen. Schließlich wird jede Zeile durch ihr Diagonalelement geteilt.
Im resultierenden Tableau steht links die Einheitsmatrix und rechts die inverse Matrix $\mathbf{A}^{-1}$.

s. Aufgabe 3.17, S. 212

Aufgabe: Ermitteln des Skalarprodukts zweier gleich langer Vektoren

Gegeben: Zwei Vektoren derselben Länge
Gesucht: Deren Skalarprodukt
Lösungsweg:
Formel 4 in Formelsammlung
Das Skalarprodukt zweier gleich langer Vektoren ist die Summe der Produkte ihrer Komponenten.

s. Aufgabe 3.18, S. 212

s. Aufgabe 3.19, S. 212

Wirtschaftswissenschaftliche Anwendungen

Aufgabe: Maximieren einer Zielfunktion unter mehreren Nebenbedingungen

Gegeben:
- Lineare Zielfunktion Z
- Restriktionen

Gesucht: Punkt, in dem die Zielfunktion unter den gegebenen Restriktionen maximal ist

Lösungsweg:

(a) *Grafischer Lösungsweg:*

Zeichnen des zulässigen Bereichs, der durch die Nebenbedingungen gegeben ist

Zeichnen einer beliebigen Niveaulinie der Zielfunktion

Verschieben der Niveaulinie der Zielfunktion nach außen, bis der letzte Punkt des zulässigen Bereichs erreicht ist

Bemerkung:

Dieser Löungsweg ist auch zum Minimieren einer Zielfunktion unter Nebenbedingungen geeignet.

(b) *Rechnerischer Lösungsweg (Simplexalgorithmus):*

Da bekannt ist, dass die optimale Lösung einer der Eckpunkte des zulässigen Bereichs ist, geht dieser Lösungsweg die Ecken reihum durch. Man benötigt einen Eckpunkt zum Start.

Dieser Weg wird hier nur für den Fall beschrieben, dass der Nullpunkt zum zulässigen Bereich gehört. Wenn dies nicht der Fall ist, sind Vorarbeiten zu leisten.

Start-Eckpunkt des zulässigen Bereichs ist also der Nullpunkt.

Jede Ungleichung wird um eine neue Variable ergänzt, so dass eine Gleichung daraus wird.

Die Zielfunktionszeile wird negativ genommen und dazugenommen.

Für das entstandene lineare Gleichungssystem wird ein Gauß-ähnlicher Ansatz gemacht:

Die Koeffizienten der linken Seite (also die Koeffizientenmatrix des Systems) werden, durch einen senkrechten Strich getrennt, gemeinsam mit den Zahlen der rechten Seite (dem $\vec{b}$−Vektor) in ein Schema notiert.

Der kleinste negative Koeffizient der Zielfunktionszeile bestimmt die ausgewählte Spalte.

Als Zeile wird diejenige ausgewählt, bei der der Wert in der b-Spalte, geteilt durch den Wert in der ausgewählten Spalte, unter den nicht-negativen Werten der kleinste ist.

Mit der ausgewählten Zeile wird gearbeitet:

Dort erzeugt man in der ausgewählten Spalte eine 1.

In allen anderen Zeilen der ausgewählten Spalte erzeugt man eine 0 durch Addieren oder Subtrahieren eines Vielfachen der ausgewählten Zeile.

Der Algorithmus ist beendet, wenn die Zielfunktionszeile keine negativen Koeffizienten mehr enthält.

s. Aufgabe 3.20, S. 212

s. Aufgabe 3.21, S. 212

s. Aufgabe 3.22, S. 213

Bemerkung:
Zum Minimieren einer Zielfunktion kann beim grafischen Lösungsweg die Zielfunktions-Niveaulinie in die andere Richtung verschoben werden, so dass der zugehörige Zielfunktionswert kleiner wird.
Beim Simplex-Verfahren kann man im Prinzip das Negative der Zielfunktion $-Z$ maximieren.
Es tauchen allerdings Schwierigkeiten auf, weil bei solchen Aufgaben in der Regel der Nullpunkt $\vec{0}$ nicht zum zulässigen Bereich gehört. Das erschwert den Simplexalgorithmus deutlich.

Aufgabe: Produktionsmatrix und benötigte Rohstoffmengen bestimmen
Gegeben:
– Zweistufiger Produktionsprozess, bei dem
    (a)   Aus Rohstoffen Zwischenprodukte und
    (b)   aus Zwischenprodukten Endprodukte gefertigt werden
– Angabe
    (a)   pro Mengeneinheit (ME) jedes Zwischenprodukts die benötigten ME Rohstoffe
    (b)   pro ME jedes Endprodukt die benötigten ME Zwischenprodukte
Gesucht:
(1)   Rohstoffmatrix **R**, die jedem Vektor von Endprodukten den Vektor der benötigten Rohstoffe zuordnet
(2)   Zu gegebenen Endprodukt-Mengen die benötigten Rohstoffe

Lösungsweg:
(I)   Lösung zu (2), als direktes lineares Gleichungssystem:
    Man erstellt zu (a) und (b) jeweils ein Gleichungssystem, indem man für jedes Rezept (»Für eine ME von ... benötigt man ...«) die Zahlenangaben zu den gesuchten Größen auf die Gleichungen der gesuchten Größen verteilt und dahinter notiert, was mit diesen Mengeneinheiten hergestellt wird.
    Man setzt die Mengenangaben der Endprodukte in die Gleichungen ein, die Endprodukte mit Zwischenprodukten verbinden, und errechnet so die Zwischenproduktmengen. Diese setzt man in die Gleichungen ein, die Zwischen-

produkte mit Rohstoffen verbinden und berechnet die benötigten Rohstoffmengen.

(II) Mittels Matrizen und Spaltenvektoren:

(a) Aus Angaben (a) erstellt man die Matrix **A**, die jedem Vektor von Zwischenprodukten den Vektor der benötigten Rohstoffe zuordnet:

$$\mathbf{A} \cdot \vec{z} = \vec{r}$$

In der i-ten Spalte von **A** sind die ME der Rohstoffe aufgeführt, die für
1 ME des i-ten Zwischenprodukts benötigt werden.

(b) Aus Angaben (b) erstellt man die Matrix **B**, die jedem Vektor von Endprodukten den Vektor der benötigten Zwischenprodukte zuordnet:

$$\mathbf{B} \cdot \vec{x} = \vec{z}$$

In der i-ten Spalte von **B** sind die ME der Zwischenprodukte aufgeführt, die für 1 ME des i-ten Endprodukts benötigt werden.

(1) $\mathbf{R} = \mathbf{A} \cdot \mathbf{B}$ erfüllt: $\mathbf{R} \cdot \vec{x} = \vec{r}$

(2) $\vec{r} = \mathbf{R} \cdot \vec{x}$

In Formeln:

$\vec{r}$ Rohstoffvektor

$\vec{z}$ Vektor der Zwischenfabrikate

$\vec{x}$ Vektor der Endprodukte

$\mathbf{A} \cdot \vec{z} \quad = \vec{r}$ **A** ergibt aus Zwischenprodukten Rohstoffe

$\mathbf{B} \cdot \vec{x} \quad = \vec{z}$ **B** ergibt aus Endprodukten Zwischenprodukte

$\underbrace{\mathbf{A} \cdot \mathbf{B}}_{} \cdot \vec{x} \quad - \vec{r}$

$\mathbf{R} \quad \cdot \vec{x} \quad = \vec{r}$ **R** ergibt aus Endprodukten Rohstoffe

$\mathbf{R}$ Matrix der Rohstoffkoeffizienten

(III) Lösung zu (2) mittels Gozinto-Graph:

Man skizziert die Rohstoff-, Zwischenprodukt- und Endproduktmengen als
Punkte in einem Diagramm und verbindet sie nach Angabe der Rezepte miteinander.

Man notiert an jede Verbindung die benötigten Mengeneinheiten.

Anschließend verfolgt man zu jedem Rohstoff von jedem Endprodukt aus die
möglichen Verbindungen, multipliziert und addiert passend.

s. Aufgabe 3.23, S. 213

s. Aufgabe 3.24, S. 213

Aufgabe: Bei gegebener Leistungsverflechtungsmatrix bestimmte Mengen ermitteln

Gegeben: Eine Leistungsverflechtungsmatrix **B**

Vektor $\vec{x}$ der hergestellten oder $\vec{e}$ der selbst verbrauchten oder $\vec{y}$ der Restmengen

Gesucht: Die anderen Vektoren

Lösungsweg:

(I)   Lösung mittels direkten Gleichungssystemen:

    (a)   Falls $\vec{x}$ gegeben ist: Aus

$$\begin{aligned} e_1 &= a_{11}x_1 + a_{12}x_2 \\ e_2 &= a_{21}x_1 + a_{22}x_2 \end{aligned}$$

        lassen sich e_1 und e_2 direkt berechnen.

$$\begin{aligned} y_1 &= x_1 - e_1 \\ y_2 &= x_2 - e_2 \end{aligned}$$

        ergibt y_1 und y_2.

    (b)   Falls $\vec{e}$ gegeben ist: Aus

$$\begin{aligned} e_1 &= a_{11}x_1 + a_{12}x_2 \\ e_2 &= a_{21}x_1 + a_{22}x_2 \end{aligned}$$

        lassen sich x_1 und x_2 ermitteln.

$$\begin{aligned} y_1 &= x_1 - e_1 \\ y_2 &= x_2 - e_2 \end{aligned}$$

        ergibt y_1 und y_2.

    (c)   Falls $\vec{y}$ gegeben ist: Aus

$$\begin{aligned} y_1 &= x_1 - e_1 = x_1 - (a_{11}x_1 + a_{12}x_2) \\ y_2 &= x_2 - e_2 = x_2 - (a_{21}x_1 + a_{22}x_2) \end{aligned}$$

        erhält man x_1 und x_2.

$$\begin{aligned} e_1 &= a_{11}x_1 + a_{12}x_2 \\ e_2 &= a_{21}x_1 + a_{22}x_2 \end{aligned}$$

        ergibt dann e_1 und e_2.

(II)   Lösung mittels Matrizen und Spaltenvektoren:

    (a)   Falls $\vec{x}$ gegeben ist:

        Vektor der selbst verbrauchten Mengen

$$\vec{e} = \mathbf{B} \cdot \vec{x}$$

        Vektor der Restmengen

$$\vec{y} = \vec{x} - \vec{e}$$

    (b)   Falls $\vec{e}$ gegeben ist:

        Vektor der hergestellten Mengen

$$\vec{x} = \mathbf{B}^{-1} \cdot \vec{e},$$

        falls **B** invertierbar ist

Vektor der Restmengen

$$\vec{y} = \vec{x} - \vec{e}$$

(c) Falls $\vec{y}$ gegeben ist:
Vektor der hergestellten Mengen

$$\vec{x} = (\mathbf{E} - \mathbf{B})^{-1} \cdot \vec{y},$$

falls $\mathbf{E} \quad \mathbf{B}$ invertierbar ist
Vektor der selbst verbrauchten Mengen

$$\vec{e} = \vec{x} - \vec{y}$$

s. Aufgabe 3.25, S. 214

s. Aufgabe 3.26, S. 214

s. Aufgabe 3.27, S. 214

3.6 Übungsaufgaben

2 × 2–Systeme

Aufgabe 3.1
Lösen Sie die folgenden linearen Gleichungssysteme:

(a) $\begin{aligned} 2 \cdot x - 5 \cdot y &= 1 \\ 3 \cdot x - 4 \cdot y &= 0 \end{aligned}$

(b) $\begin{aligned} 2 \cdot x - 2 \cdot y &= 1 \\ x - y &= 0 \end{aligned}$

(c) $\begin{aligned} 2 \cdot x + 2 \cdot y &= 2 \\ x + y &= 1 \end{aligned}$

Aufgabe 3.2
Lösen Sie die folgenden Gleichungssysteme und skizzieren Sie die Situation:

(a) $\begin{aligned} x + 2y &= 1 \\ 2x - y &= 0 \end{aligned}$

(b) $\begin{aligned} 2x + y &= 1 \\ 4x + 2y &= 2 \end{aligned}$

(c) $\begin{aligned} 2x + y &= 1 \\ 3x + 1.5y &= 2 \end{aligned}$

Aufgabe 3.3
Gegeben ist folgendes Gleichungssystem:
$$40 \cdot x_1 + x_2 = 100$$
$$20 \cdot x_1 - 10x_2 = 10$$
Entscheiden Sie, ob das System eindeutig lösbar ist.
Bestimmen Sie die Lösungsmenge und stellen Sie sie grafisch dar.

Aufgabe 3.4

Es seien $\vec{y} = \begin{pmatrix} -2 \\ 4 \end{pmatrix}$ und $\mathbf{A} = \begin{pmatrix} -5 & -1 \\ 1 & 4 \end{pmatrix}$.

(a) Bestimmen Sie die Menge der Vektoren $\vec{x}$ mit $\mathbf{A} \cdot \vec{x} = \vec{y}$ und

(b) die Menge der Vektoren $\vec{z}$ mit $\mathbf{A} \cdot \vec{z} = \vec{0}$.

(c) Ermitteln Sie auch die Menge der Vektoren $\vec{w}$ mit $< \vec{w}, \vec{y} > = 0$.

Lineare Gleichungssysteme

Aufgabe 3.5

Gegeben ist das lineare Gleichungssystem

$$
\begin{array}{rrrrr}
x_1 & -x_2 & +2x_3 & -3x_4 & = & 7 \\
4x_1 & & +3x_3 & +x_4 & = & 9 \\
2x_1 & -5x_2 & +x_3 & & = & -2 \\
3x_1 & -x_2 & -x_3 & +2x_4 & = & -2
\end{array}
$$

Notieren Sie die zugehörige $m \times n$-Koeffizientenmatrix $\mathbf{A}$. Was sind m und n? Schreiben Sie das Gleichungssystem in der Form

$\mathbf{A} \cdot \vec{x} = \vec{b}$.

Matrixoperationen

Aufgabe 3.6

Es seien

$$
\mathbf{M} = \begin{pmatrix} 1 & 2 & 3 \\ 4 & -5 & 6 \end{pmatrix} \qquad
\mathbf{N} = \begin{pmatrix} 1 & -2 & 3 \\ -4 & 5 & -6 \end{pmatrix}
$$

$$
\mathbf{P} = \begin{pmatrix} 1 & 2 \\ 3 & 4 \\ 5 & 6 \end{pmatrix} \qquad
\mathbf{Q} = \begin{pmatrix} a & -4 \\ -2b & 5 \\ 3 & -6b \end{pmatrix}
$$

$$
\kappa = -2 \qquad\qquad \epsilon = 3
$$

Versuchen Sie, folgende Rechnungen durchzuführen:

(a) $\mathbf{V} = \mathbf{M} + \mathbf{P}^T + \mathbf{N}^T$

(b) $\mathbf{W} = \mathbf{M} \cdot \mathbf{P}$

(c) $\mathbf{Z} = \mathbf{Q}^T \cdot \mathbf{P}$

(d) $\mathbf{X} = \kappa \cdot \mathbf{M} + \epsilon \cdot (\mathbf{M} + \mathbf{P}^T)$

Aufgabe 3.7

Berechnen Sie, sofern möglich, aus den Matrizen

$$
\mathbf{A} = \begin{pmatrix} -1 & 2 & 3 \\ 4 & 1 & 0 \end{pmatrix} \qquad
\mathbf{B} = \begin{pmatrix} 1 & 2 \\ 2 & 4 \\ 5 & 6 \end{pmatrix}
$$

$$
\mathbf{C} = \begin{pmatrix} 1 & 1 & 0 \\ 0 & 2 & 3 \end{pmatrix} \qquad
\mathbf{D} = \begin{pmatrix} 2 & 0 & 0 \\ 0 & 2 & 0 \\ 0 & 0 & 2 \end{pmatrix}
$$

die neuen Matrizen

$\mathbf{A} \cdot \mathbf{B}, \quad \mathbf{A} \cdot \mathbf{C}, \quad \mathbf{A} \cdot \mathbf{C}^T, \quad \mathbf{A} \cdot \mathbf{D}^{-1}$

$\mathbf{A} + \mathbf{B}, \quad \mathbf{A} + \mathbf{C}, \quad \mathbf{A} + \mathbf{C}^T, \quad \mathbf{A} + \mathbf{D}^{-1}$

Aufgabe 3.8

Berechnen Sie für die Matrizen

$$A = \begin{pmatrix} 1 & 3b \\ 2a & 4c \end{pmatrix}$$

$$B = \begin{pmatrix} a & 2a \\ 3 & 4 \end{pmatrix}$$

das Produkt $A^T \cdot B$.

Determinante

Aufgabe 3.9

Berechnen Sie die Determinante der Matrix

$$A = \begin{pmatrix} 1 & 2 & 1 \\ -4 & 5 & 3 \\ -1 & 1 & 1 \end{pmatrix}$$

Aufgabe 3.10

Berechnen Sie die Determinante der Matrix

$$A = \begin{pmatrix} 1 & 2 & 3 & 4 \\ 4 & 3 & 2 & 1 \\ 5 & 6 & 7 & 8 \\ 8 & 7 & 6 & 5 \end{pmatrix}$$

Lösen linearer Gleichungssysteme

Aufgabe 3.11

Lösen Sie das Gleichungssystem

$$-3 - y = 2z$$
$$x - 1 = 4$$
$$2y + 6 = 0$$

Aufgabe 3.12

Lösen Sie das Gleichungssystem

$$\begin{pmatrix} 1 & 1 & 0 \\ 1 & 0 & 1 \\ 0 & 1 & 1 \end{pmatrix} \cdot \vec{x} = \begin{pmatrix} 1 \\ 2 \\ 1 \end{pmatrix}$$

Aufgabe 3.13

Bringen Sie folgendes Tableau in erweiterte obere Dreiecksgestalt:

x_1	x_2	x_3	$\vec{b}$
1	3	5	2
3	9	10	1
0	2	7	3
2	8	12	2

Aufgabe 3.14

Gegeben sei folgendes Gleichungssystem:

$$-1 + x_1 \quad = -2x_2$$
$$4x_1 - 2 \quad = -x_3$$
$$x_3 + 3x_2 - 1 \quad = -5x_1$$

Entscheiden Sie mit Hilfe der Determinante, ob das System eindeutig lösbar ist. Lösen Sie das Gleichungssystems mit Hilfe des Gauß-Verfahrens.

Aufgabe 3.15

Gegeben sei folgendes Gleichungssystem:

$$\begin{pmatrix} 1 & 2 & 0 \\ 4 & 1 & 1 \\ 5 & 3 & 1 \end{pmatrix} \cdot \begin{pmatrix} x_1 \\ x_2 \\ x_3 \end{pmatrix} = \begin{pmatrix} 1 \\ 2 \\ 1 \end{pmatrix}$$

(a) Entscheiden Sie mit Hilfe der Determinante, ob das System eindeutig lösbar ist.

(b) Bestimmen Sie die Lösungsmenge.

(c) Was für eine Menge wird durch die erste Gleichung definiert?

(d) Bestimmen Sie, wie viele Lösungen das zugehörige »homogene« Gleichungssystem

$$\begin{pmatrix} 1 & 2 & 0 \\ 4 & 1 & 1 \\ 5 & 3 & 1 \end{pmatrix} \cdot \begin{pmatrix} x_1 \\ x_2 \\ x_3 \end{pmatrix} = \begin{pmatrix} 0 \\ 0 \\ 0 \end{pmatrix}$$

besitzt.

(e) Berechnen Sie

$$\begin{pmatrix} 1 & 2 & 0 \\ 4 & 1 & 1 \\ 5 & 3 & 1 \end{pmatrix} \cdot \begin{pmatrix} 1 \\ 2 \\ 3 \end{pmatrix}$$

Invertieren einer Matrix

Aufgabe 3.16

Ermitteln Sie die Inverse zu $A = \begin{pmatrix} 40 & 1 \\ 20 & -10 \end{pmatrix}$

Aufgabe 3.17
Ermitteln Sie die Inverse zu

$$\begin{pmatrix} 1 & 2 & 0 \\ 4 & 1 & 1 \\ 2 & 1 & 1 \end{pmatrix}$$

Skalarprodukt

Aufgabe 3.18
Berechnen Sie das Skalarprodukt der Vektoren $\vec{v} = (1, 2, 3)^T$ und $\vec{w} = (-4, -5, 6)^T$.

Aufgabe 3.19
Die Stückpreise von 5 Waren seien

$$p_1 = 2 \quad p_2 = 3 \quad p_3 = 1 \quad p_4 = 7 \quad p_5 = 8 \quad €.$$

In der letzten Woche wurden verkauft

$$q_1 = 5 \quad q_2 = 2 \quad q_3 = 10 \quad q_4 = 6 \quad q_5 = 12 \quad \text{Mengeneinheiten (ME)}.$$

Errechnen Sie den Umsatz der letzten Woche.

Lineare Optimierung

Aufgabe 3.20
Maximieren Sie die Zielfunktion $Z(x_1, x_2) = 5x_1 + 4x_2$ unter den Nebenbedingungen

$$
\begin{aligned}
x_1 & & \leq 15 \\
& x_2 & \leq 10 \\
4x_1 + 5x_2 & & \leq 100 \\
x_1, \; x_2 & & \geq 0
\end{aligned}
$$

Lösen Sie die Aufgabe grafisch und rechnerisch.

Aufgabe 3.21
Die Kostenfunktion für die Produktion zweier Waren sei die Funktion $K(x, y) = 4x + 5y$, wobei x die hergestellte Menge der ersten und y die hergestellte Menge der zweiten Ware ist.

Die Produktionsbedingungen schreiben vor, dass y das Doppelte von x um höchstens 5 Mengeneinheiten überschreiten kann.

Die Summe der Menge y und des Vierfachen der Menge x soll bei mindestens 10 liegen.

Es können aber insgesamt höchstens 20 Mengeneinheiten von beiden Mengen zusammen hergestellt werden.

Schließlich ist angestrebt, dass das Vierfache der Menge x höchstens 40 Mengeneinheiten mehr als die Menge y beträgt.

Minimieren Sie die Kosten der Waren unter diesen Bedingungen.

Wählen Sie den grafischen Lösungsweg.

Aufgabe 3.22

Maximieren Sie die Zielfunktion $Z(x_1, x_2, x_3) = 4x_1 + 5x_2 + x_3$ unter den Nebenbedingungen

$$x_3 \leq 2x_1 + 5$$
$$x_2 \leq -4x_1 + 10$$
$$x_3 \leq 20 - x_2$$
$$x_1 \geq 0$$
$$x_2 \geq 0$$
$$x_3 \geq 0$$

Produktionsmatrizen

Aufgabe 3.23

Bei einem zweistufigen Produktionsverfahren werden aus drei Rohstoffen $\vec{R}$ zwei Zwischenprodukte $\vec{Z}$ und daraus wiederum drei Endprodukte $\vec{X}$ hergestellt.

Für eine Mengeneinheit (ME) des Endprodukts X_1 werden zwei ME Z_1 und drei ME Z_2 benötigt.

Für eine ME X_2 braucht man zwei ME Z_1 und zwei ME Z_2.

Für eine ME X_3 sind eine ME Z_1 und drei ME Z_2 nötig.

Eine ME Z_1 entsteht aus zwei ME R_1 und vier ME R_2.

Eine ME Z_2 entsteht aus drei ME R_2 und zwei ME R_3.

Bestimmen Sie die Matrix des Rohstoffbedarfs.

Wie viele ME jedes Rohstoffs braucht man, um 1 ME X_1, 2 ME X_2 und 3 ME X_3 herzustellen?

Aufgabe 3.24

In einem zweistufigen Produktionsprozess werden zunächst aus zwei Rohstoffen drei Zwischenprodukte und anschließend zwei Endprodukte hergestellt.

Für eine Mengeneinheit (ME) des ersten Zwischenprodukts benötigt man drei ME von Rohstoff R_1 und zwei ME R_2.

Für eine ME von Z_2 benötigt man fünf ME R_1 und zwei ME R_2.

Für eine ME Z_3 sind zwei ME R_1 und eine ME R_2 nötig.

Eine ME des ersten Endprodukts X_1 erfordert vier ME Z_1 und zwei ME Z_2.

Eine ME X_2 benötigt drei ME Z_2 und sechs ME Z_3.

Ermitteln Sie, welche Rohstoffmengen für eine Bestellung von 2 ME x_1 und 4 ME x_2 benötigt werden.

Leistungsverflechtung

Aufgabe 3.25

Der Kostenstellenplan eines Betriebs weist zwei Hilfskostenstellen und zwei Hauptkostenstellen aus.

Folgende Tabelle zeigt die Leistungsverflechtung sowie die primären Gemeinkosten der Kostenstellen in Tsd. Euro:

Primäre Gemein- kosten		Abgebende Kostenstelle			
		Hiko I	Hiko II	Material	Fertigung
		200	300	400	500
Emp- fangende Kosten- stelle	Hiko I	–	0.2		
	Hiko II	0.2	–		
	Material	0.4	0.6		
	Fertigung	0.4	0.2		

Ermitteln Sie die Gesamtkosten jeder Kostenstelle.

Aufgabe 3.26

Zwei Abteilungen eines Unternehmens erstellen Leistungen für einander und für externe Abnehmer. Die Anteile, zu denen sie für einander arbeiten, sind in der folgenden Matrix zusammengestellt:

$$\mathbf{A} = \begin{pmatrix} 0.1 & 0.4 \\ 0.3 & 0.6 \end{pmatrix}$$

Angenommen, Abteilung I stellt 40 Mengeneinheiten mehr her als sie selbst verbraucht, Abteilung II stellt 50 Mengeneinheiten mehr her als sie verbraucht.

Wie viel wird von jeder Abteilung hergestellt, wie viel verbraucht jede Abteilung selbst?

Aufgabe 3.27

Folgende Leistungsverflechtungsmatrix für zwei Produzenten ist gegeben:

$$\mathbf{A} = \begin{pmatrix} 0.4 & 0.1 \\ 0.2 & 0.3 \end{pmatrix}$$

(a)   Produzent 1 stelle $x_1 = 15$ Mengeneinheiten (ME) her, Produzent 2 stelle $x_2 = 10$ Mengeneinheiten her.
Ermitteln Sie die Eigenverbrauchsmengen e_1, e_2 der Produzenten.
Ermitteln Sie den Vektor $\vec{y}$ der Verkaufsmengen, d. h. die Differenzen der von jedem Produzenten hergestellten - verbrauchten Menge.

(b)   Die Eigenverbrauchsmengen der Produzenten sind $e_1 = 20$ und $e_2 = 30$.
Berechnen Sie den Vektor $\vec{x}$ der hergestellten Mengen.

(c)   Wenn für den Verkauf $y_1 = 20$ ME von Produzent 1 und $y_2 = 30$ ME von Produzent 2 übrig bleiben:
Welche Mengen x_1, x_2 wurden von den Produzenten hergestellt?

3.7 Lösungen

Lösung 3.1

Lösen von Gleichungssystemen:

(a) (I) Als direktes lineares Gleichungssystem:

$$
\begin{array}{rcll}
2 \cdot x - 5 \cdot y & = & 1 & \text{I} \quad \cdot 3 \\
3 \cdot x - 4 \cdot y & = & 0 & \text{II} \quad \cdot 2 \\
\hline
6 \cdot x - 15 \cdot y & = & 3 & \text{I} \\
6 \cdot x - 8 \cdot y & = & 0 & \text{II} \quad -\text{I} \\
\hline
7 \cdot y & = & -3 & \\
y & = & -\frac{3}{7} & \\
x & = & \frac{4 \cdot y}{3} & \\
  & = & -\frac{4}{7} &
\end{array}
$$

(II) Mittels Matrix und Spaltenvektoren:

$$
\begin{array}{rcl}
2 \cdot x - 5 \cdot y & = & 1 \\
3 \cdot x - 4 \cdot y & = & 0 \\
ad - bc & = & -8 + 15 = 7 \neq 0:
\end{array}
$$

Das Gleichungssystem ist eindeutig lösbar.

$$
\begin{array}{rcl}
y & = & \frac{0-3}{7} \\
x & = & \frac{-4+0}{7}
\end{array}
$$

(b) (I) Als direktes lineares Gleichungssystem:

$$
\begin{array}{rcll}
2 \cdot x - 2 \cdot y & = & 1 & \text{I} \\
x - y & = & 0 & \text{II} \quad \cdot 2 \\
\hline
2 \cdot x - 2 \cdot y & = & 1 & \text{I} \\
2 \cdot x - 2 \cdot y & = & 0 & \text{II} \quad -\text{I} \\
\hline
0 & = & -1 &
\end{array}
$$

Diese Aussage ist unwahr; das Gleichungssystem ist nicht lösbar.

(II) Mittels Matrix und Spaltenvektoren:

$$
\begin{array}{rcl}
2 \cdot x - 2 \cdot y & = & 1 \\
x - y & = & 0
\end{array}
$$

$$
\begin{array}{rcll}
ad - bc & = & -2 + 2 & = \quad 0 \\
af - ce & = & -1 & \neq \quad 0:
\end{array}
$$

Das Gleichungssystem ist nicht lösbar.

(c) (I) Als direktes lineares Gleichungssystem:

$$
\begin{array}{rcll}
2 \cdot x + 2 \cdot y &=& 2 & \text{I} \\
x + y &=& 1 & \text{II} \quad \cdot 2 \\
\hline
2 \cdot x + 2 \cdot y &=& 2 & \text{I} \\
2 \cdot x + 2 \cdot y &=& 2 & \text{II} \quad -\text{I} \\
\hline
0 &=& 0 &
\end{array}
$$

Diese Aussage ist korrekt, nützt aber nichts zum Lösen des Gleichungs-systems.

Beide Gleichungen geben denselben Zusammenhang zwischen x und y wider:

Die Lösungsmenge ist $L = \{(x, y) \in \mathbb{R}^2 \mid y = 1 - x\}$.

(II) Mittels Matrix und Spaltenvektoren:

$$
\begin{array}{rcl}
2 \cdot x + 2 \cdot y &=& 2 \\
x + y &=& 1
\end{array}
$$

$$
\begin{array}{rcll}
ad - bc &= 2 - 2 &=& 0 \\
af - ce &= 2 - 2 &=& 0 \\
de - bf &= 2 - 2 &=& 0 :
\end{array}
$$

Es gibt unendlich viele Lösungen.

Jeder Punkt (x, y) mit $y = 1 - x$ löst das Gleichungssystem.

Lösung 3.2

Lösen von Gleichungssystemen und Skizzen:

(a) (I) Als direktes lineares Gleichungssystem:

$$
\begin{array}{rcll}
x + 2y &=& 1 & \text{I} \quad \cdot 2 \\
2x - y &=& 0 & \text{II} \\
\hline
2x + 4y &=& 2 & \text{I} \\
2x - y &=& 0 & \text{II} \quad -\text{I} \\
\hline
-5y &=& -2 & \\
y &=& \frac{2}{5} & \\
x &=& 1 - 2 \cdot \frac{2}{5} & \\
&=& \frac{1}{5} &
\end{array}
$$

(II) Mittels Matrix und Spaltenvektoren:

$$
\begin{array}{rcl}
x + 2y &=& 1 \\
2x - y &=& 0
\end{array}
$$

$$
\det \begin{pmatrix} a & b \\ c & d \end{pmatrix} = ad - bc = 1 \cdot (-1) - 2 \cdot 2 = -5 \neq 0,
$$

das System ist eindeutig lösbar.

Die Lösungsmenge ist $L = \{(x_0, y_0)\}$ mit

$$x_0 = \frac{\begin{vmatrix} 1 & 2 \\ 0 & -1 \end{vmatrix}}{\begin{vmatrix} 1 & 2 \\ 2 & -1 \end{vmatrix}} = \tfrac{1}{5}, \qquad y_0 = \frac{\begin{vmatrix} 1 & 1 \\ 2 & 0 \end{vmatrix}}{\begin{vmatrix} 1 & 1 \\ 2 & 2 \\ 2 & -1 \end{vmatrix}} = \tfrac{2}{5}$$

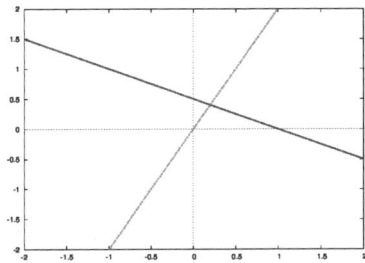

Test:

$$\tfrac{1}{5} + \tfrac{4}{5} = 1 \qquad \tfrac{2}{5} - \tfrac{2}{5} = 0$$

(b) (I) Als direktes lineares Gleichungssystem:

$$
\begin{array}{rcll}
2x + y & = & 1 & \text{I} \quad \cdot 2 \\
4x + 2y & = & 2 & \text{II} \\
\hline
4x + 2y & = & 2 & \text{I} \\
4x + 2y & = & 2 & \text{II} \quad -\text{I} \\
\hline
0 & = & 0 &
\end{array}
$$

Das ist zwar korrekt, trägt aber nichts zur Lösung des Gleichungssystems bei: Das Gleichungssystem ist lösbar, besitzt aber unendlich viele Lösungen. Lösungsmenge ist

$$L = \{(x, y) \in \mathbb{R}^2 \,|\, y = 1 - 2x\}.$$

(II) Mittels Matrix und Spaltenvektoren:

$$
\begin{aligned}
2x + y &= 1 \\
4x + 2y &= 2
\end{aligned}
$$

$$\det \begin{pmatrix} a & b \\ c & d \end{pmatrix} = ad - bc = 2 \cdot 2 - 4 \cdot 1 = 4 - 4 = 0,$$

das System ist nicht eindeutig lösbar.

$$af - ce = 2 \cdot 2 - 4 \cdot 1 = 0, \quad de - bf = 2 \cdot 1 - 1 \cdot 2 = 0:$$

Das System besitzt unendliche viele Lösungen.

Wegen $y = 1 - 2x$ gilt: $L = \{(x, y) \,|\, y = 1 - 2x\}$

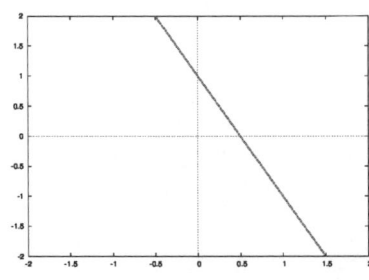

Test:

$$2x + (1 - 2x) = 1 \qquad 4x + 2 \cdot (1 - 2x) = 2$$

(c) (I) Als direktes lineares Gleichungssystem:

$$
\begin{array}{llll}
2x + y & = & 1 & I \quad \cdot 1.5 \\
3x + 1.5y & = & 2 & II \\
\hline
3x + 1.5y & = & 1.5 & I \\
3x + 1.5y & = & 2 & II
\end{array}
$$

Dies ist widersprüchlich: Das Gleichungssystem ist nicht lösbar.

(II) Mittels Matrix und Spaltenvektoren:

$$
\begin{array}{lcl}
2x + y & = & 1 \\
3x + 1.5y & = & 2
\end{array}
$$

$$\det \begin{pmatrix} a & b \\ c & d \end{pmatrix} = ad - bc = 2 \cdot 1.5 - 3 \cdot 1 = 3 - 3 = 0,$$

das System ist nicht eindeutig lösbar.

$$af - ce = 2 \cdot 2 - 3 \cdot 1 \neq 0$$
$$(de - bf = 1.5 \cdot 1 - 1 \cdot 2 = -0.5 \neq 0):$$

Das System ist nicht lösbar.

$$L = \emptyset$$

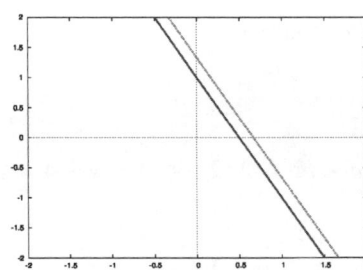

Lösung 3.3

Gegeben:

$40 \cdot x_1 + x_2 = 100$

$20 \cdot x_1 - 10x_2 = 10$

Entscheidung, ob das System eindeutig lösbar ist, Ermmittlung der Lösungsmenge und grafische Darstellung.

(I)   Als direktes lineares Gleichungssystem:

$$
\begin{array}{llll}
40x_1 + x_2 & = & 100 & I \\
20x_1 - 10x_2 & = & 10 & II \quad \cdot 2 \\
\hline
40x_1 + x_2 & = & 100 & I \\
40x_1 - 20x_2 & = & 20 & II \quad -I \\
\hline
-21x_2 & = & -80 & \\
x_2 & = & 3.81 & \\
x_1 & = & \frac{1}{20} \cdot (10 + 10 \cdot 3.81) & \\
& = & 2.40 &
\end{array}
$$

(II)   Mittels Matrix und Spaltenvektoren:

$$
\det \begin{pmatrix} 40 & 1 \\ 20 & -10 \end{pmatrix} = -400 - 20 \quad = -420 \quad \neq 0
$$

Das Gleichungssystem ist eindeutig lösbar.

$$
\begin{pmatrix} x_1 \\ x_2 \end{pmatrix} = -\frac{1}{420} \cdot \begin{pmatrix} -10 & -1 \\ -20 & 40 \end{pmatrix} \cdot \begin{pmatrix} 100 \\ 10 \end{pmatrix}
$$

$$
= -\frac{1}{420} \cdot \begin{pmatrix} -1010 \\ -1600 \end{pmatrix}
$$

$$
= \begin{pmatrix} 2.40 \\ 3.81 \end{pmatrix}
$$

$$
L = \left\{ \begin{pmatrix} 2.40 \\ 3.81 \end{pmatrix} \right\}
$$

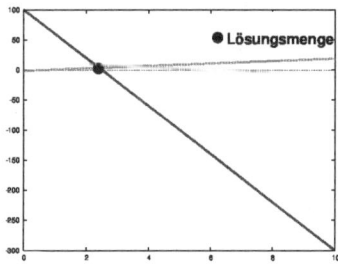

Lösung 3.4

Gegeben: $\vec{y} = \begin{pmatrix} -2 \\ 4 \end{pmatrix}$ und $\mathbf{A} = \begin{pmatrix} -5 & -1 \\ 1 & 4 \end{pmatrix}$

(a)   Menge der Vektoren $\vec{x}$ mit $\mathbf{A} \cdot \vec{x} = \vec{y}$:

$$\det(\mathbf{A}) = \begin{vmatrix} -5 & -1 \\ 1 & 4 \end{vmatrix} = -19 \neq 0$$

$\mathbf{A}$ ist invertierbar.

$$\mathbf{A}^{-1} = -\frac{1}{19} \cdot \begin{pmatrix} 4 & 1 \\ -1 & -5 \end{pmatrix}$$

$$\vec{x} = \mathbf{A}^{-1} \cdot \begin{pmatrix} -2 \\ 4 \end{pmatrix} = -\frac{1}{19} \cdot \begin{pmatrix} -4 \\ -18 \end{pmatrix}$$

$$= \begin{pmatrix} 0.211 \\ 0.947 \end{pmatrix}$$

(b)   Menge der Vektoren $\vec{z}$ mit $\mathbf{A} \cdot \vec{z} = \vec{0}$:
       Da $\mathbf{A}$ invertierbar ist, ist $\vec{z} = \vec{0}$ die einzige Lösung der Gleichung $\mathbf{A} \cdot \vec{z} = \vec{0}$.

(c)   Menge der Vektoren $\vec{z}$ mit $\mathbf{A} \cdot \vec{z} = \vec{0}$:

$$< \vec{w}, \vec{y} > = -2w_1 + 4w_2 = 0$$
$$w_2 = 0.5w_1$$

Die Menge der Vektoren $\vec{w}$ mit $< \vec{w}, \vec{y} > = 0$ ist gerade
$$L = \{\vec{w} \in \mathbb{R}^2 | w_2 = 0.5w_1\}.$$

Lösung 3.5
Gegeben:

$$
\begin{array}{rrrrcr}
x_1 & -x_2 & +2x_3 & -3x_4 & = & 7 \\
4x_1 & & +3x_3 & +x_4 & = & 9 \\
2x_1 & -5x_2 & +x_3 & & = & -2 \\
3x_1 & -x_2 & -x_3 & +2x_4 & = & -2 \\
\end{array}
$$

$m = n = 4$

Zugehörige $m \times n$-Koeffizientenmatrix $\mathbf{A}$:

$$\mathbf{A} = \begin{pmatrix} 1 & -1 & 2 & -3 \\ 4 & 0 & 3 & 1 \\ 2 & -5 & 1 & 0 \\ 3 & -1 & -1 & 2 \end{pmatrix}$$

Gleichungssystem in Matrix- und Vektorschreibweise:

$$\begin{pmatrix} 1 & -1 & 2 & -3 \\ 4 & 0 & 3 & 1 \\ 2 & -5 & 1 & 0 \\ 3 & -1 & -1 & 2 \end{pmatrix} \cdot \begin{pmatrix} x_1 \\ x_2 \\ x_3 \\ x_4 \end{pmatrix} = \begin{pmatrix} 7 \\ 9 \\ -2 \\ -2 \end{pmatrix}$$

Lösung 3.6

$$\mathbf{M} = \begin{pmatrix} 1 & 2 & 3 \\ 4 & -5 & 6 \end{pmatrix} \qquad \mathbf{N} = \begin{pmatrix} 1 & -2 & 3 \\ -4 & 5 & -6 \end{pmatrix}$$

$$\mathbf{P} = \begin{pmatrix} 1 & 2 \\ 3 & 4 \\ 5 & 6 \end{pmatrix} \qquad \mathbf{Q} = \begin{pmatrix} a & -4 \\ -2b & 5 \\ 3 & -6b \end{pmatrix}$$

$$\kappa = -2 \qquad \epsilon = 3$$

(a) $\quad \mathbf{M} = \begin{pmatrix} 1 & 2 & 3 \\ 4 & -5 & 6 \end{pmatrix}$

$\quad \mathbf{P}^T = \begin{pmatrix} 1 & 3 & 5 \\ 2 & 4 & 6 \end{pmatrix}$

$\quad \mathbf{N}^T = \begin{pmatrix} 1 & -4 \\ -2 & 5 \\ 3 & -6 \end{pmatrix}$

kann nicht zu $\mathbf{M} + \mathbf{P}^T$ addiert werden.

(b) $\quad \mathbf{W} = \begin{pmatrix} 1+6+15 & 2+8+18 \\ 4-15+30 & 8-20+36 \end{pmatrix} = \begin{pmatrix} 22 & 28 \\ 19 & 24 \end{pmatrix}$

(c) $\quad \mathbf{Z} = \begin{pmatrix} a & -2b & 3 \\ -4 & 5 & -6b \end{pmatrix} \cdot \begin{pmatrix} 1 & 2 \\ 3 & 4 \\ 5 & 6 \end{pmatrix}$

$\quad = \begin{pmatrix} a-6b+15 & 2a-8b+18 \\ 11-30b & 12-36b \end{pmatrix}$

(d) $\quad \mathbf{X} = (-2) \cdot \begin{pmatrix} 1 & 2 & 3 \\ 4 & -5 & 6 \end{pmatrix}$

$\quad +3 \cdot \left(\begin{pmatrix} 1 & 2 & 3 \\ 4 & -5 & 6 \end{pmatrix} + \begin{pmatrix} 1 & 3 & 5 \\ 2 & 4 & 6 \end{pmatrix} \right)$

$\quad = \begin{pmatrix} 4 & 11 & 18 \\ 10 & 7 & 24 \end{pmatrix}$

Lösung 3.7

$$\mathbf{A} = \begin{pmatrix} -1 & 2 & 3 \\ 4 & 1 & 0 \end{pmatrix} \qquad \mathbf{B} = \begin{pmatrix} 1 & 2 \\ 2 & 4 \\ 5 & 6 \end{pmatrix}$$

$$\mathbf{C} = \begin{pmatrix} 1 & 1 & 0 \\ 0 & 2 & 3 \end{pmatrix} \qquad \mathbf{D} = \begin{pmatrix} 2 & 0 & 0 \\ 0 & 2 & 0 \\ 0 & 0 & 2 \end{pmatrix}$$

Neue Matrizen:

$$\mathbf{A} \cdot \mathbf{B} = \begin{pmatrix} -1 & 2 & 3 \\ 4 & 1 & 0 \end{pmatrix} \cdot \begin{pmatrix} 1 & 2 \\ 2 & 4 \\ 5 & 6 \end{pmatrix} = \begin{pmatrix} 18 & 24 \\ 6 & 12 \end{pmatrix}$$

$\mathbf{A} \cdot \mathbf{C}$ geht aus Dimensionsgründen nicht.

$$\mathbf{A} \cdot \mathbf{C}^T = \begin{pmatrix} -1 & 2 & 3 \\ 4 & 1 & 0 \end{pmatrix} \cdot \begin{pmatrix} 1 & 0 \\ 1 & 2 \\ 0 & 3 \end{pmatrix} = \begin{pmatrix} 1 & 13 \\ 5 & 2 \end{pmatrix}$$

$$\mathbf{D}^{-1} = \begin{pmatrix} 0.5 & 0 & 0 \\ 0 & 0.5 & 0 \\ 0 & 0 & 0.5 \end{pmatrix}$$

$$\mathbf{A} \cdot \mathbf{D}^{-1} = \begin{pmatrix} -0.5 & 1 & 1.5 \\ 2 & 0.5 & 0 \end{pmatrix}$$

$\mathbf{A} + \mathbf{B}$ geht aus Dimensionsgründen nicht.

$$\mathbf{A} + \mathbf{C} = \begin{pmatrix} 0 & 3 & 3 \\ 4 & 3 & 3 \end{pmatrix}$$

$\mathbf{A} + \mathbf{C}^T$ geht aus Dimensionsgründen nicht.
$\mathbf{A} + \mathbf{D}^{-1}$ geht aus Dimensionsgründen nicht.

Lösung 3.8

$$\mathbf{A} = \begin{pmatrix} 1 & 3b \\ 2a & 4c \end{pmatrix}$$

$$\mathbf{B} = \begin{pmatrix} a & 2a \\ 3 & 4 \end{pmatrix}$$

Berechnung des Produkts $\mathbf{A}^T \cdot \mathbf{B}$:

$$\mathbf{A}^T = \begin{pmatrix} 1 & 2a \\ 3b & 4c \end{pmatrix}$$

$$\mathbf{B} = \begin{pmatrix} a & 2a \\ 3 & 4 \end{pmatrix}$$

$$\mathbf{A}^T \cdot \mathbf{B} = \begin{pmatrix} 7a & 10a \\ 3ab + 12c & 6ab + 16c \end{pmatrix}$$

Lösung 3.9

$$\mathbf{A} = \begin{pmatrix} 1 & 2 & 1 \\ -4 & 5 & 3 \\ -1 & 1 & 1 \end{pmatrix}$$

Berechnung der Determinante:

$$\begin{aligned} \det(\mathbf{A}) = \ & 1 \cdot (5 - 3) \\ & + 4 \cdot (2 - 1) \\ & - 1 \cdot (6 - 5) \\ = \ & 5 \end{aligned}$$

Lösung 3.10

$$\mathbf{A} = \begin{pmatrix} 1 & 2 & 3 & 4 \\ 4 & 3 & 2 & 1 \\ 5 & 6 & 7 & 8 \\ 8 & 7 & 6 & 5 \end{pmatrix}$$

Berechnung der Determinante:

$$\det(\mathbf{A}) = 1 \cdot \begin{vmatrix} 3 & 2 & 1 \\ 6 & 7 & 8 \\ 7 & 6 & 5 \end{vmatrix} - 4 \cdot \begin{vmatrix} 2 & 3 & 4 \\ 6 & 7 & 8 \\ 7 & 6 & 5 \end{vmatrix}$$

$$+ 5 \cdot \begin{vmatrix} 2 & 3 & 4 \\ 3 & 2 & 1 \\ 7 & 6 & 5 \end{vmatrix} - 8 \cdot \begin{vmatrix} 2 & 3 & 4 \\ 3 & 2 & 1 \\ 6 & 7 & 8 \end{vmatrix}$$

$$\begin{aligned} = \ & 1 \cdot (3(35 - 48) - 6(10 - 6) + 7(16 - 7)) \\ & - 4 \, (2(35 - 48) - 6(15 - 24) + 7(24 - 28)) \\ & + 5 \, (2(10 - 6) - 3(15 - 24) + 7(3 - 8)) \\ & - 8 \, (2(16 - 7) - 3(24 - 28) + 6(3 - 8)) \quad = 48 \end{aligned}$$

Lösung 3.11

$$-3 - y \quad = 2z$$
$$x - 1 \quad = 4$$
$$2y + 6 \quad = 0$$

$$-y - 2z = 3$$
$$x \quad = 5$$

$$2y \quad = -6$$
$$y \quad = -3$$

$$z \quad = -\tfrac{3}{2} - \tfrac{1}{2}y \quad = 0$$

Lösung 3.12

$$\begin{pmatrix} 1 & 1 & 0 \\ 1 & 0 & 1 \\ 0 & 1 & 1 \end{pmatrix} \cdot \vec{x} = \begin{pmatrix} 1 \\ 2 \\ 1 \end{pmatrix}$$

(I) Als direktes Gleichungssystem:

$$
\begin{array}{llll}
x_1 + x_2 & = & 1 & \text{I} \\
x_1 + x_3 & = & 2 & \text{II} \quad -\text{I} \\
x_2 + x_3 & = & 1 & \text{III} \\
\hline
-x_2 + x_3 & = & 1 & \quad\quad \text{II} \\
x_2 + x_3 & = & 1 & \text{III} \quad +\text{II} \\
\hline
2x_3 & = & 2 & \\
x_3 & = & 1 & \\
x_2 & = & 1 - 1 & \\
 & = & 0 & \\
x_1 & = & 1 - 0 & \\
 & = & 1 &
\end{array}
$$

(II) Mittels Gaußalgorithmus

x_1	x_2	x_3	$\vec{b}$	
1	1	0	1	I
1	0	1	2	II − I
0	1	1	1	III

$\rightarrow$

x_1	x_2	x_3	$\vec{b}$	
1	1	0	1	I
0	−1	1	1	II
0	1	1	1	III + II

$\rightarrow$

x_1	x_2	x_3	$\vec{b}$
1	1	0	1
0	−1	1	1
0	0	2	2

$$2x_3 \qquad = \quad 2$$
$$x_3 \qquad = \quad 1$$
$$-x_2 + 1 \quad = \quad 1$$
$$x_2 \qquad = \quad 0$$
$$x_1 + 0 \quad = \quad 1$$
$$x_1 \qquad = \quad 1$$

Lösung 3.13
Gegeben:

x_1	x_2	x_3	$\vec{b}$
1	3	5	2
3	9	10	1
0	2	7	3
2	8	12	2

In erweiterte obere Dreiecksgestalt bringen:

x_1	x_2	x_3	$\vec{b}$	
1	3	5	2	I
3	9	10	1	II $- 3 \cdot$ I
0	2	7	3	III
2	8	12	2	IV $- 2 \cdot$ I

$\rightarrow$

x_1	x_2	x_3	$\vec{b}$	
1	3	5	2	I
0	0	-5	-5	II
0	2	7	3	III
0	2	2	-2	IV

$\rightarrow$

x_1	x_2	x_3	$\vec{b}$	
1	3	5	2	I
0	2	2	-2	II
0	2	7	3	III $-$ II
0	0	-5	-5	IV

$\rightarrow$

x_1	x_2	x_3	$\vec{b}$	
1	3	5	2	I
0	2	2	-2	II
0	0	5	5	III
0	0	-5	-5	IV $-$ III

$\rightarrow$

x_1	x_2	x_3	$\vec{b}$
1	3	5	2
0	2	2	-2
0	0	5	5
0	0	0	0

Lösung 3.14
Gegeben:

$$-1 + x_1 \qquad\quad = -2x_2$$
$$4x_1 - 2 \qquad\quad = -x_3$$
$$x_3 + 3x_2 - 1 = -5x_1$$

Entscheidung mit Hilfe der Determinante, ob das System eindeutig lösbar ist:

$$\mathbf{A} = \begin{pmatrix} 1 & 2 & 0 \\ 4 & 0 & 1 \\ 5 & 3 & 1 \end{pmatrix}$$

$$\vec{b} = \begin{pmatrix} 1 \\ 2 \\ 1 \end{pmatrix}$$

$$\begin{vmatrix} 1 & 2 & 0 \\ 4 & 0 & 1 \\ 5 & 3 & 1 \end{vmatrix} = 1 \cdot (-3) - 4 \cdot 2 + 5 \cdot 2 = -1$$

Das Gleichungssystem ist eindeutig lösbar.
Gauß-Algorithmus:

x_1	x_2	x_3	$\vec{b}$	
1	2	0	1	I
4	0	1	2	II $- 4 \cdot$ I
5	3	1	1	III $- 5 \cdot$ I

$\rightarrow$

x_1	x_2	x_3	$\vec{b}$	
1	2	0	1	I
0	-8	1	-2	II
0	-7	1	-4	III $- \frac{7}{8} \cdot$ II

$\rightarrow$

x_1	x_2	x_3	$\vec{b}$
1	2	0	1
0	-8	1	-2
0	0	0.125	-2.25

$$0.125 x_3 = -2.25$$
$$x_3 = -18$$
$$-8 x_2 - 18 = -2$$
$$x_2 = -2$$
$$x_1 - 4 = 1$$
$$x_1 = 5$$

Lösung 3.15
Gegeben:

$$\begin{pmatrix} 1 & 2 & 0 \\ 4 & 1 & 1 \\ 5 & 3 & 1 \end{pmatrix} \cdot \begin{pmatrix} x_1 \\ x_2 \\ x_3 \end{pmatrix} = \begin{pmatrix} 1 \\ 2 \\ 1 \end{pmatrix}$$

(a) Lösbarkeit des Systems:

$$\begin{vmatrix} 1 & 2 & 0 \\ 4 & 1 & 1 \\ 5 & 3 & 1 \end{vmatrix} = 1 \cdot (-2) - 4 \cdot 2 + 5 \cdot 2 = 0$$

Das Gleichungssystem ist nicht eindeutig lösbar.

(b) Lösungsmenge: mittels Gauß-Algorithmus:

x_1	x_2	x_3	$\vec{b}$	
1	2	0	1	I
4	1	1	2	II $- 4 \cdot$ I
5	3	1	1	III $- 5 \cdot$ I

$\rightarrow$

x_1	x_2	x_3	$\vec{b}$	
1	2	0	1	I
0	-7	1	-2	II
0	-7	1	-4	III $-$ II

$\rightarrow$

x_1	x_2	x_3	$\vec{b}$
1	2	0	1
0	-7	1	-2
0	0	0	-2

Das System ist nicht lösbar, weil die letzte Gleichung nicht erfüllbar ist:

$0 \cdot x_1 + 0 \cdot x_2 + 0 \cdot x_3 = -2$

Also: Lösungsmenge ist $L = \emptyset$.

(c) Durch die erste Gleichung des Systems

$x_1 + 2x_2 = 1$

wird die Ebene $E = \{(x_1, x_2, x_3) | x_2 = \frac{1}{2} - \frac{1}{2}x_1\}$ definiert.

(d) Zugehöriges homogenes System:

$$\begin{pmatrix} 1 & 2 & 0 \\ 4 & 1 & 1 \\ 5 & 3 & 1 \end{pmatrix} \cdot \begin{pmatrix} x_1 \\ x_2 \\ x_3 \end{pmatrix} = \begin{pmatrix} 0 \\ 0 \\ 0 \end{pmatrix}$$

Es hat unendlich viele Lösungen, da die Determinante der Matrix $= 0$ ist. Aus dem Gauß-Algorithmus ergibt sich: Lösungsmenge ist eine Gerade:

$L_0 = \{x \in \mathbb{R}^3 | x_3 = 7x_2, \ x_1 = -2x_2\}$

(e) Produkt:

$$\begin{pmatrix} 1 & 2 & 0 \\ 4 & 1 & 1 \\ 5 & 3 & 1 \end{pmatrix} \cdot \begin{pmatrix} 1 \\ 2 \\ 3 \end{pmatrix} = \begin{pmatrix} 5 \\ 9 \\ 14 \end{pmatrix}$$

Lösung 3.16
Ermitteln der Inversen zu

$$A = \begin{pmatrix} 40 & 1 \\ 20 & -10 \end{pmatrix}$$

$$A^{-1} = -\tfrac{1}{420} \cdot \begin{pmatrix} -10 & -1 \\ -20 & 40 \end{pmatrix}$$

Lösung 3.17
Ermitteln der Inversen zu

$$\begin{pmatrix} 1 & 2 & 0 \\ 4 & 1 & 1 \\ 2 & 1 & 1 \end{pmatrix}$$

Gauß-Jordan-Algorithmus:

	A			E		
1	2	0	1	0	0	I
4	1	1	0	1	0	II $-4 \cdot$ I
2	1	1	0	0	1	III $-2 \cdot$ I

1	2	0	1	0	0	I
0	-7	1	-4	1	0	II
0	-3	1	-2	0	1	III $\cdot 7 - 3 \cdot$ II

1	2	0	1	0	0	I
0	-7	1	-4	1	0	II
0	0	4	-2	-3	7	III : 4

1	2	0	1	0	0	I
0	-7	1	-4	1	0	II $-$ III, : (-7)
0	0	1	-0.5	-0.75	1.75	III

1	2	0	1	0	0	I $-2 \cdot$ II
0	1	0	0.5	-0.25	0.25	II
0	0	1	-0.5	-0.75	1.75	III

1	0	0	0	0.5	-0.5	
0	1	0	0.5	-0.25	0.25	
0	0	1	-0.5	-0.75	1.75	
	E			A^{-1}		

Probe:

$$\begin{pmatrix} 1 & 2 & 0 \\ 4 & 1 & 1 \\ 2 & 1 & 1 \end{pmatrix} \cdot \begin{pmatrix} 0 & 0.5 & -0.5 \\ 0.5 & -0.25 & 0.25 \\ -0.5 & -0.75 & 1.75 \end{pmatrix} = \begin{pmatrix} 1 & 0 & 0 \\ 0 & 1 & 0 \\ 0 & 0 & 1 \end{pmatrix}$$

Lösung 3.18

Skalarprodukt der Vektoren $\vec{v} = (1, 2, 3)^T$ und $\vec{w} = (-4, -5, 6)^T$

$$\vec{v}^T \cdot \vec{w} = -1 \cdot 4 - 2 \cdot 5 + 3 \cdot 6 = 4$$

Lösung 3.19

Die Stückpreise von 5 Waren seien

$p_1 = 2 \quad p_2 = 3 \quad p_3 = 1 \quad p_4 = 7 \quad p_5 = 8$ [€/ME].

In der letzten Woche wurden verkauft:

$q_1 = 5 \quad q_2 = 2 \quad q_3 = 10 \quad q_4 = 6 \quad q_5 = 12$ Mengeneinheiten [ME].

Es seien $\vec{p}$ der Vektor der Stückpreise, $\vec{q}$ der Vektor der verkauften Mengeneinheiten.

Der Umsatz dieser Waren der letzten Woche beläuft sich auf

$$< \vec{p}, \vec{q} > = 2 \cdot 5 + 3 \cdot 2 + 1 \cdot 10 + 7 \cdot 6 + 8 \cdot 12 = 164 \, [\text{€}].$$

Lösung 3.20

Maximieren der Zielfunktion $Z(x_1, x_2) = 5x_1 + 4x_2$ unter den Nebenbedingungen

$$\begin{array}{rcl} x_1 & \leq & 15 \\ x_2 & \leq & 10 \\ 4x_1 + 5x_2 & \leq & 100 \\ x_1, \quad x_2 & \geq & 0 : \end{array}$$

(I)   Grafischer Lösungsweg:

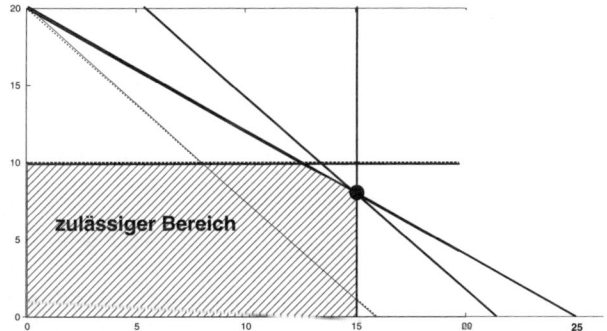

$x_1 = 15$: Senkrechte Linie durch $(x_1, x_2) = (15, 0)$

$x_2 = 10$: Waagerechte Linie durch $(x_1, x_2) = (0, 10)$

$4x_1 + 5x_2 = 100$: Fallende Linie von $(x_1, x_2) = (0, 20)$ zu $(x_1, x_2) = (25, 0)$

Zielfunktions-Niveaulinie, hier zum Niveau 80: Fallende Linie von $(x_1, x_2) = (0, 20)$ zu $(x_1, x_2) = (16, 0)$

Zielfunktions-Niveaulinie zum maximal erreichbaren Niveau: Dazu parallele Linie weiter rechts oben

Optimum bei $x_1 = 15$ auf der Geraden $x_2 = 20 - \frac{4}{5}x_1$,

also $x_2 = 20 - \frac{4}{5} \cdot 15 = 8$

Dort ist $Z(15, 8) = 107$

(II)   Rechnerischer Lösungsweg:

	x_1	x_2	y_1	y_2	y_3	$\vec{b}$	$\frac{b_i}{a_{ij}}$	
y_1	$\boxed{1}$	0	1	0	0	15	$\boxed{15}$	I
y_2	0	1	0	1	0	10	/	II
y_3	4	5	0	0	1	100	25	III $-\,4\cdot$ I
Z	$\underline{-5}$	-4	0	0	0	0		IV $+\,5\cdot$ I

$\rightarrow$

	x_1	x_2	y_1	y_2	y_3	$\vec{b}$	$\frac{b_i}{a_{ij}}$	
x_1	1	0	1	0	0	15	/	I
y_2	0	1	0	1	0	10	10	II $-\frac{1}{5}\cdot$ III
y_3	0	$\boxed{5}$	-4	0	1	40	$\boxed{8}$	III $:\,5$
Z	0	$\underline{-4}$	5	0	0	75		IV $+\frac{4}{5}\cdot$ III

$\rightarrow$

	x_1	x_2	y_1	y_2	y_3	$\vec{b}$
x_1	1	0	1	0	0	15
y_2	0	0	$\frac{4}{5}$	1	$-\frac{1}{5}$	2
x_2	0	1	$-\frac{4}{5}$	0	$\frac{1}{5}$	8
Z	0	0	$\frac{9}{5}$	0	$\frac{4}{5}$	107

Da die Zielfunktionszeile keine negativen Koeffizienten mehr enthält, kann nicht weiter optimiert werden.

Der maximale Zielfunktionswert unter den Nebenbedingungen wird angenommen in $x_1 = 15, x_2 = 8$.

Dann ist $Z = 107$.

Lösung 3.21

Die Kostenfunktion für die Produktion zweier Waren sei die Funktion $K(x, y) = 4x + 5y$, wobei x die hergestellte Menge der ersten und y die hergestellte Menge der zweiten Ware ist.

Die Produktionsbedingungen schreiben vor, dass y das Doppelte von x um höchstens 5 Mengeneinheiten überschreiten kann.

Die Summe der Menge y und des Vierfachen der Menge x soll bei mindestens 10 liegen.

Es können aber insgesamt höchstens 20 Mengeneinheiten von beiden Mengen insgesamt hergestellt werden.
Schließlich ist angestrebt, dass das Vierfache der Menge x höchstens 40 Mengeneinheiten mehr als die Menge y beträgt.
Minimieren der Kosten der Waren unter diesen Bedingungen:
Die Produktionsbedingungen lauten in mathematischer Notation

$$y \leq 2x + 5$$
$$y \geq -4x + 10$$
$$y \leq 20 - x$$
$$y \geq -40 + 4x$$
$$x \geq 0$$
$$y \geq 0$$

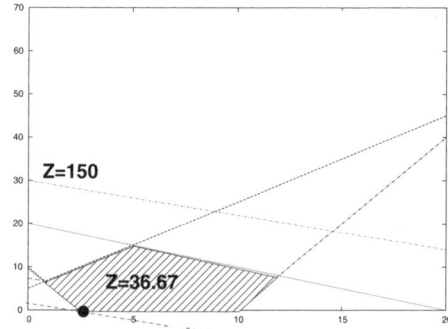

$y = 2x + 5$: Steigende Gerade von $(x, y) = (0, 5)$ ausgehend
$y = -4x + 10$: Fallende Gerade von $(x, y) = (0, 10)$ ausgehend
$y = -x + 20$: Fallende Gerade von $(x, y) = (0, 20)$ ausgehend
$y = 4x - 40$: Steigende Gerade, die die x-Achse bei $x = 10$ schneidet

Zielfunktions-Niveaulinie, hier zum Nivea $Z = 150$: Fallende Gerade von $(x, y) = (0, 30)$ ausgehend
Zielfunktions-Niveaulinie zum minimal möglichen Niveau: Dazu parallele Gerade mit niedrigstem Schnittpunkt mit der y-Achse
Der optimale Punkt ist der Schnittpunkt der Randgeraden $y = 10 - 4x$ und der x-Achse:

$$10 - 4x = 0$$
$$x = 2.5$$
$$y = 0$$

Der zugehörige Zielfunktionswert ist

$$Z(2.5, 0) = 4 \cdot 2.5 + 5 \cdot 0 = 10$$

Lösung 3.22

Maximieren der Zielfunktion $Z(x_1, x_2, x_3) = 4x_1 + 5x_2 + x_3$ unter den Nebenbedingungen

$$x_3 \leq 2x_1 + 5$$
$$x_2 \leq -4x_1 + 10$$
$$x_3 \leq 20 - x_2$$
$$x_1 \geq 0$$
$$x_2 \geq 0$$
$$x_3 \geq 0:$$

	x_1	x_2	x_3	y_1	y_2	y_3	$\vec{b}$	$\frac{b_i}{a_{ij}}$	
y_1	-2	0	1	1	0	0	5	$/$	I
y_2	4	$\boxed{1}$	0	0	1	0	10	$\boxed{10:1}$	II
y_3	0	1	1	0	0	1	20	$20:1$	III $-$ II
Z	-4	$\underline{-5}$	-1	0	0	0	0		IV $+ 5 \cdot$ II

$\rightarrow$

	x_1	x_2	x_3	y_1	y_2	y_3	$\vec{b}$	$\frac{b_i}{a_{ij}}$	
y_1	-2	0	$\boxed{1}$	1	0	0	5	$\boxed{5:1}$	I
x_2	4	1	0	0	1	0	10	$/$	II
y_3	-4	0	1	0	-1	1	10	$10:1$	III $-$ I
Z	16	0	$\underline{-1}$	0	5	0	50		IV $+$ I

$\rightarrow$

	x_1	x_2	x_3	y_1	y_2	y_3	$\vec{b}$	$\frac{b_i}{a_{ij}}$	
x_3	-2	0	$\boxed{1}$	1	0	0	5		I
x_2	4	1	0	0	1	0	10		II
y_3	-2	0	0	-1	-1	1	5		III
Z	14	0	0	1	5	0	55		IV

$\rightarrow$

Der optimale Punkt ist erreicht: Er liegt in $(0, 10, 5)$.
Der Zielfunktionswert ist dann $Z(0, 10, 5) = 4 \cdot 0 + 5 \cdot 10 + 1 \cdot 5 = 55$.

Lösung 3.23

Bei einem zweistufigen Produktionsverfahren werden aus drei Rohstoffen $\vec{R}$ zwei Zwischenprodukte $\vec{Z}$ und daraus wiederum drei Endprodukte $\vec{X}$ hergestellt.
Für eine Mengeneinheit (ME) des Endprodukts X_1 werden zwei ME Z_1 und drei ME Z_2 benötigt.
Für eine ME X_2 braucht man zwei ME Z_1 und zwei ME Z_2.

Für eine ME X_3 sind eine ME Z_1 und drei ME Z_2 nötig.
Eine ME Z_1 entsteht aus zwei ME R_1 und vier ME R_2.
Eine ME Z_2 entsteht aus drei ME R_2 und zwei ME R_3.

Benötigte ME jedes Rohstoffs, um 1 ME X_1, 2 ME X_2 und 3 ME X_3 herzustellen:

Für die Mengen der Produkte werden nun Kleinbuchstaben verwendet.

(I)   Direkte Lösung der Gleichungssysteme:

$$\begin{aligned}
2x_1 + 2x_2 + 1x_3 &= z_1 \\
3x_1 + 2x_2 + 3x_3 &= z_2
\end{aligned}$$

$$\begin{aligned}
2 \cdot 1 + 2 \cdot 2 + 1 \cdot 3 &= 9 \\
3 \cdot 1 + 2 \cdot 2 + 3 \cdot 3 &= 16
\end{aligned}$$

$$\begin{aligned}
2 \cdot z_1 + 0 \cdot z_2 &= r_1 \\
4 \cdot z_1 + 3 \cdot z_2 &= r_2 \\
0 \cdot z_1 + 2 \cdot z_2 &= r_3
\end{aligned}$$

$$\begin{aligned}
2 \cdot 9 &= 18 \\
4 \cdot 9 + 3 \cdot 16 &= 84 \\
2 \cdot 16 &= 32
\end{aligned}$$

(II) Mit Hilfe von Matrizen:

   A   Matrix mit $\mathbf{A} \cdot \vec{z} = \vec{r}$

   B   Matrix mit $\mathbf{B} \cdot \vec{x} = \vec{z}$

   $\vec{r}$ Rohstoffvektor

   $\vec{z}$ Vektor der Zwischenprodukte

   $\vec{x}$ Vektor der Endprodukte

$$\begin{aligned}
\mathbf{A} \cdot \vec{z} &= \vec{r} \\
\mathbf{B} \cdot \vec{x} &= \vec{z} \\
\underbrace{\mathbf{A} \cdot \mathbf{B}} \cdot \vec{x} &= \vec{r} \\
\mathbf{R} \cdot \vec{x} &= \vec{r}
\end{aligned}$$

$$\mathbf{B} = \begin{pmatrix} 2 & 2 & 1 \\ 3 & 2 & 3 \end{pmatrix}$$

$$\mathbf{A} = \begin{pmatrix} 2 & 0 \\ 4 & 3 \\ 0 & 2 \end{pmatrix}$$

Matrix des Rohstoffbedarfs:

$$\mathbf{R} \;=\; \mathbf{A}\cdot\mathbf{B} \;=\; \begin{pmatrix} 4 & 4 & 2 \\ 17 & 14 & 13 \\ 6 & 4 & 6 \end{pmatrix}$$

Rohstoffbedarf für 1 ME x_1, 2 ME x_2 und 3 ME x_3:

$$\begin{pmatrix} 4 & 4 & 2 \\ 17 & 14 & 13 \\ 6 & 4 & 6 \end{pmatrix} \cdot \begin{pmatrix} 1 \\ 2 \\ 3 \end{pmatrix} = \begin{pmatrix} 18 \\ 84 \\ 32 \end{pmatrix}$$

(III)   Mit Hilfe eines Gozinto-Graphen:

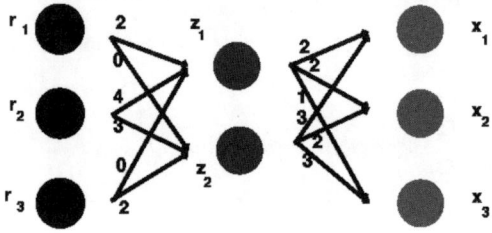

Zur Herstellung von $x_1 = 1, x_2 = 2, x_3 = 3$ Mengeneinheiten der Endprodukte benötigt man

$$
\begin{aligned}
r_1 &= 1\cdot(2\cdot2 + 3\cdot0) + 2\cdot(2\cdot2 + 2\cdot0) + 3\cdot(1\cdot2 + 3\cdot0) \\
&= 18
\end{aligned}
$$

$$
\begin{aligned}
r_2 &= 1\cdot(2\cdot4 + 3\cdot3) + 2\cdot(2\cdot4 + 2\cdot3) + 3\cdot(1\cdot4 + 3\cdot3) \\
&= 84
\end{aligned}
$$

$$
\begin{aligned}
r_3 &= 1\cdot(2\cdot0 + 3\cdot2) + 2\cdot(2\cdot0 + 2\cdot2) + 3\cdot(1\cdot0 + 3\cdot2) \\
&= 32
\end{aligned}
$$

Lösung 3.24

In einem zweistufigen Produktionsprozess werden zunächst aus zwei Rohstoffen drei Zwischenprodukte und anschließend zwei Endprodukte hergestellt.

Für eine Mengeneinheit (ME) des ersten Zwischenprodukts benötigt man drei ME von Rohstoff R_1 und zwei ME R_2.

Für eine ME von Z_2 benötigt man fünf ME R_1 und zwei ME R_2.

Für eine ME Z_3 sind zwei ME R_1 und eine ME R_2 nötig.

Eine ME des ersten Endprodukts X_1 erfordert vier ME Z_1 und zwei ME Z_2.

Eine ME X_2 benötigt drei ME Z_2 und sechs ME Z_3.

Ermittlung, welche Rohstoffmengen für eine Bestellung von 2 ME x_1 und 4 ME x_2 benötigt werden.

Für die Mengen der Produkte werden nun Kleinbuchstaben verwendet.

(I) Direkte Lösung der Gleichungssysteme:

$$3z_1 + 5z_2 + 2z_3 \quad = \quad r_1$$
$$2z_1 + 2z_2 + 1z_3 \quad = \quad r_2$$

$$4x_1 \quad\quad\quad\quad = \quad z_1$$
$$2x_1 + 3x_2 \quad\quad = \quad z_2$$
$$6x_2 \quad\quad\quad\quad = \quad z_3$$

$$4 \cdot 2 \quad\quad\quad\quad = \quad 8 \quad = \quad z_1$$
$$2 \cdot 2 + 3 \cdot 4 \quad\quad = \quad 16 \quad = \quad z_2$$
$$6 \cdot 4 \quad\quad\quad\quad = \quad 24 \quad = \quad z_3$$

$$3 \cdot 8 + 5 \cdot 16 + 2 \cdot 24 \quad = \quad 152 \quad = \quad r_1$$
$$2 \cdot 8 + 2 \cdot 16 + 1 \cdot 24 \quad = \quad 72 \quad = \quad r_2$$

(II) Mit Hilfe von Matrizen

$\mathbf{A}$ Matrix mit $\mathbf{A} \cdot \vec{z} = \vec{r}$

$\mathbf{B}$ Matrix mit $\mathbf{B} \cdot \vec{x} = \vec{z}$

$\vec{r}$ Rohstoffvektor

$\vec{z}$ Vektor der Zwischenprodukte

$\vec{x}$ Vektor der Endprodukte

$$\mathbf{A} \cdot \vec{z} \quad = \quad \vec{r}$$
$$\mathbf{B} \cdot \vec{x} \quad = \quad \vec{z}$$
$$\underbrace{\mathbf{A} \cdot \mathbf{B}} \cdot \vec{x} \quad = \quad \vec{r}$$
$$\mathbf{R} \cdot \vec{x} \quad = \quad \vec{r}$$

$$\mathbf{B} \quad = \quad \begin{pmatrix} 4 & 0 \\ 2 & 3 \\ 0 & 6 \end{pmatrix}$$

$$\mathbf{A} \quad = \quad \begin{pmatrix} 3 & 5 & 2 \\ 2 & 2 & 1 \end{pmatrix}$$

Matrix des Rohstoffbedarfs:

$$\mathbf{R} \quad = \quad \mathbf{A} \cdot \mathbf{B} \quad = \quad \begin{pmatrix} 22 & 27 \\ 12 & 12 \end{pmatrix}$$

Rohstoffbedarf für 2 ME x_1 und 4 ME x_2:

$$\begin{pmatrix} 22 & 27 \\ 12 & 12 \end{pmatrix} \cdot \begin{pmatrix} 2 \\ 4 \end{pmatrix} \quad = \quad \begin{pmatrix} 152 \\ 72 \end{pmatrix}$$

(III)   Mit Hilfe eines Gozinto-Graphen

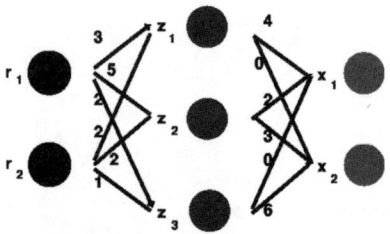

Zur Herstellung von 2 ME x_1 und 4 ME x_2 benötigt man

$$r_1 = 2 \cdot (4 \cdot 3 + 2 \cdot 5 + 0 \cdot 2) + 4 \cdot (0 \cdot 3 + 3 \cdot 5 + 6 \cdot 2)$$
$$= 152$$

$$r_2 = 2 \cdot (4 \cdot 2 + 2 \cdot 2 + 0 \cdot 1) + 4 \cdot (0 \cdot 2 + 3 \cdot 2 + 6 \cdot 1)$$
$$= 72$$

Lösung 3.25
Kostenstellenplan eines Betriebs:

Primäre		Abgebende Kostenstelle			
Gemein-		Hiko I	Hiko II	Material	Fertigung
kosten		200	300	400	500
Emp-	Hiko I	–	0.2		
fangende	Hiko II	0.2	–		
Kosten-	Material	0.4	0.6		
stelle	Fertigung	0.4	0.2		

Gesamtkosten jeder Kostenstelle:

(I)   Direkte Lösung der Gleichungssysteme:

$$K_1 = 200 + 0.2 K_2$$
$$K_2 = 300 + 0.2 K_1$$
$$K_3 = 400 + 0.4 K_1 + 0.6 K_2$$
$$\underline{K_4 = 500 + 0.4 K_1 + 0.2 K_2}$$

$$K_1 = 200 + 0.2 \cdot (300 + 0.2 K_1) = 260 + 0.04 K_1$$
$$K_1 = 270.8\bar{3}$$
$$K_2 = 300 + 0.2 \cdot 270.8\bar{3} = 354.1\bar{6}$$
$$K_3 = 400 + 0.4 \cdot 270.8\bar{3} + 0.6 \cdot 354.1\bar{6} = 720.8\bar{3}$$
$$K_4 = 500 + 0.4 \cdot 270.8\bar{3} + 0.2 \cdot 354.1\bar{6} = 679.1\bar{6}$$

(II) Gleichungssystem in Matrixschreibweise:

$$\vec{y} = \begin{pmatrix} 200 \\ 300 \\ 400 \\ 500 \end{pmatrix}$$

$$\mathbf{A} = \begin{pmatrix} 0 & 0.2 & 0 & 0 \\ 0.2 & 0 & 0 & 0 \\ 0.4 & 0.6 & 0 & 0 \\ 0.4 & 0.2 & 0 & 0 \end{pmatrix}$$

$$\vec{K} = \vec{y} + \mathbf{A} \cdot \vec{K}$$

$$\begin{pmatrix} K_1 \\ K_2 \\ K_3 \\ K_4 \end{pmatrix} = \begin{pmatrix} 200 \\ 300 \\ 400 \\ 500 \end{pmatrix} + \begin{pmatrix} 0 & 0.2 & 0 & 0 \\ 0.2 & 0 & 0 & 0 \\ 0.4 & 0.6 & 0 & 0 \\ 0.4 & 0.2 & 0 & 0 \end{pmatrix} \cdot \begin{pmatrix} K_1 \\ K_2 \\ K_3 \\ K_4 \end{pmatrix}$$

1. Schritt: Lösen des 2×2–Systems der ersten beiden Gleichungen:

Der Kürze halber werden hier mit $\vec{y}_2, \mathbf{A}_2, \mathbf{E}_2, \vec{K}_2$ die Größen bezeichnet, die den ersten beiden Gleichungen entsprechen.

$$\vec{y}_2 = \begin{pmatrix} 200 \\ 300 \end{pmatrix}$$

$$\mathbf{A}_2 = \begin{pmatrix} 0 & 0.2 \\ 0.2 & 0 \end{pmatrix}$$

$$\mathbf{E}_2 = \begin{pmatrix} 1 & 0 \\ 0 & 1 \end{pmatrix}$$

$$\vec{K}_2 = \vec{y}_2 + \mathbf{A}_2 \cdot \vec{K}_2$$

$$(\mathbf{E}_2 - \mathbf{A}_2) \cdot \vec{K}_2 = \vec{y}_2$$

$$\vec{K}_2 = (\mathbf{E}_2 - \mathbf{A}_2)^{-1} \cdot \vec{y}_2$$

$$\mathbf{E}_2 - \mathbf{A}_2 = \begin{pmatrix} 1 & -0.2 \\ -0.2 & 1 \end{pmatrix}$$

$$\det (\mathbf{E}_2 - \mathbf{A}_2) = 1 - 0.04$$
$$= 0.96$$

$$(\mathbf{E}_2 - \mathbf{A}_2)^{-1} = \tfrac{1}{0.96} \cdot \begin{pmatrix} 1 & 0.2 \\ 0.2 & 1 \end{pmatrix}$$

$$\vec{K}_2 = \frac{1}{0.96} \cdot \begin{pmatrix} 1 & 0.2 \\ 0.2 & 1 \end{pmatrix} \cdot \begin{pmatrix} 200 \\ 300 \end{pmatrix}$$

$$= \begin{pmatrix} 270.8\bar{3} \\ 354.1\bar{6} \end{pmatrix}$$

2. Schritt: Einsetzen in die übrigen beiden Gleichungen:

$$\begin{aligned}
K_3 &= 400 + 0.4 \cdot K_1 + 0.6 \cdot K_2 \\
&= 720.8\bar{3}
\end{aligned}$$

$$\begin{aligned}
K_4 &= 500 + 0.4 \cdot K_1 + 0.2 \cdot K_2 \\
&= 679.1\bar{6}
\end{aligned}$$

Lösung 3.26

Leistungsverflechtungsmatrix:

$$\mathbf{A} = \begin{pmatrix} 0.1 & 0.4 \\ 0.3 & 0.6 \end{pmatrix}$$

Abteilung I stellt 40 Mengeneinheiten mehr her als sie selbst verbraucht, Abteilung II stellt 50 Mengeneinheiten mehr her als sie verbraucht.

Von jeder Abteilung hergestellte und verbrauchte Mengen:

(I)   Direkte Lösung des Gleichungssystems:

$$\begin{aligned}
0.1x_1 + 0.4x_2 &= e_1 \\
0.3x_1 + 0.6x_2 &= e_2
\end{aligned}$$

$$\begin{aligned}
40 &= x_1 - e_1 \\
&= 0.9x_1 - 0.4x_2 && I \\
50 &= x_2 - e_2 \\
&= -0.3x_1 + 0.4x_2 && II \quad \cdot 3
\end{aligned}$$

$$\begin{aligned}
\overline{40} &= 0.9x_1 - 0.4x_2 && I \\
150 &= -0.9x_1 + 1.2x_2 && II \quad +I
\end{aligned}$$

$$\begin{aligned}
\overline{190} &= 0.8x_2 \\
x_2 &= 237.5 \\
x_1 &= \frac{1}{0.9} \cdot (40 + 0.4 \cdot 237.5) \\
&= 150
\end{aligned}$$

$$\begin{aligned}
e_1 &= 150 - 40 \\
&= 110 \\
e_2 &= 237.5 - 50 \\
&= 187.5
\end{aligned}$$

(II)   Gleichungssystem in Matrixschreibweise:

$$\vec{y} = \begin{pmatrix} 40 \\ 50 \end{pmatrix}$$

$$\mathbf{A} = \begin{pmatrix} 0.1 & 0.4 \\ 0.3 & 0.6 \end{pmatrix}$$

$$\mathbf{E} - \mathbf{A} = \begin{pmatrix} 0.9 & -0.4 \\ -0.3 & 0.4 \end{pmatrix}$$

$$\det(\mathbf{E} - \mathbf{A}) = 0.9 \cdot 0.4 - 0.3 \cdot 0.4$$
$$= 0.24$$

$$\vec{y} = (\mathbf{E} - \mathbf{A}) \cdot \vec{x}$$

$$\vec{x} = (\mathbf{E} - \mathbf{A})^{-1} \cdot \vec{y}$$

$$= \frac{1}{0.24} \cdot \begin{pmatrix} 0.4 & 0.4 \\ 0.3 & 0.9 \end{pmatrix} \cdot \begin{pmatrix} 40 \\ 50 \end{pmatrix}$$

$$= \begin{pmatrix} 150 \\ 237.5 \end{pmatrix}$$

Abteilung I stellt 150 Mengeneinheiten her, Abteilung II dagegen 237.5.

$$\vec{e} = \begin{pmatrix} 150 \\ 237.5 \end{pmatrix} - \begin{pmatrix} 40 \\ 50 \end{pmatrix}$$

$$= \begin{pmatrix} 110 \\ 187.5 \end{pmatrix}$$

Lösung 3.27

Leistungsverflechtungsmatrix:

$$\mathbf{A} = \begin{pmatrix} 0.4 & 0.1 \\ 0.2 & 0.3 \end{pmatrix}$$

Produzent 1 stelle $x_1 = 15$ Mengeneinheiten (ME) her, Produzent 2 stelle $x_2 = 10$ Mengeneinheiten her.

Eigenverbrauchsmengen und Verkaufsmengen:

(a)   Eigenverbrauchsmengen der Produzenten:

    (I)   Direkte Lösung des Gleichungssystems:

$$e_1 = 0.4 \cdot 15 + 0.1 \cdot 10$$
$$= 7$$

$$e_2 = 0.2 \cdot 15 + 0.3 \cdot 10$$
$$= 6$$

Der erste Produzent verbraucht 7 ME, der zweite 6 ME.
Für die Endnachfrage bleiben übrig

$$y_1 = 15 - 7$$
$$= 8$$

$$y_2 = 10 - 6$$
$$= 4$$

    (II)   Gleichungssstem in Matrixschreibweise:
Die Eigenverbrauchsmengen der Produzenten sind

$$\vec{e} = \mathbf{A} \cdot \vec{x}$$
$$= \begin{pmatrix} 0.4 & 0.1 \\ 0.2 & 0.3 \end{pmatrix} \cdot \begin{pmatrix} 15 \\ 10 \end{pmatrix}$$
$$= \begin{pmatrix} 7 \\ 6 \end{pmatrix}$$

Produzent 1 verbraucht von den 25 hergestellten Einheiten 7 selbst, Produzent 2 verbraucht 6 selbst.
In den Verkauf gehen

$$\vec{y} = \vec{x} - \vec{e} = \begin{pmatrix} 15 \\ 10 \end{pmatrix} - \begin{pmatrix} 7 \\ 6 \end{pmatrix} = \begin{pmatrix} 8 \\ 4 \end{pmatrix}$$

Produzent 1 verbraucht 8 Mengeneinheiten weniger, als er herstellt, bei Produzent 2 ist die Differenz zwischen hergestellter und verbrauchter Menge $10 - 6 = 4$.

(b)   Hergestellte Mengen aus Eigenverbrauchsmengen:

    (I)   Direkte Lösung des Gleichungssystems:

$$
\begin{array}{lll}
20 = & 0.4 \cdot x_1 + 0.1 \cdot x_2 & \text{I} \\
30 = & 0.2 \cdot x_1 + 0.3 \cdot x_2 & \text{II} \cdot 2 \\
\hline
20 = & 0.4 \cdot x_1 + 0.1 \cdot x_2 & \text{I} \\
60 = & 0.4 \cdot x_1 + 0.6 \cdot x_2 & \text{II} - \text{I}
\end{array}
$$

$$40 \ = \ 0.5x_2$$
$$80 \ = \ x_2$$
$$20 \ = \ 0.4 \cdot x_1 + 8$$
$$x_1 \ = \ \frac{12}{0.4} = 30$$

Der erste Produzent stellt 30 ME her, der zweite 80 ME.

(II) Gleichungssystem in Matrixschreibweise:

$$\vec{x} = \mathbf{A}^{-1} \cdot \vec{e}$$

mit

$$\mathbf{A} \ = \ \begin{pmatrix} 0.4 & 0.1 \\ 0.2 & 0.3 \end{pmatrix}$$

$$\det(\mathbf{A}) \ = \ 0.12 - 0.02 \ = 0.1 \neq 0:$$

Die Matrix ist invertierbar mit

$$\mathbf{A}^{-1} \ = \ 10 \cdot \begin{pmatrix} 0.3 & -0.1 \\ -0.2 & 0.4 \end{pmatrix}$$

$$\mathbf{A}^{-1} \cdot \vec{e} \ = \ 10 \cdot \begin{pmatrix} 0.3 & -0.1 \\ -0.2 & 0.4 \end{pmatrix} \cdot \begin{pmatrix} 20 \\ 30 \end{pmatrix}$$

$$= \ \begin{pmatrix} 30 \\ 80 \end{pmatrix}$$

Produzent 1 stellt 30 ME her, Produzent 2 stellt 80 ME her.

(c) Hergestellte Mengen aus Endnachfragemengen:
   (I) Direkte Lösung des Gleichungssystems:

$$20 \ = \ x_1 - (0.4 \cdot x_1 + 0.1 \cdot x_2) \quad \text{I}$$
$$30 \ = \ x_2 - (0.2 \cdot x_1 + 0.3 \cdot x_2) \quad \text{II}$$

$$20 \ = \ 0.6 \cdot x_1 - 0.1 \cdot x_2 \quad \text{I}$$
$$30 \ = \ -0.2 \cdot x_1 + 0.7 \cdot x_2 \quad \text{II} \cdot 3$$

$$20 \ = \ 0.6 \cdot x_1 - 0.1 \cdot x_2 \quad \text{I}$$
$$90 \ = \ -0.6 \cdot x_1 + 2.1 \cdot x_2 \quad \text{II} + \text{I}$$

$$110 \ = \ 2x_2$$
$$x_2 \ = \ 55$$
$$20 \ = \ 0.6 \cdot x_1 - 5.5$$
$$x_1 \ = \ \frac{25.5}{0.6}$$
$$= \ 42.5$$

Der erste Produzent stellt 42.5 ME her, der zweite 55 ME.

(II)   Gleichungssstem in Matrixschreibweise:

$\vec{x} = (\mathbf{E} - \mathbf{A})^{-1} \cdot \vec{y}$ mit

$$\mathbf{E} - \mathbf{A} = \begin{pmatrix} 0.6 & -0.1 \\ -0.2 & 0.7 \end{pmatrix}$$

$$\det(\mathbf{E} - \mathbf{A}) = 0.6 \cdot 0.7 - 0.2 \cdot 0.1 = 0.4$$

$$(\mathbf{E} - \mathbf{A})^{-1} = \tfrac{1}{0.4} \cdot \begin{pmatrix} 0.7 & 0.1 \\ 0.2 & 0.6 \end{pmatrix}$$

$$(\mathbf{E} - \mathbf{A})^{-1} \cdot \vec{y} = \tfrac{1}{0.4} \cdot \begin{pmatrix} 0.7 & 0.1 \\ 0.2 & 0.6 \end{pmatrix} \cdot \begin{pmatrix} 20 \\ 30 \end{pmatrix}$$

$$= \tfrac{1}{0.4} \cdot \begin{pmatrix} 17 \\ 22 \end{pmatrix} = \begin{pmatrix} 42.5 \\ 55 \end{pmatrix}$$

Produzent 1 stellte 42.5 ME her, Produzent 2 stellte 55 ME her.

3.8   Bezug zu weiterführenden Anwendungen

Betriebswirtschaftslehre:

Lineare Optimierung

Ausgangslage: Ein Unternehmen stellt Müsli her. Das Müsli wird aus verschiedenen Komponenten zusammengemischt. Beispielsweise wird das Müsli SG (SchmecktGut) aus den drei Komponenten R (Rosinen), N (Nüssen), H (Haferflocken) produziert. Alle drei Komponenten beinhalten Zucker und Fett. Des Weiteren kosten die einzelnen Komponenten unterschiedlich viel. Die Tabelle fasst die die Inhaltsstoffe in Gramm pro 100 Gramm Rohprodukt sowie die Preise für 100 Gramm der Komponenten zusammen.

Komponente	Zucker (g)	Fett (g)	Preis (€)
Rosinen	15	2	0,1
Nüsse	3	55	0,4
Haferflocken	8	7	0,08

Zusammensetzungen und Preise für Müslikomponenten

Der Müsliproduzent möchte nun ein Müsli herstellen und vermarkten, das einerseits günstig in der Herstellung ist, aber andererseits nicht mehr als 7 Gramm Zucker und nicht mehr als 20 Gramm Fett pro 100 Gramm Endprodukt enthält. Die

Fett- und Zuckerrestriktionen hat der Produzent durch Marktforschungaktivitäten ableiten können. Er stellt die Zielfunktion

$$Z = 0,1x_R + 0,4x_N + 0,08x_H \rightarrow \min \tag{3.1}$$

sowie die Restriktion bzgl. des Zuckers

$$\frac{15x_R + 3x_N + 8x_H}{x_R + x_N + x_H} \leq 7 \tag{3.2}$$

und des Fettes

$$\frac{2x_R + 55x_N + 7x_H}{x_R + x_N + x_H} \leq 20 \tag{3.3}$$

sowie die Nichtnegativitätsbedingungen

$$x_R \geq 0, x_N \geq 0, x_H \geq 0 \tag{3.4}$$

auf. Die Variablen x_i mit $i \in \{R, N, H\}$ bezeichnen dabei die Menge in Gramm der verwendeten Zutat an Rosinen, Nüssen und Haferflocken. Die Lösung von Gleichung 3.1 unter den Nebenbedingungen 3.2 bis 3.4 garantiert die Findung einer kostengünstigen Müslimischung, die den Kundenwünschen nach wenig Zucker und Fett gerecht wird.

Rechnungswesen: KLR/Kostenrechnung

Leistungsverflechtung

Der Kostenstellenplan eines Betriebes weist neben zwei allgemeinen Hilfskostenstellen auch zwei Hauptkostenstellen aus. Die folgende Tabelle zeigt die Leistungsverflechtung sowie die primären Gemeinkosten der Kostenstellen in Euro:

Primäre Gemein- kosten		Abgebende Kostenstelle			
		Hiko I	Hiko II	Material	Fertigung
		500	440	250	600
Emp- fangende Kosten- stelle	Hiko I	–	0.2		
	Hiko II	0.1	–		
	Material	0.5	0.3		
	Fertigung	0.4	0.5		

Ermitteln Sie die Verrechnungspreise und die Gesamtkosten jeder Kostenstelle.

Für jede Kostenstelle ist zu lösen:

Gesamtkosten der Kostenstelle =
in der Abteilung anfallende primäre Kosten +
Kosten erhaltener Leistungen aus anderen Abteilungen

$$
\begin{aligned}
K_1 &= 500 + 0.2 \cdot K_2 \\
K_2 &= 440 + 0.1 \cdot K_1 \\
K_3 &= 250 + 0.5 \cdot K_1 + 0.3 \cdot K_2 \\
K_4 &= 600 + 0.4 \cdot K_1 + 0.5 \cdot K_2
\end{aligned}
$$

Man kann zunächst das System der oberen beiden Gleichungen lösen:

$$
\begin{aligned}
K_1 &= 500 + 0.2 \cdot K_2 \\
K_2 &= 440 + 0.1 \cdot K_1 \\
\hline
K_1 - 0.2 \cdot K_2 &= 500 \\
K_2 - 0.1 \cdot K_1 &= 440 \\
\hline
A &= \begin{pmatrix} 1 & -0.2 \\ -0.1 & 1 \end{pmatrix}
\end{aligned}
$$

das heißt

$$
\left(\begin{pmatrix} 1 & 0 \\ 0 & 1 \end{pmatrix} - \begin{pmatrix} 0 & 0.2 \\ 0.1 & 0 \end{pmatrix} \right) \cdot \begin{pmatrix} K_1 \\ K_2 \end{pmatrix} = \begin{pmatrix} 500 \\ 440 \end{pmatrix}
$$

$\det(A) = 1 - 0.02 = 0.98 \neq 0$: Das Gleichungssystem ist eindeutig lösbar.

$$
K_1 = \frac{\begin{vmatrix} 500 & -0.2 \\ 440 & 1 \end{vmatrix}}{0.98} = \frac{500 + 0.2 \cdot 440}{0.98} = 600
$$

$$
K_2 = \frac{\begin{vmatrix} 1 & 500 \\ -0.1 & 440 \end{vmatrix}}{0.98} = \frac{440 + 0.1 * 500}{0.98} = 500
$$

oder

$$
\begin{pmatrix} K_1 \\ K_2 \end{pmatrix} = \frac{1}{0.98} \cdot \begin{pmatrix} 1 & 0.2 \\ 0.1 & 1 \end{pmatrix} \cdot \begin{pmatrix} 500 \\ 440 \end{pmatrix} = \begin{pmatrix} 600 \\ 500 \end{pmatrix}
$$

Daraus ergeben sich K_3 und K_4:

$$K_3 = 250 + 0.5 \cdot 600 + 0.3 \cdot 500 = 700$$
$$K_4 = 600 + 0.4 \cdot 600 + 0.5 \cdot 500 = 1090$$

Bemerkung:
Man hätte das Gleichungssystem auch direkt lösen können:

$$\begin{pmatrix} K_1 \\ K_2 \\ K_3 \\ K_4 \end{pmatrix} = \begin{pmatrix} 500 \\ 440 \\ 250 \\ 600 \end{pmatrix} + \begin{pmatrix} 0 & 0.2 & 0 & 0 \\ 0.1 & 0 & 0 & 0 \\ 0.5 & 0.3 & 0 & 0 \\ 0.4 & 0.5 & 0 & 0 \end{pmatrix} \cdot \begin{pmatrix} K_1 \\ K_2 \\ K_3 \\ K_4 \end{pmatrix}$$

$$E_4 - \begin{pmatrix} 0 & 0.2 & 0 & 0 \\ 0.1 & 0 & 0 & 0 \\ 0.5 & 0.3 & 0 & 0 \\ 0.4 & 0.5 & 0 & 0 \end{pmatrix} \cdot \begin{pmatrix} K_1 \\ K_2 \\ K_3 \\ K_4 \end{pmatrix} = \begin{pmatrix} 500 \\ 440 \\ 250 \\ 600 \end{pmatrix}$$

$$\begin{pmatrix} 1 & -0.2 & 0 & 0 \\ -0.1 & 1 & 0 & 0 \\ -0.5 & -0.3 & 1 & 0 \\ -0.4 & -0.5 & 0 & 1 \end{pmatrix} \cdot \begin{pmatrix} K_1 \\ K_2 \\ K_3 \\ K_4 \end{pmatrix} = \begin{pmatrix} 500 \\ 440 \\ 250 \\ 600 \end{pmatrix}$$

Löst man dieses Gleichungssystem, so ergeben sich obige Werte der Gesamtkosten.

Organisationslehre:

Leistungsverflechtung

Leistungsverflechtungen spielen in der Organisationslehre eine wichtige Rolle – Ausgangspunkt ist der Begriff der Interdependenz.

- **Allgemeine Definition**
  Gegenstände A und B sind interdependent im Hinblick auf vorgegebene Ziele, wenn die Zielbeiträge des Gegenstands A von den Eigenschaften des Gegenstands B beeinflusst werden. (Beispiel: Eine Krawatte ist nicht per se schön, sondern nur dann, wenn ein passendes Hemd zur Verfügung steht).
- **Organisatorische Definition**
  Abteilungen A und B sind interdependent wenn sie sich bei ihren Aufgabenbearbeitungen behindern können, so dass die Unternehmensziele schlechter erreicht werden, als das ohne Behinderung der Fall wäre.

Arten von Interdependenzen

Ausgangssituation	Interdependenzart
Mehrere Abteilungen bearbeiten verschiedene Aufgaben	Leistungsverflechtung zwischen Einheiten (Abteilung A erstellt etwas, was Abteilung B benötigt)
Mehrere Abteilungen bearbeiten die gleichen Aufgaben	Konkurrenz zwischen den Abteilungen oder zu geringe Größe der Abteilungen

Auswirkungen der Interdependenzen

- Leistungsverflechtungen führen oft zu Wartezeiten oder Missverständnissen. Daraus kann eine Verschlechterung der Produktqualität folgen. Dies führt zu sinkenden Erlösen.
- Konkurrenz: Verschiedene organisatorische Einheiten konkurrieren um Ressourcen oder um Kunden. Im ersten Fall steigen die Kosten, im zweiten Fall sinken die Erlöse.
- Zu geringe Größe: Die parallele Zuständigkeit für die Aufgabenbearbeitungen führt dazu, dass es mehrere kleine Abteilungen gibt anstatt einer großen. Anders gesagt: Größeneffekte (»economies of scale«) werden nicht genutzt. Da Größeneffekte zu sinkenden Kosten führen (etwa in der Fertigung oder in der Beschaffung), sind die Kosten zu hoch.

Ein konkretes Beispiel für Leistungsverflechtungen zwischen verschiedenen Abteilungen

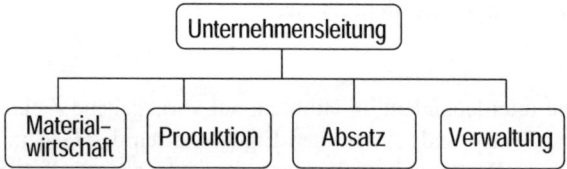

- Die Produktion benötigt Informationen vom Absatz über die wahrscheinlichen Verkäufe.
- Die Materialwirtschaft benötigt Informationen von der Produktion über die Arten und Mengen der zu beschaffenden Ressourcen.
- Die Verwaltung benötigt Informationen von allen anderen Abteilungen über die angefallenen Kosten.

4 Musterklausuren

Die folgenden Musterklausuren sind auf eine Bearbeitungszeit von 60 Minuten abgestimmt.

4.1 Klausuren

4.1.1 Klausur 1

Aufgabe 4.1 (15 Punkte)
Die Nachfragefunktion der Ware eines Monopolisten sei gegeben als
$x(p) = -5p + 52$.

(a) Bestimmen Sie die Preiselastizität der Nachfrage $\epsilon_{x,p}$.

(b) Berechnen Sie die Preiselastizität der Nachfrage im Preis $p = 4 \,€$.
Interpretieren Sie das Ergebnis.

(c) Die Kostenfunktion zur Herstellung dieser Ware sei die Funktion
$$K(x) = 2x^3 + 4.$$
Bestimmen Sie die Gewinnfunktion.

(d) Bestimmen Sie den Break-even-Point, also die Menge, ab der erstmalig Gewinn erwirtschaftet wird.

Aufgabe 4.2 (5 Punkte)
Berechnen Sie $\int_1^5 e^{2x} dx$.

Aufgabe 4.3 (7 Punkte)
Es sei $f(x, y) = 4 \cdot e^{0.2x + 0.5y}$.

(a) Bilden Sie die beiden partiellen Ableitung der Funktion.

(b) Bestimmen Sie, ob die Funktion homogen ist.

Aufgabe 4.4 (15 Punkte)
Die Produktionsfunktion eines Unternehmens sei $x(r_1, r_2) = 5 \cdot r_1^{0.8} \cdot \sqrt[5]{r_2}$.

Die Faktorpreise liegen bei $p_1 = 2 \,€$ und $p_2 = 4 \,€$. Das Unternehmen hat ein Budget von 10 Tsd. € als Produktionskosten eingeplant

(a) Bestimmen Sie die partiellen Ableitungen der Produktionsfunktion.

(b) Ermitteln Sie, welche Kombination der Rohstoffmengen r_1 und r_2 für das Unternehmen optimal wäre, so dass bei Produktionskosten von 10 Tsd. € möglichst viel produziert werden kann.

Berechnen Sie auch die unter dieser Beschränkung maximal produzierbare Menge.

Aufgabe 4.5   **(6 Punkte)**
Ein Teehändler bietet zwei Sorten Tee an: Der eine Tee wird für 5 € je 100 Gramm verkauft, der andere für 8 € je 100 Gramm. Beide Teesorten werden lose angeboten.

(a)   Bestimmen Sie, welche Mengenkombinationen jemand für 20 € erwerben kann: Stellen Sie die Menge m_2 der zweiten Teesorte als Funktion $m_2 = f(m_1)$ der Menge der ersten Teesorte m_1 dar.

(b)   Skizzieren Sie die Situation.

Aufgabe 4.6   **(12 Punkte)**

Folgende Leistungsverflechtungsmatrix für zwei Produzenten ist gegeben:

$$\mathbf{A} = \begin{pmatrix} 0.4 & 0.1 \\ 0.2 & 0.3 \end{pmatrix}$$

(a)   Produzent 1 stelle in einem Jahr $x_1 = 20$ Mengeneinheiten her, Produzent 2 stelle $x_2 = 15$ Mengeneinheiten her.
Ermitteln Sie die Eigenverbrauchsmengen $\vec{e}$.

(b)   Angenommen, für den Verkauf bleiben $y_1 = 16$ Mengeneinheiten von Produzent 1 und $y_2 = 20$ Mengeneinheiten von Produzent 2 übrig.
Berechnen Sie, welche Mengen x_1, x_2 von den Produzenten hergestellt wurden.

4.1.2 Klausur 2

Aufgabe 4.7   **(11 Punkte)**
Der Zusammenhang zwischen Faktor-Input r einer Produktion (in Mengeneinheiten) und zugehörigem Output x werde beschrieben durch die Funktion

$$x(r) = -r^3 + 10.5r^2 + 30r.$$

(a)   Berechnen Sie die Nullstellen dieser Funktion.

(b)   Ermitteln Sie, bei welcher Inputmenge r der Ertrag x maximal wird.

Aufgabe 4.8   **(12 Punkte)**
Ermitteln Sie den Flächeninhalt zwischen den Graphen der Funktionen
$f(x) = 20 \cdot x + 50$ und $g(x) = 4 \cdot x^2$.

Aufgabe 4.9 (15 Punkte)

Der Nutzen eines Haushalts beim Erwerb einer Ware hänge ganz wesentlich von den Parametern x und y in der Form $U(x, y) = x^{0.4} \cdot y^{0.6}$ ab.

Bei Produkten des Herstellers, für den sich die Familie entschieden hat, entsteht der Preis der Ware in der Gestalt $P = 1 \cdot x + 4 \cdot y$ (in Tsd. Euro). Die Familie möchte ein Nutzenniveau von 80 erreichen.

Ermitteln Sie, welche Kombination der Parameter x und y für diese Familie optimal wäre, so dass sie das angestrebte Nutzenniveau mit einem möglichst geringen Budget erreichen können. Berechnen Sie auch das Budget, das dazu nötig ist.

Aufgabe 4.10 (9 Punkte)

Lösen Sie das folgende lineare Gleichungssystem:

$$
\begin{aligned}
x + 2y + z &= 2 \\
y - z &= -1 \\
2x + z &= -2
\end{aligned}
$$

Aufgabe 4.11 (3 Punkte)

Zeichnen Sie die Menge der Punkte (x, y) mit $4x + 2y = 8$.

Aufgabe 4.12 (10 Punkte)

Maximieren Sie die Zielfunktion $Z(x, y) = 4 \cdot x + y$ unter den Nebenbedingungen

$$
\begin{aligned}
4x + 2y &\leq 30 \\
10x + 2y &\leq 40 \\
-5x + y &\leq 8 \\
x &\geq 0 \\
y &\geq 0.
\end{aligned}
$$

4.1.3 Klausur 3

Aufgabe 4.13 (14 Punkte)

Gegeben sind die Preis-Absatz-Funktion $p(x)$ und die Kostenfunktion $K(x)$ eines Monopolisten:

$$
\begin{aligned}
p(x) &= -2x + 8 \\
K(x) &= 5x + 0.5
\end{aligned}
$$

Die Menge x wird dabei in einer geeigneten Mengeneinheit, etwa Tonnen, gemessen.

(a)   Bestimmen Sie die Menge, ab der erstmalig Gewinn erwirtschaftet wird.

(b)   Bestimmen Sie die gewinnmaximale Menge, den maximalen Gewinn sowie den gewinnmaximalen Preis.

(c)   Falls das Unternehmen im betrachteten Zeitraum nicht mehr als 0.5 Mengeneinheiten produzieren kann: Berechnen Sie, wo dann das Gewinnmaximum liegt, und berechnen Sie das Gewinnmaximum.
Berechnen Sie, zu welchem Preis diese Menge maximalen Gewinns verkauft wird.

Aufgabe 4.14   (16 Punkte)

Die Nachfragefunktion einer Ware sei gegeben als $x(p) = -2p + 40$.

Die Angebotsfunktion sei $p_A(x) = 0.1 \cdot x + 2$.

(a)   Ermitteln Sie das Marktgleichgewicht, in dem Preis-Absatz-Funktion $p(x)$ und Angebotsfunktion $p_A(x)$ übereinstimmen.

(b)   Berechnen Sie die Konsumentenrente.

(c)   Bestimmen Sie die Produzentenrente.

(d)   Skizzieren Sie Preis-Absatz-Funktion, Angebotsfunktion und Produzentenrente in einem Diagramm.

Aufgabe 4.15   (12 Punkte)
Bestimmen Sie die lokalen Extrema der Funktion
$f(x, y) = 2x^2 - x \cdot y + 4y^2 + 5$.

Aufgabe 4.16   (6 Punkte)

(a)   Lösen Sie das Gleichungssystem
$$\begin{aligned} 2 \cdot x &+& y &=& 1 \\ -2 \cdot x &+& 5 \cdot y &=& -2 \end{aligned}$$

(b)   Lösen Sie auch das Gleichungssystem
$$\begin{aligned} 2 \cdot x &+& y &=& 0 \\ -2 \cdot x &+& 5 \cdot y &=& 0 \end{aligned}$$

Aufgabe 4.17   (12 Punkte)
Zwei Endprodukte entstehen aus drei Rohstoffen, die in einem ersten Schritt in zwei Zwischenprodukte und dann erst in die Endprodukte verwandelt werden.

Zur Herstellung einer Mengeneinheit (ME) z_1 des ersten Zwischenprodukts benötigt man zwei ME r_1, zwei ME r_2, drei ME r_3.

Zur Herstellung einer ME z_2 des zweiten Zwischenprodukts benötigt man eine ME r_1, keine ME r_2 und vier ME r_3.

Eine ME des Endprodukts x_1 wird hergestellt aus einer ME z_1 und drei ME z_2.

Eine ME des Endprodukts x_2 wird hergestellt aus vier ME z_1 und fünf ME z_2.

Berechnen Sie, wie viel von jedem Rohstoff nötig ist, um eine Vorbestellung von acht ME x_1 und zehn ME x_2 herstellen zu können.

4.2   Lösungen

4.2.1   Klausur 1

Lösung 4.1

(a)   Preiselastizität der Nachfrage:

$$\epsilon_{x,p} = -5 \cdot \frac{p}{-5p+52}$$

(b)   Elastizität in $p = 4$:

$$\epsilon_{x,p}(4) = -5 \cdot \frac{4}{-20+52}$$
$$= -0.625$$

Die Nachfrage ist in $p = 4$ unelastisch, da $\left|\epsilon_{x,p}(4)\right| < 1$ ist.
Pro Prozentpunkt, um den der Preis von $p = 4$ aus steigt, sinkt die Nachfrage um $0.625\,\%$.

(c)   Gewinnfunktion:

$$x(p) = -5p + 52$$
$$p(x) = -0.2x + 10.4$$
$$E(x) = -0.2x^2 + 10.4x$$
$$K(x) = 2x^3 + 4$$
$$G(x) = -2x^3 - 0.2x^2 + 10.4x - 4$$

(d)   Nullstellen der Gewinnfunktion:
Raten: $G(2) = 0$
$$(-2x^3 - 0.2x^2 + 10.4x - 4) : (x - 2) = -2x^2 - 4.2x + 2$$
Nullstellen von $-2x^2 - 4.2x + 2$:
$$0 = -2x^2 - 4.2x + 2$$
$$0 = x^2 + 2.1x - 1$$

$$x_{1/2} = -1.05 \pm \sqrt{1.05^2 + 1}$$
$$x_1 = -1.05 - 1.45 \qquad = -2.5$$
$$x_2 = -1.05 + 1.45 \qquad = 0.4$$

Da G ein Polynom 3. Grades mit negativem Leitkoeffizienten ist, ist die Menge, ab der Gewinn erwirtschaftet wird, $x = 0.4$.

Lösung 4.2

$$\int_1^5 e^{2x}\,dx = (0.5 \cdot e^{2x})|_1^5$$
$$= 0.5 \cdot e^{10} - 0.5 \cdot e^2$$
$$= 11009.538$$

Lösung 4.3

(a) Partielle Ableitungen:

$$\frac{\partial f}{\partial x} = 4 \cdot e^{0.2x+0.5y} \cdot 0.2$$
$$= 0.8 \cdot e^{0.2x+0.5y}$$

$$\frac{\partial f}{\partial y} = 4 \cdot e^{0.2x+0.5y} \cdot 0.5$$
$$= 2 \cdot e^{0.2x+0.5y}$$

(b) Homogenität:

$$f(\lambda \cdot x, \lambda \cdot y) = 4 \cdot e^{0.2 \cdot \lambda \cdot x + 0.5 \cdot \lambda \cdot y}$$
$$= 4 \cdot \left(e^{0.2x+0.5y}\right)^{\lambda}$$

Die Funktion ist nicht homogen, da nicht für jeden Faktor λ dieselbe feste Potenz aus $f(\lambda \cdot x, \lambda \cdot y)$ ausgeklammert werden kann.

Lösung 4.4

(a) Partielle Ableitungen der Produktionsfunktion:

$$\frac{\partial x}{\partial r_1} = 5 \cdot 0.8 \cdot r_1^{-0.2} \cdot r_2^{0.2}$$
$$\frac{\partial x}{\partial r_2} = 5 \cdot 0.2 \cdot r_1^{0.8} \cdot r_2^{-0.8}$$

(b) Optimale Kombination der Rohstoffmengen:

$$\mathcal{L}(r_1, r_2, \lambda) = 5 \cdot r_1^{0.8} \cdot r_2^{0.2} + \lambda \cdot (10 - 2r_1 - 4r_2)$$

$$\frac{\partial \mathcal{L}}{\partial r_1} = 4 \cdot r_1^{-0.2} \cdot r_2^{0.2} - 2\lambda$$

$$\frac{\partial \mathcal{L}}{\partial r_2} = 1 \cdot r_1^{0.8} \cdot r_2^{-0.8} - 4\lambda$$

$$\frac{\partial \mathcal{L}}{\partial \lambda} = 10 - 2r_1 - 4r_2$$

$$\lambda = 2 \cdot r_1^{-0.2} \cdot r_2^{0.2}$$
$$= 0.25 \cdot r_1^{0.8} \cdot r_2^{-0.8}$$

$$2 \cdot r_1^{-0.2} \cdot r_2^{0.2} = 0.25 \cdot r_1^{0.8} \cdot r_2^{-0.8}$$
$$r_2 = 0.125 \cdot r_1$$

$$0 = 10 - 2r_1 - 4r_2$$
$$= 10 - 2r_1 - 0.5r_1$$
$$r_1 = 4$$
$$r_2 = 0.5$$
$$x(4, 0.5) = 13.195$$

Lösung 4.5

(a) Passende Mengenkombination:

$$20 = 5m_1 + 8m_2$$
$$m_2 = 2.5 - 0.625m_1$$

(b) Skizze:

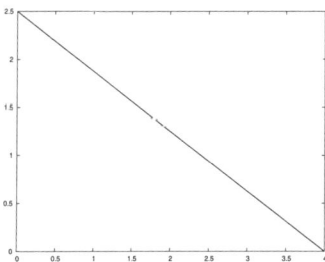

Lösung 4.6

(a) Eigenverbrauchsmengen:

$$\vec{e} = \mathbf{A} \cdot x$$
$$= \begin{pmatrix} 8 + 1.5 \\ 4 + 4.5 \end{pmatrix} = \begin{pmatrix} 9.5 \\ 8.5 \end{pmatrix}$$

(b) Hergestellte Mengen:

$$\vec{y} = (\mathbf{E} - \mathbf{A}) \cdot \vec{x}$$
$$\vec{x} = (\mathbf{E} - \mathbf{A})^{-1} \cdot \vec{y} \quad \text{falls } \mathbf{E} - \mathbf{A} \text{ invertierbar ist}$$

$$(\mathbf{E} - \mathbf{A}) = \begin{pmatrix} 1 - 0.4 & -0.1 \\ -0.2 & 1 - 0.3 \end{pmatrix}$$

$$= \begin{pmatrix} 0.6 & -0.1 \\ -0.2 & 0.7 \end{pmatrix}$$

$$\det(\mathbf{E} - \mathbf{A}) = 0.4 \neq 0 :$$

$\mathbf{E} - \mathbf{A}$ ist invertierbar.

$$(\mathbf{E} - \mathbf{A})^{-1} = \frac{1}{0.4} \cdot \begin{pmatrix} 0.7 & 0.1 \\ 0.2 & 0.6 \end{pmatrix}$$

$$= \begin{pmatrix} 1.75 & 0.25 \\ 0.5 & 1.5 \end{pmatrix}$$

$$(E - A)^{-1} \cdot \vec{y} = \begin{pmatrix} 1.75 & 0.25 \\ 0.5 & 1.5 \end{pmatrix} \cdot \begin{pmatrix} 16 \\ 20 \end{pmatrix}$$

$$= \begin{pmatrix} 28 + 5 \\ 8 + 30 \end{pmatrix}$$

$$= \begin{pmatrix} 33 \\ 38 \end{pmatrix}$$

$$= \vec{x}$$

4.2.2 Klausur 2

Lösung 4.7

(a) Nullstellen:

$$x(r) = -r^3 + 10.5r^2 + 30r$$
$$= r \cdot (-r^2 + 10.5r + 30) = 0 \quad \Leftrightarrow$$
$$r_1 = 0 \text{ oder}$$
$$0 = r^2 - 10.5r - 30$$
$$r_{2/3} = 5.25 \pm \sqrt{5.25^2 + 30}$$
$$r_2 = -2.337$$
$$r_3 = 12.837$$

(b) Maximaler Ertrag:

$$x(r) = -r^3 + 10.5r^2 + 30r$$
$$x'(r) = -3r^2 + 21r + 30 = 0$$
$$0 = r^2 - 7r - 10$$

$$r_{1/2} \quad = 3.5 \pm \sqrt{3.5^2 + 10} \quad = 3.5 \pm \sqrt{22.25}$$
$$r_1 \quad = 3.5 - 4.717 \qquad\qquad = -1.217$$
$$r_2 \quad = 3.5 + 4.717 \qquad\qquad = 8.217$$

$$x''(r) \quad = \quad -6r + 21$$
$$x''(r_1) \quad = \quad 28.302 > 0 : \quad \text{lokales Minimum}$$

(nicht ökonomisch interpretierbar)

$$x''(r_2) \quad = \quad -28.3 < 0 : \quad \text{lokales Maximum}$$

$$x(-1.21699) \quad = \quad -19.156$$
$$x(8.21699) \quad = \quad 400.656$$

$x(r)$ ist von 0 bis 8.21699 monoton steigend und ab dort monoton fallend. Daher ist r_2 das globale Maximum in dem Bereich, in dem die Funktion für positive Inputwerte r positive Werte annimmt.

Lösung 4.8

Schnittstellen:

$$20 \cdot x + 50 \qquad = \quad 4 \cdot x^2 \quad \Leftrightarrow$$
$$x^2 - 5x - 12.5 \quad = \quad 0$$

$$x_{1/2} \quad = \quad 2.5 \pm \sqrt{2.5^2 + 12.5}$$
$$x_1 \quad = \quad -1.83$$
$$x_2 \quad = \quad 6.83$$

Gesuchter Flächeninhalt:

$$
\begin{aligned}
\text{Fläche} \quad &= \quad \left| \int_{-1.83}^{6.83} (4x^2 - 20x - 50)\,dx \right| \\
&= \quad \left| \left(\tfrac{4}{3}x^3 - 10x^2 - 50x \right) \Big|_{-1.83}^{6.83} \right| \\
&= \quad 49.840 - (-383.173) \\
&= \quad 433.0127
\end{aligned}
$$

Lösung 4.9

$$
\begin{aligned}
\mathcal{L}(x, y, \lambda) \quad &= \quad 1 \cdot x + 4 \cdot y + \lambda \cdot (80 - x^{0.4} \cdot y^{0.6}) \\
\tfrac{\partial \mathcal{L}}{\partial x} \quad &= \quad 1 - 0.4\lambda \cdot x^{-0.6} \cdot y^{0.6} \\
\tfrac{\partial \mathcal{L}}{\partial y} \quad &= \quad 4 - 0.6\lambda \cdot x^{0.4} \cdot y^{-0.4} \\
\tfrac{\partial \mathcal{L}}{\partial \lambda} \quad &= \quad 80 - x^{0.4} \cdot y^{0.6}
\end{aligned}
$$

$$\lambda = 2.5 \cdot x^{0.6} \cdot y^{-0.6}$$
$$= 6.\bar{6} \cdot x^{-0.4} \cdot y^{0.4}$$

$$2.5 \cdot x^{0.6} \cdot y^{-0.6} = 6.\bar{6} \cdot x^{-0.4} \cdot y^{0.4}$$
$$y = 0.375x$$

$$0 = 80 - x^{0.4} \cdot y^{0.6}$$
$$= 80 - x^{0.4} \cdot (0.375x)^{0.6}$$
$$= 80 - 0.555x$$
$$x = 144.102$$
$$y = 0.375 \cdot 144.102$$
$$= 54.038$$

Nötiges Budget $= 1 \cdot 144.102 + 4 \cdot 54.038$
$$= 360.254$$

Lösung 4.10

1	2	1	2	I	
0	1	−1	−1	II	
2	0	1	−2	III	$-2 \cdot$ I

1	2	1	2	I	
0	1	−1	−1	II	
0	−4	−1	−6	III	$+4 \cdot$ II

1	2	1	2	I
0	1	−1	−1	II
0	0	−5	−10	III

$$-5z = -10$$
$$z = 2$$
$$y - 2 = -1$$
$$y = 1$$
$$x + 2 + 2 = 2$$
$$x = -2$$

Lösung 4.11

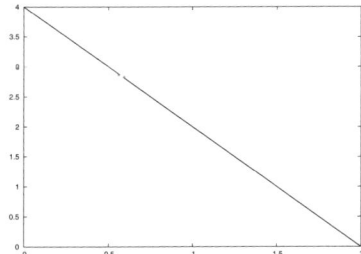

Lösung 4.12

1. Alternative: Grafischer Lösungsweg Randgeraden des zulässigen Bereichs:

(1) $y = 15 - 2x$
(2) $y = 20 - 5x$
(3) $y = 8 + 5x$

Zielfunktionsniveaulinien:

$$y = Z - 4x$$

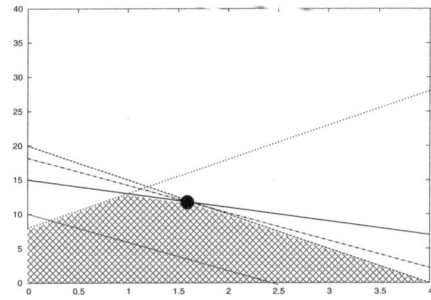

$y = 15 - 2x$: Fallende Gerade von $(x, y) = (0, 15)$ ausgehend
$y = 20 - 5x$: Fallende Gerade von $(x, y) = (0, 20)$ ausgehend
$y = 8 + 5x$: Steigende Gerade von $(x, y) = (0, 8)$ ausgehend

Zielfunktions-Niveaulinie, hier zum Niveau $Z = 10$: Fallende Gerade von $(x, y) = (0, 10)$ ausgehend

Zielfunktins-Niveaulinie zum maximal erreichbaren Niveau: Dazu parallele Linie mit zweithöchstem Schnittpunkt mit der y-Achse

Der optimale Punkt ist der Schnittpunkt der Randgeraden $y = 15 - 2x$ und $y = 20 - 5x$.

$$
\begin{aligned}
15 - 2x &= 20 - 5x \\
3x &= 5 \\
x &= \tfrac{5}{3} \\
&= 1.\overline{6} \\
y &= 15 - 2 \cdot \tfrac{5}{3} \\
&= 11 + \tfrac{2}{3} \\
&= 11.\overline{6}
\end{aligned}
$$

$$Z(1.\overline{6}, 11.\overline{6}) = 18.\overline{3}$$

2. Alternative: Rechnerischer Lösungsweg (Simplexverfahren)

y_1	4	2	1	0	0	30	$30 : 4 = 7.5$	I	$-0.4 \cdot$ II
y_2	10	2	0	1	0	40	$40 : 10 = \boxed{4}$	II	$: 10$
y_3	-5	1	0	0	1	8	$8 : (-5)$	III	$+0.5 \cdot$ II
z	$\boxed{-4}$	-1	0	0	0	0		IV	$+0.4 \cdot$ II
y_1	0	1.2	1	-0.4	0	14	$14 : 1.2 = \boxed{11.\overline{6}}$	I	$: 1.2$
x	1	0.2	0	0.1	0	4	$4 : 0.2 = 20$	II	$-0.1\overline{6} \cdot$ I
y_3	0	2	0	0.5	1	28	$28 : 2 = 14$	III	$-1.\overline{6} \cdot$ I
z	0	$\boxed{-0.2}$	0	0.4	0	16		IV	$+0.1\overline{6} \cdot$ I
y	0	1	$0.8\overline{3}$	$-0.\overline{3}$	0	$11.\overline{6}$			
x	1	0	$-0.1\overline{6}$	$0.1\overline{6}$	0	$1.\overline{6}$			
y_3	0	0	$-1.\overline{6}$	$1.1\overline{6}$	1	$4.\overline{6}$			
z	0	0	$0.1\overline{6}$	$0.\overline{3}$	0	$18.\overline{3}$			

Die optimale Lösung ist erreicht, da die Zielfunktionszeile keinen negativen Koeffizienten mehr enthält.

Optimale Lösung ist $x = 1.\overline{6}$, $y = 11.\overline{6}$.

Maximaler Zielfunktionswert ist $Z(1.\overline{6}, 11.\overline{6}) = 18.\overline{3}$.

4.2.3 Klausur 3

Lösung 4.13

(a) Menge, nach der erstmalig Gewinn erwirtschaftet wird:

$$\begin{aligned} G(x) &= E(x) - K(x) \\ &= -2x^2 + 8x - 5x - 0.5 \\ &= -2x^2 + 3x - 0.5 \end{aligned}$$

$$\begin{aligned} G(x) &= 0 \qquad\qquad \Leftrightarrow \\ x^2 - 1.5x + 0.25 &= 0 \\ x_{1/2} &= 0.75 \pm \sqrt{0.75^2 - 0.25} \\ x_1 &= 0.19 \\ x_2 &= 1.31 \end{aligned}$$

Da G ein Polynom 2. Grades mit negativem Leitkoeffizienten ist, ist $x = 0.19$ der Break-even-Point.

(b) Gewinnmaximale Menge:

$$\begin{aligned} G'(x) &= -4x + 3 = 0 \quad \Leftrightarrow \\ x &= 0.75 \\ G''(x) &= -4 \qquad\quad < \quad 0: \quad x = 0.75 \text{ ist ein lokales Maximum.} \end{aligned}$$

Da G insgesamt konkav ist, ist dieses lokale Maximum auch ein globales Maximum.

Maximaler Gewinn: $G(0.75) = 0.625$

Gewinnmaximaler Preis: $p(0.75) = 6.5$

(c) Gewinnmaximum, wenn höchstens 0.5 Mengeneinheiten produziert werden können:

Da die Gewinnfunktion bis 0.75 monon steigend ist, liegt dann das Gewinnmaximum bei der maximal produzierbaren Menge, also bei $x = 0.5$.

Maximaler Gewinn: $G(0.5) = 0.5$

Der zugehörige Preis ist $p(0.5) = 7$

Lösung 4.14

(a) Marktgleichgewicht:

$$\begin{aligned} p(x) &= -0.5x + 20 \\ -0.5x + 20 &= 0.1x + 2 \\ 0.6x &= 18 \\ x_0 &= 30 \\ p_0 &= -0.5 \cdot 30 + 20 \\ &= 5 \end{aligned}$$

(b) Konsumentenrente:
$$
\begin{aligned}
K_R &= \int_0^{30}(-0.5x + 20)dx - 5 \cdot 30 \\
&= (-0.25x^2 + 20x)|_0^{30} - 5 \cdot 30 \\
&= 375 - 150 \\
&= 225
\end{aligned}
$$

(c) Produzentenrente:
$$
\begin{aligned}
P_R &= 5 \cdot 30 - \int_0^{30}(0.1x + 2)dx \\
&= 5 \cdot 30 - (0.05x^2 + 2x)|_0^{30} \\
&= 150 - 105 \\
&= 45
\end{aligned}
$$

(d) Skizze:

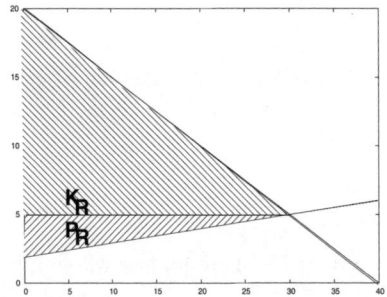

Lösung 4.15

$$
f(x, y) = 2x^2 - x \cdot y + 4y^2 + 5
$$

$$
\begin{aligned}
\frac{\partial f}{\partial x} &= 4x - y &&= 0 \\
y &= 4x \\
\frac{\partial f}{\partial y} &= -x + 8y &&= 0 \\
y &= \tfrac{1}{8}x
\end{aligned}
$$

$$
\begin{aligned}
4x &= \tfrac{1}{8}x \\
x &= 0 \\
y &= 0
\end{aligned}
$$

$$
H_f = \begin{pmatrix} 4 & -1 \\ -1 & 8 \end{pmatrix}
$$

$$
H_f(0,0) = \begin{pmatrix} 4 & -1 \\ -1 & 8 \end{pmatrix}
$$

$$
\det(H_f(0,0)) = 31 \neq 0
$$

Der Nullpunkt ist ein lokales Extremum.

$4 > 0$

Der Nullpunkt ist ein lokales Minimum.

$f(0,0) = 5$

Lösung 4.16

(a) 1. Gleichungssystem:
  (1) Direktes Lösen des Gleichungssystems:

$$\begin{array}{rcrcl} 2 \cdot x & + & y & = & 1 \quad \text{I} \\ -2 \cdot x & + & 5 \cdot y & = & -2 \quad \text{II} \quad +\text{I} \end{array}$$

$$\begin{array}{rcrcl} 2 \cdot x & + & y & = & 1 \quad \text{I} \\ & & 6y & = & -1 \end{array}$$

$$\begin{array}{rcl} y & = & -\frac{1}{6} \\ x & = & \frac{1}{2} \cdot (1 - y) \\ & = & 0.58\bar{3} \end{array}$$

  (2) Mittels Matrizen und Spaltenvektoren:

$$\mathbf{A} = \begin{pmatrix} 2 & 1 \\ -2 & 5 \end{pmatrix}, \quad \vec{v} = \begin{pmatrix} 1 \\ -2 \end{pmatrix}$$

$\det \mathbf{A} = 10 + 2 = 12 \neq 0$

Daher ist die Matrix invertierbar.

$$\mathbf{A}^{-1} = \frac{1}{12} \cdot \begin{pmatrix} 5 & -1 \\ 2 & 2 \end{pmatrix}$$

$$\mathbf{A}^{-1} \cdot \vec{v} = \frac{1}{12} \cdot \begin{pmatrix} 7 \\ -2 \end{pmatrix}$$

$$L = \left\{ \begin{pmatrix} \frac{7}{12} \\ -\frac{1}{6} \end{pmatrix} \right\} = \left\{ \begin{pmatrix} 0.58\bar{3} \\ -0.1\bar{6} \end{pmatrix} \right\}$$

(b) 2. Gleichungssystem:
  (1) Direktes Lösen des Gleichungssystems:

$$\begin{array}{rcl} y & = & -2x \\ y & = & \frac{2}{5}x \\ -2x & = & \frac{2}{5}x \\ x & = & 0 \\ y & = & 0 \end{array}$$

$\vec{0}$ ist die einzige mögliche Lösung.

(2)   Mittels Matrizen und Spaltenvektoren:

$$\mathbf{A} = \begin{pmatrix} 2 & 1 \\ -2 & 5 \end{pmatrix} \qquad \vec{v} = \begin{pmatrix} 0 \\ 0 \end{pmatrix}$$

$$\det(\mathbf{A}) = 10 + 2 = 12 \neq 0$$

Die Matrix ist invertierbar.

Daher ist das Gleichungssystem eindeutig lösbar.

Da $\begin{pmatrix} 0 \\ 0 \end{pmatrix}$ eine Lösung ist, ist es die einzige Lösung.

Lösung 4.17

1. Lösungsmöglichkeit: direkt Gleichungssysteme bilden

$$\begin{aligned}
2z_1 + 1z_2 &= r_1 \\
2z_1 + 0z_2 &= r_2 \\
3z_1 + 4z_2 &= r_3 \\
\hline
1x_1 + 4x_2 &= z_1 \\
3x_1 + 5x_2 &= z_2
\end{aligned}$$

$$\begin{aligned}
z_1 &= 8 + 4 \cdot 10 \\
&= 48 \\
z_2 &= 3 \cdot 8 + 5 \cdot 10 \\
&= 74 \\
\hline
r_1 &= 2 \cdot 48 + 74 \\
&= 170 \\
r_2 &= 2 \cdot 48 \\
&= 96 \\
r_3 &= 3 \cdot 48 + 4 \cdot 74 \\
&= 440
\end{aligned}$$

2. Lösungsmöglichkeit: mittels Matrizen und Spaltenvektoren

$$\begin{aligned}
\vec{z} &= \mathbf{B} \cdot \vec{x} \\
\vec{r} &= \mathbf{A} \cdot \vec{z} \\
&= \mathbf{A} \cdot \mathbf{B} \cdot \vec{x} \\
&= \mathbf{R} \cdot \vec{x}
\end{aligned}$$

$$A = \begin{pmatrix} 2 & 1 \\ 2 & 0 \\ 3 & 4 \end{pmatrix}$$

$$B = \begin{pmatrix} 1 & 4 \\ 3 & 5 \end{pmatrix}$$

$$R = A \cdot B$$

$$= \begin{pmatrix} 5 & 13 \\ 2 & 8 \\ 15 & 32 \end{pmatrix}$$

$$R \cdot \vec{x} = \begin{pmatrix} 5 & 13 \\ 2 & 8 \\ 15 & 32 \end{pmatrix} \cdot \begin{pmatrix} 8 \\ 10 \end{pmatrix}$$

$$= \begin{pmatrix} 170 \\ 96 \\ 440 \end{pmatrix}$$

3. Lösungsmöglichkeit: mittels Gozinto-Graph

$$r_1 = 8 \cdot (1 \cdot 2 + 3 \cdot 1) + 10 \cdot (4 \cdot 2 + 5 \cdot 1)$$
$$= 170$$

$$r_2 = 8 \cdot (1 \cdot 2 + 3 \cdot 0) + 10 \cdot (4 \cdot 2 + 5 \cdot 0)$$
$$= 96$$

$$r_3 = 8 \cdot (1 \cdot 3 + 3 \cdot 4) + 10 \cdot (4 \cdot 3 + 5 \cdot 4)$$
$$= 440$$

5 Anhang: Sammlung wichtiger Formeln

1 Funktionen

1.1 Nullstellen von Polynomen zweiten Grades ($p - q$–Formel)

$$f(x) = x^2 + p \cdot x + q$$
$$x_{1/2} = -\frac{p}{2} \pm \sqrt{\left(\frac{p}{2}\right)^2 - q}$$

1.2 Exponentialfunktion und Logarithmus

1.2.1 $e = \exp(1) = 2.718$ ist die Euler'sche Zahl.

1.2.2 $e^x = \exp(x)$ ist die Exponentialfunktion.

1.2.3 $\ln(x)$ ist der natürliche Logarithmus und damit die Umkehrabbildung der Funktion e^x.

1.2.4 $\log_a(x)$ ist der Logarithmus zur Basis a und damit die Umkehrabbildung der Funktion a^x.

1.3 Spezielle Funktionen der BWL

$E(x)$ bezeichne die Erlösfunktion.

$K_v(x)$ bezeichne die Funktion der variablen Kosten.

1.3.1 $G_D(x) = E(x) - K_v(x)$ ist der Deckungsbeitrag

1.3.2 $x(p)$ bezeichne die Nachfragefunktion.

1.3.3 $p_A(x)$ bezeichne die Angebotsfunktion.

1.3.4 $K_R = \int_0^{x_0} p(x)\, dx - p_0 \cdot x_0$ ist die Konsumentenrente im Marktgleichgewicht (x_0, p_0).

1.3.5 $P_R = p_0 \cdot x_0 - \int_0^{x_0} p_A(x)\, dx$ ist die Produzentenrente im Marktgleichgewicht (x_0, p_0).

1.4 Homogenität

Eine Funktion $f(\vec{x}) = f(x_1, \ldots, x_n)$ von n Veränderlichen heißt homogen vom Grad r, wenn für jeden Vektor $\vec{x} = (x_1, \ldots, x_n)$ des Definitionsbereichs und jede Zahl λ gilt:

$$f(\lambda \cdot x_1, \ldots, \lambda \cdot x_n)) = \lambda^r \cdot f(x_1, \ldots, x_n)$$

2 Differentialrechnung

2.1 Tangente

Tangente an den Graphen einer differenzierbaren Funktion $f(x)$ einer Veränderlichen im Punkt x_0:

$$t(x) = f(x_0) + f'(x_0) \cdot (x - x_0)$$

2.2 Ableitungsregeln

2.2.1 $(u \cdot v)'(x) = u'(x) \cdot v(x) + u(x) \cdot v'(x)$ Produktregel

2.2.2 $\left(\frac{u}{v}\right)'(x) = \frac{u'(x) \cdot v(x) - u(x) \cdot v'(x)}{v^2(x)}$ Quotientenregel

2.2.3 $(u(v(x)))' = u'(v(x)) \cdot v'(x)$ Kettenregel

2.3 Elastizität

2.3.1 $\epsilon_{f,x} = f'(x) \cdot \frac{x}{f(x)}$ Elastizität einer Funktion f einer Variablen bezüglich x

2.3.2 $\epsilon_{f,x_i} = \frac{\partial f}{\partial x_i} \cdot \frac{x_i}{f(\vec{x})}$ Elastizität einer Funktion f mehrerer Variablen bezüglich der Variablen x_i

2.4 Lokale Extrema einer Funktion einer Variablen

2.4.1 x_0 ist ein lokales (relatives) Minimum von f, falls gilt:
$$f'(x_0) = 0, \quad f''(x_0) > 0$$
  x_0 ist ein lokales (relatives) Maximum von f, falls gilt:
$$f'(x_0) = 0, \quad f''(x_0) < 0$$
2.4.2 x_0 ist ein Sattelpunkt von f, falls gilt:
$$f'(x_0) = 0, \quad f''(x_0) = 0, \quad f'''(x_0) \neq 0$$

2.5   Lokale Extrema einer Funktion zweier Variablen

2.5.1 (x_0, y_0) ist ein lokales (relatives) Extremum von f, falls gilt:

$\frac{\partial f}{\partial x}(x_0, y_0) = 0$, $\frac{\partial f}{\partial y}(x_0, y_0) = 0$,   und

die Hessematrix

$$H_f(x_0, y_0) \;=\; \begin{pmatrix} \frac{\partial^2 f}{\partial x^2}(x_0, y_0) & \frac{\partial^2 f}{\partial y \partial x}(x_0, y_0) \\ \frac{\partial^2 f}{\partial x \partial y}(x_0, y_0) & \frac{\partial^2 f}{\partial y^2}(x_0, y_0) \end{pmatrix} \;=\; \begin{pmatrix} a & b \\ c & d \end{pmatrix}$$

erfüllt:

$a \cdot d - b \cdot c \;= \det(H_f)(x_0, y_0) > 0$

Falls $\frac{\partial^2 f}{\partial x^2}(x_0, y_0) > 0$, ist (x_0, y_0) lokales (relatives) Minimum.

Falls $\frac{\partial^2 f}{\partial x^2}(x_0, y_0) < 0$, ist (x_0, y_0) lokales (relatives) Maximum.

2.5.2 (x_0, y_0) ist ein Sattelpunkt von f, wenn gilt:

$\frac{\partial f}{\partial x}(x_0, y_0) = 0$, $\frac{\partial f}{\partial y}(x_0, y_0) = 0$,   und

$a \cdot d - b \cdot c \;= \det(H_f)(x_0, y_0) < 0$

2.6   Optimierung einer Funktion unter einer linearen Nebenbedingung

2.6.1 $\mathcal{L}(x_1, x_2, \lambda) \;= f(x_1, x_2) + \lambda \cdot g(x_1, x_2)$

Lagrangefunktion von f unter der Nebenbedingung $g(x_1, x_2) = 0$

2.6.2 $\frac{p_2}{p_1} \;= \frac{\frac{\partial U}{\partial x_2}}{\frac{\partial U}{\partial x_1}}$

Im Haushaltsoptimum für eine Nutzenfunktion U
unter der Budgetbeschränkung $p_1 \cdot x_1 + p_2 \cdot x_2 = C$
(2. Gossen'sches Gesetz)

3   Lineare Algebra

3.1   2 × 2–Systeme

Ein lineares Gleichungssystem

$$\begin{pmatrix} a & b \\ c & d \end{pmatrix} \cdot \begin{pmatrix} x \\ y \end{pmatrix} = \begin{pmatrix} e \\ f \end{pmatrix}$$

(1)   ist eindeutig lösbar ⇔

$$\det \begin{pmatrix} a & b \\ c & d \end{pmatrix} = \begin{vmatrix} a & b \\ c & d \end{vmatrix} = ad - bc \neq 0;$$

Dann ist $\begin{pmatrix} a & b \\ c & d \end{pmatrix}$ invertierbar.

Lösung:
Cramer'sche Regel:

$$\begin{pmatrix} x \\ y \end{pmatrix} = \mathbf{A}^{-1} \cdot \begin{pmatrix} e \\ f \end{pmatrix} = \frac{1}{\det A} \begin{pmatrix} d & -b \\ -c & a \end{pmatrix} \cdot \begin{pmatrix} e \\ f \end{pmatrix}$$

(2)   ist nicht lösbar ⇔

$$\begin{vmatrix} a & b \\ c & d \end{vmatrix} = 0, \quad \begin{vmatrix} a & e \\ c & f \end{vmatrix} \neq 0 \quad \text{oder} \quad \begin{vmatrix} e & b \\ f & d \end{vmatrix} \neq 0$$

(3)   besitzt unendlich viele Lösungen ⇔

$$\begin{vmatrix} a & b \\ c & d \end{vmatrix} = \begin{vmatrix} a & e \\ c & f \end{vmatrix} = \begin{vmatrix} e & b \\ f & d \end{vmatrix} = 0$$

3.2   Das Skalarprodukt

$$\vec{a}^T \cdot \vec{b} = <\vec{a}, \vec{b}> = \sum_{i=1}^{n} a_i \cdot b_i$$